现代探测技术

梁步阁　杨德贵　赵党军　等著

国防工业出版社
·北京·

内 容 简 介

本书讲述了利用声、可见光、红外、激光、电磁波、磁、重力和高能射线的探测技术，重点介绍了现代探测技术在目标探测与环境感知中的应用。第 1~8 章按照声探测、可见光探测、红外探测、激光探测、电磁波探测、磁探测、重力探测、高能射线探测的顺序，分别介绍了相关探测技术的发展历程、基本原理、系统组成和发展趋势。

本书可作为探测制导与控制技术专业本科生的教材，也可作为测控专业本科生和研究生的参考书。

图书在版编目（CIP）数据

现代探测技术／梁步阁等著．—北京：国防工业出版社，2023.7
ISBN 978-7-118-12960-1

Ⅰ.①现… Ⅱ.①梁… Ⅲ.①探测技术 Ⅳ.①TB4

中国国家版本馆 CIP 数据核字（2023）第 112027 号

※

*国防工业出版社*出版发行
（北京市海淀区紫竹院南路 23 号　邮政编码 100048）
北京虎彩文化传播有限公司印刷
新华书店经售

*

开本 787×1092　1/16　印张 15　字数 335 千字
2023 年 7 月第 1 版第 1 次印刷　印数 1—1500 册　定价 89.00 元

（本书如有印装错误，我社负责调换）

国防书店：(010) 88540777	书店传真：(010) 88540776
发行业务：(010) 88540717	发行传真：(010) 88540762

本书编写组

梁步阁　杨德贵　赵党军　张俊超　陈溅来
袁雪林　时　伟　薛晓鹏　戴明哲　桂明臻

前　言

探测技术是一门综合的现代科学技术，其关键器件是各种探测传感器，涵盖了新型敏感材料、微型集成电路和数字信号处理等最新技术成果。随着通信产业的蓬勃发展，探测技术也日新月异，各种各样探测传感器的出现，极大扩展了人类的探测感知能力。如视频/红外监控、雷达/声呐探测、激光点云成像等，这些在过去如天方夜谭，如今却变成人类对外部事物各种信息的主流探测、感知、获取手段，很多都属于现代探测技术范畴。

本书结合作者长期在探测制导与控制专业教学的经验感悟，以及在雷达、红外、可见光、激光等研究领域的技术积累，对现代探测技术的发展历程、基本原理、系统组成和发展趋势进行了详细介绍。本书重点讲述现代探测技术在目标探测与环境感知中的广泛应用，力求使读者建立起对本专业的基本认知和学习兴趣。本书可作为探测制导与控制技术专业本科生的教材，也可作为测控专业本科生和研究生的参考书。

本书涉及的学科领域较宽，包括声、可见光、红外、激光、电磁波、磁、重力和高能射线等探测技术。全书共8章：第1章介绍声波探测，主要讲述声呐、B超等声波探测手段和方法；第2~4章详细介绍光波探测的原理和应用，主要讲述可见光、红外、激光等光波探测手段和方法；第5章详细介绍电磁波探测系统的重要理论和系统设计方法，从雷达系统和射电天文望远镜两大装备进行论述；第6章和第7章介绍磁场和重力场的探测原理和方法；第8章介绍高能射线探测技术，主要讲述X射线、CT探测手段和方法。

本书由中南大学自动化学院梁步阁教授设计框架结构，梁步阁、杨德贵、赵党军等撰写，梁步阁对全书进行补充与修改。在本书的编写过程中，参考了国内外出版的大量书籍和论文，对本书中所引用书籍和论文的作者深表感谢；中南大学金养昊、孔春阳、熊毅、王行、胡亮、熊明耀、李元烽、吴佳茜、赵绎博，桂林电子科技大学梁执桓等同学参与了部分内容的编写、录入、校对工作，在此一并表示衷心感谢！

由于作者水平有限，书中疏漏之处在所难免，望读者不吝指正！

作者
2022年10月于长沙

目 录

第0章 绪论 ……………………………………………………………………………… 1
  0.1 探测的基本定义及专业术语 ………………………………………………… 1
  0.2 波与场的基本概念及规律 …………………………………………………… 2
    0.2.1 波的基本概念和分类 …………………………………………………… 2
    0.2.2 波的基本现象和规律 …………………………………………………… 4
    0.2.3 波的数学描述方法 ……………………………………………………… 6
    0.2.4 电磁场与电磁波 ………………………………………………………… 6
    0.2.5 电磁波的主要应用领域 ………………………………………………… 8
  0.3 探测的物理学基础和哲学思考 ……………………………………………… 8
    0.3.1 探测系统的基本组成 …………………………………………………… 9
    0.3.2 目标参数测量的基本原理 ……………………………………………… 9
    0.3.3 探测成像与目标识别 …………………………………………………… 11
    0.3.4 测量与采样 ……………………………………………………………… 15
    0.3.5 探测的尺度问题与物理学大厦的4根柱子 …………………………… 17
    0.3.6 站在探测专业角度对哲学中主观与客观问题的进一步思考 ………… 18

第1章 声探测技术 …………………………………………………………………… 22
  1.1 声探测发展历程 ……………………………………………………………… 22
  1.2 声探测基本原理 ……………………………………………………………… 24
    1.2.1 声波的物理概念 ………………………………………………………… 24
    1.2.2 声波探测传播机理、影响因素和修正方式 …………………………… 27
    1.2.3 声波探测的功能实现及其原理 ………………………………………… 34
  1.3 声探测系统组成 ……………………………………………………………… 45
    1.3.1 声呐 ……………………………………………………………………… 45
    1.3.2 B型超声成像系统 ……………………………………………………… 54
  1.4 声探测典型应用 ……………………………………………………………… 59
    1.4.1 声探测技术在军事上的应用 …………………………………………… 60
    1.4.2 声探测技术在民用上的应用 …………………………………………… 64
  1.5 声探测技术的应用前景和未来展望 ………………………………………… 66
    1.5.1 基于特征的目标探测技术 ……………………………………………… 66
    1.5.2 基于环境适配的目标探测技术 ………………………………………… 66
    1.5.3 分布式目标探测技术 …………………………………………………… 67

现代探测技术

  1.5.4 智能化目标探测技术 … 67

第 2 章 可见光探测 … 68
2.1 可见光探测发展历程 … 68
2.2 相机的组成与原理 … 70
  2.2.1 相机的组成 … 70
  2.2.2 相机的成像原理 … 71
2.3 可见光探测技术的应用 … 73
  2.3.1 高光谱成像技术的应用 … 73
  2.3.2 偏振成像技术的应用 … 74
  2.3.3 双目测距技术的应用 … 75
2.4 可见光探测技术的发展趋势和未来展望 … 75
  2.4.1 可见光多模融合 … 76
  2.4.2 可见光通信 … 76
  2.4.3 可见光定位导航 … 76

第 3 章 红外探测技术 … 77
3.1 红外探测的发展历程 … 78
3.2 红外探测基本理论 … 79
  3.2.1 红外辐射基本理论 … 79
  3.2.2 经典物理大厦的崩塌 … 83
  3.2.3 黑体辐射理论对量子理论发展的影响 … 84
  3.2.4 红外探测器的技术发展 … 84
  3.2.5 红外成像基本原理 … 85
3.3 红外光学系统 … 87
  3.3.1 红外光学系统的基本概念 … 87
  3.3.2 典型红外光学系统 … 88
  3.3.3 红外探测器 … 90
3.4 红外探测技术的应用 … 100
  3.4.1 红外技术在军事上的应用 … 100
  3.4.2 红外技术在民用上的应用 … 104
3.5 红外探测技术的应用前景和未来展望 … 105
  3.5.1 红外探测高分辨化 … 105
  3.5.2 红外探测多光谱化 … 105
  3.5.3 红外探测低成本化 … 106
  3.5.4 红外探测新技术 … 106

第 4 章 激光探测技术 … 107
4.1 激光探测技术发展历程 … 107
4.2 激光探测基本原理 … 108

		4.2.1	激光的基本概念	108
		4.2.2	激光探测方式	110
		4.2.3	激光测距原理	113
		4.2.4	激光测速原理	116
		4.2.5	激光测角原理	117
		4.2.6	激光成像原理	118
		4.2.7	激光探测中的抗干扰措施	121
	4.3	激光探测系统组成与设计		125
		4.3.1	发射激光子系统	125
		4.3.2	接收激光子系统	128
		4.3.3	信号处理模块	132
		4.3.4	激光扫描成像系统	133
	4.4	激光探测技术的应用		134
		4.4.1	激光探测技术在军事上的应用	134
		4.4.2	激光探测技术在民用上的应用	136
	4.5	激光探测技术的发展趋势和未来展望		138

第5章 电磁波探测技术 140

5.1	电磁波探测技术发展历程		140
	5.1.1	雷达技术发展历程	140
	5.1.2	射电望远镜技术发展历程	141
5.2	电磁波探测基本理论		142
	5.2.1	电磁场理论	142
	5.2.2	天线原理	147
	5.2.3	目标参数测量基本原理	149
5.3	电磁波探测系统组成		155
	5.3.1	雷达基本组成	155
	5.3.2	射电天文望远镜基本组成	161
5.4	雷达作用距离与雷达方程		161
	5.4.1	雷达方程	161
	5.4.2	目标的雷达截面积（RCS）	163
5.5	电磁波探测技术的应用		164
	5.5.1	电磁波探测技术在军事上的应用	164
	5.5.2	电磁波探测技术在民用上的应用	169
	5.5.3	电磁波探测技术在天文观测上的应用	173
5.6	电磁波探测技术的应用前景和未来展望		178

第6章 磁探测技术 179

6.1	磁探测发展历程	179

6.2 磁场基本理论 180
6.2.1 磁场与磁感应强度 180
6.2.2 磁场的性质 180
6.2.3 带电粒子在磁场中的运动 181
6.2.4 磁场中的磁介质 181

6.3 磁探测基本技术方法 183
6.3.1 磁力法 183
6.3.2 电磁感应法 184
6.3.3 磁饱和法 185
6.3.4 电磁效应法 185
6.3.5 磁共振法 187
6.3.6 超导效应法 189
6.3.7 磁光效应法 189

6.4 磁探测技术的应用 190
6.4.1 地磁导航 190
6.4.2 战场目标探测 191
6.4.3 地质物矿勘探 193
6.4.4 生物医学研究 194

第7章 重力探测技术 197

7.1 重力探测技术发展历程 197

7.2 重力场理论基础 198
7.2.1 重力及重力加速度 198
7.2.2 重力的数学表达式 199
7.2.3 重力场与重力位 201
7.2.4 重力探测与重力异常 201

7.3 重力探测技术及方法 201
7.3.1 绝对重力仪 202
7.3.2 相对重力仪 203
7.3.3 重力梯度仪 205

7.4 重力探测技术的应用与发展趋势 210
7.4.1 地质结构研究 210
7.4.2 矿产资源勘探 211
7.4.3 无源重力导航 211

第8章 高能射线探测技术 213

8.1 高能射线探测技术发展历程 213

8.2 高能射线探测基本原理 214
8.2.1 高能射线产生 215

8.2.2　高能射线的透射 …………………………………………………… 216
　　8.2.3　高能射线成像 ……………………………………………………… 216
8.3　典型高能射线探测系统组成 ………………………………………………… 218
　　8.3.1　X光机 ……………………………………………………………… 218
　　8.3.2　CT机 ………………………………………………………………… 218
　　8.3.3　工业探伤系统 ……………………………………………………… 219
8.4　高能射线探测技术的应用与发展趋势 ……………………………………… 220
　　8.4.1　医学应用 …………………………………………………………… 220
　　8.4.2　安检应用 …………………………………………………………… 221
　　8.4.3　宇宙探测应用 ……………………………………………………… 221
　　8.4.4　发展趋势 …………………………………………………………… 222

参考文献 ……………………………………………………………………………… 223
后记 …………………………………………………………………………………… 225

第 0 章 绪 论

作为探测制导与控制专业的学生，了解、掌握各种现代探测技术手段的基本原理，是本专业人才培养的核心目标之一。遗憾的是，目前还没有一本比较完整的教材能够覆盖现代探测技术领域发展的全貌。这便是组织探测制导与控制系全体教师撰写此书的根本动因。

从婴儿呱呱坠地，人们就开始用眼、耳、鼻、舌等感官感知整个身边的事物，看图听声、闻香尝味，这些都属于人类利用自身的感官来感知和探究客观世界的行为。再到现代工业领域，各种各样的传感器，极大扩展了人类的探测感知能力，如视频/红外监控、流量/温度监测、压力/加速度计等，这些都属于利用人造传感器来感知和探测被观测对象的过程。尤其是在国防军事领域，导弹、鱼雷等先进武器系统更需依靠雷达、声呐、红外等大量先进的军用传感器来保证对目标的探测精度和打击效能。这些传感器均属于人类对外部事物各种信息的探测、感知、获取手段，很多都涉及现代探测技术。

0.1 探测的基本定义及专业术语

为更清晰地阐释探测的基本含义，可以站在本专业的角度对与探测相近似的另外几个名词一并予以对照解释。

观测：观察并测量（如天文、地理、气象、方向等事物或对象）。

测量：借助各种仪器、手段来测定物体位置、形状以及其他各种物理量（如温度、重量、地震波、电压等）。测量是对事物的量化过程，是按照某种规律，用数据来描述所观察到的现象，对事物做出量化描述。

探测：对于不能直接观察的事物或对象，利用仪器进行考察和测量。简要地说，就是对被观测对象的非接触测量。被观察的事物一般称为目标；所利用的仪器一般称为传感器。探测的主要目的是通过非接触方法测量固定或移动目标的距离、角度或高度等位置信息，以及运动速度、轨迹路线等。

探测的基本物理量：主要包括目标的距离、角度、高度、速度等位置及运动状态信息，有时也包括目标形状、材质、温度、质量等辅助信息。利用这些信息，还可以进一步实现目标特征分析、识别成像等功能。如果仔细回味，就会发现自然界里以及人类文明的交流过程中，绝大部分信息其实都是关于目标或事物的时间、地点以及运动变化状态的信息，这也是人类探测感知获取的主要任务目标及信息类型。

探测的基本途径：一般均利用客观世界存在的各种波或者场来实现对目标的非接触测量。客观世界中分布着声、光、电、热、磁各种各样的波或者场，万事万物均处于这些波与场之中。当外部的波与场在传播路径上遇到这些目标后将产生反射、衍射，继续向空间传播，甚至被探测目标本身就可发出某种波与场向空间传播扩散。同时，这些波一般须满足以下基本特性：传播扩散速度快且恒定。基于以上前提条件，才可以利用各种各样的传感器实现对因被探测目标引起的波与场所产生的改变量来间接实现对目标位置、运动信息的非接触测量。当探测系统本身不辐射波与场时，则利用目标本身所辐射的波或者外部波源在目标上所产生的反射波来实现探测，称为被动探测或无源探测系统。反之，当探测系统利用系统本身辐射的波与场在目标上所产生的反射波来实现探测时，则称为主动探测或有源探测系统。

基于以上名词对照解释，可以进一步延伸进行案例分析，并得出以下结论：眼睛属于一套典型的光波探测系统。日常生活中，人们对自然界的观察，就是利用这套光波探测系统并借助外部的光源（太阳光、灯光等）来实现无源被动式探测。人们的日常观测行为，绝大部分均可归纳为光波探测范畴；而探测则是人类利用先进的传感器技术代替眼睛，突破光波波段限制的更广义上利用各种波段的观测活动。

0.2 波与场的基本概念及规律

由于探测是使用各种形式的波或场来实现，因此本节重点讲述波与场的基本概念和知识。

0.2.1 波的基本概念和分类

波的基本概念：某一物理量的扰动或振动在空间逐点传递时形成的运动称为波。不同形式的波虽然在产生机制、传播方式和与物质的相互作用等方面存在很大差别，但在传播时却表现出多方面的共性，其中周期往复特性是其重要特征之一，可用相同的数学方法描述和处理。

波的能量：所有的波都携带能量。波所携带的能量常用单位体积波内所具有的能量来计量，称为波的能量密度。在单位时间内通过垂直于波矢的单位面积所传递的能量叫作波的强度或能流密度，它是波的能量密度和波的传播速度的乘积。

线性波和非线性波：一般的声波和光波是线性的，但实际中也有不少波是非线性的。相比于线性波，非线性波的显著特征是叠加原理不成立。

波的基本特性：周期往复是波的基本特性。周期往复的波动是一切物质运动的重要形式之一，广泛存在于自然界中，宏大到天体运行，微小到电子运动；久远如历史长河，短暂如光电一瞬，无不体现出循环往复、螺旋式前进的特点。因此，人们常喜欢说，历史总是循环往复、螺旋式前进的，实在是因为波动是自然界物质运动的最普遍形式之一。同时，这些波的传播大多还满足另外两个基本特性，即传播扩散速度快且波速恒定。正是基于以上三大特性作为前提条件，才可以有天体运行、阴阳历法等天文领域的超大尺度测量；才可以有光波探测、雷达探测等人类生产、生活领域的宏观尺度测量；才可以有电子显微镜等量子领域的微观尺度测量。其本质都是利用各种各样波的周期、稳定特性，通过该波所对应的传感器实现对被探测目标引起的波与场的改变量的测量，来间接实现对目标位置、运动等信息的非接触测量。这是人类目前观测、探测自然界一切事物或对象的物理本质。

波的基本分类：实现波的振动有多种形式。实际上，任何一个宏观或微观物理量的扰动在空间传递时都可以形成波。振动物理量可以是标量，相应的波称为标量波（如空气中的声波）；也可以是矢量，相应的波称为矢量波（如电磁波）。振动方向与波的传播方向一致的称纵波，相垂直的称为横波。按照传递形式的不同，波可以分为机械波、电磁波等。机械振动的传递形成机械波；电磁场振动的传递形成电磁波（包括光波）。

机械波：机械波是最常见的波，机械波是指因介质质点的机械运动（引起位移、密度、压强等物理量的变化）引起该机械运动在空间质点间的传播过程，如水面波、空气或固体中的声波等。产生这些波的前提是介质的相邻质点间存在弹性力或准弹性力的相互作用，正是借助这种相互作用力才使某一点的振动传递给邻近质点，故这些波也称为弹性波。机械波需要依靠介质传播。

电磁波：目前，在探测领域应用最为广泛的是电磁波。电磁波是由互相垂直交变的电场与磁场在空间中衍生的以波动形式向前传播的振荡粒子波，也称为电磁场。电磁波具有波粒二象性，其粒子形态称为光子，电磁波与光子不是非黑即白的关系，而是其性质在宏观与微观所体现出的两个侧面。电磁波在真空中速率固定，等于光速 c。其传播规律可用麦克斯韦方程组进行描述。电磁波的电场方向、磁场方向、传播方向三者互相垂直，因此电磁波是横波。电磁波实际上是电波和磁波两者的总称，由于电场和磁场总是同时出现，同时消失，并相互转换，所以通常将两者合称为电磁波，有时可直接简称为电波。电磁波并非与传统的机械波一样发生了空间上的振动，而是传播路径上不同点电场与磁场幅相变化的传播过程。电磁波不依靠介质传播。

电磁辐射通常意义上指所有电磁辐射特性的电磁波。按照单个光子的能量高低又分为非电离辐射和电离辐射。非电离辐射是指频率低、单个光子能量小的无线电波、微波、红外线、可见光、紫外线等这些电磁波；电离辐射指频率更高、单个光子能量更大的 X 射线、γ 射线等更高频段的电磁波。电磁波频段分布如图 0-1 所示，自然界里充满了各种各样的电磁辐射。非电离辐射不会产生分子电离效应，一般对人体无害；电离辐射会产生分子电离效应，对人体有害。一定频率范围的电磁波可以被人眼所看见，称为可见光，或简称为光。例如，太阳光就是太阳所辐射电磁波的一种可见形态。

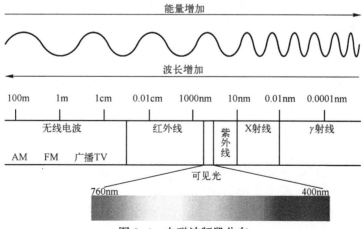

图 0-1 电磁波频段分布

0.2.2 波的基本现象和规律

以上各种不同形式的波，虽然频率、传播方式千差万别，但是其基本物理现象和规律有很多相似之处。

波的基本现象：波具有一些独特的性质，从经典物理学的角度看，明显地不同于粒子。这些性质主要包括波的叠加性、干涉、衍射等现象。波在不同介质的界面上能产生反射和折射，对各向同性介质的界面，遵守反射定律和折射定律；通常的线性波叠加时遵守波的叠加原理；两束或两束以上的波在一定条件下叠加时能产生干涉现象；波在传播路径上遇到障碍物时能产生衍射现象。

反射、折射和散射：在均匀的介质中，波沿直线传播。传播中波可能遇到新的环境。一个简单的情况是波由一种均匀的介质射向另一种均匀介质，而且两种介质的界面是平面的。入射到界面的波（入射波），一部分在界面上被反射回第一种介质（称为反射波），另一部分则折入第二种介质（称为折射波）。反射角恒等于入射角，而折射角的大小依赖于两种介质的有关物理量的比。对于电磁波，这个物理量是介电常数同磁导率乘积的平方根。对于其他的波，有时情况要复杂些。例如，当固体中声波从一个固体介质投射到另一个固体介质时，在第一种介质中，入射波将被反射出两个波，而不是一个，其中一个是纵波，另一个是横波。进入第二种介质时也将折射出两种波。两种反射波的反射角和两种折射波的折射角都有一定的规律。当波在传播中遇到实物时，不仅出现单纯的反射和折射，还将出现其他分布复杂的波，包括衍射波。这种现象统称为散射。用雷达追踪飞机、用声呐探寻潜艇，便属于这种物理现象的运用。

叠加性：这是波（确切地讲指线性波）的一个很重要的属性。如果有两列以上的同类波在空间相遇，在共存的空间内，总的波是各个分波的矢量和，而各个分波相互并不影响，分开后仍然保持各自的性质不变。这一原理称为叠加原理。

干涉：由于叠加，两列具有相同频率、固定相位差的同类波在空间共存时，会形成振幅相互加强或相互减弱的现象，称为干涉。相互加强时称为相长干涉，相互减弱时称为相消干涉。

衍射：波在传播中遇到有很大障碍物或孔隙时，会绕过障碍物或孔隙边缘，呈现路径弯曲，在障碍物或孔隙边缘的背后展衍，这种现象称为波的衍射。波长相对障碍物或孔隙越大，衍射效应越强。衍射是波叠加的一个重要例子。边缘附近的波阵面分解为许多点波源，这些点波源各自发射子波，而这些子波之间相互叠加，从而在障碍物的几何阴影区内产生衍射图案。

相干性（惠更斯原理）：波阵面上的各点可以看作许多子波的波源，这些子波的包络面就是下一时刻的波阵面。并不是任意两列波都可以产生干涉，而需要满足一定的条件，称为相干条件，主要是要有相同的频率和固定的相位差。两个普通光源产生的光波很难产生干涉。

分解：几个波可以叠合成一个总的波；反之，一个波也可以分解为几个波之和。根据傅里叶级数表示法，任何一个函数都可以表示为一系列不同频率正弦和余弦函数之和，所以任何波形的波都可以归结为一系列不同频率简谐波的叠加。这种分析方法称为频谱分析法，它为认识一些复杂的波动现象提供了一个有力的工具。

行波和驻波：波一般是不断前进的，但在特殊情况下也可以建立起类似囚禁在某个空间的波。为了区分，前者称为行波，后者称为驻波。两列振幅和频率都相同，而传播方向相反的同类波叠加起来就形成驻波。常用的建立方法是让一列入射波受到介质边界的反射，以产生满足条件的反向波，让两者叠加形成驻波。驻波的应用也很广泛，如管弦乐器便利用了驻波。此外，它还导出了一个重要的概念，即频率的分立。要求两个界面之间的距离是半波长的整数倍，可以理解为只有对应这些波长的波才能建立驻波。这个频率分立的概念对量子力学的创立曾起到启发作用。

色散和群速度：在通常的介质中，简谐波的相速度是个常数。例如，不论什么颜色的光在真空中的相速度总是恒量，光速为 $2.99792458×10^8$ m/s。但在某些介质中，相速度因频率（或波长）而异。这种现象称为色散或频散。而对于非线性波，相速度还是振幅的函数。波的色散由介质的特性决定，因此常把介质分为色散的或非色散的。单一频率的波，它的传播速度是它的相速度。实际存在的波则不是单频的，如果介质对这个波又是色散的，那么，传播中的波，由于各不同频率的成分运动快慢不一致，会出现"扩散"。但假若这个波是由一群频率差别不大的简谐波组成，这时在相当长的传播过程中总的波仍将维持为一个整体，以一个固定的速度运行。这个特殊的波群称波包，这个速度称为群速度。与相速度不同，群速度的值比波包的中心相速度要小，两者的差同中心相速度随波长而变化的平均率成正比。群速度是波包的能量传播速率，也是波包所表达信号的传播速率。

衰减：波在传播过程中，除在真空中外，是不可能维持它的振幅不变的。在介质中传播时，波所带的能量总会因某种机理或快或慢地转换成热能或其他形式的能量，从而不断衰弱，终至消失。反过来，有时可以人为地把其他形式的能量连续供给传播中的波，如微波行波管中的慢电磁波或压电半导体内的超声波，使这些波不仅不减弱，而且还增强。但是，如不补给能量，介质中传播的波总会逐渐衰减。不同种类的波在不同介质中的衰减机理是很不一样的。即使同一种波在同一种介质里传播时，衰减的机理也可能随频率而异。

粒子性：波以其叠加、干涉、衍射、能量在空间和时间上连续铺展等特征而在通常概念中区别于具有集中质量的粒子，像雨滴、枪弹等。可是，在 20 世纪初期，一些实验和理论表明，已确定为波的光在和物质作用时，却表现出粒子的性质。在黑体辐射、光电效应、X 射线的自由电子散射（康普顿效应）等实验现象中，不把光看作粒子便无法解释这些现象。例如，在光电效应中，用波的概念无法解释为什么光电子的最大动能和入射光的强度并无关系，却和光的频率有关，为什么光电子会在光入射的刹那间从金属表面射出等现象。在上述实验情况下，光的能量是不连续的，是量子化的。也就是说，光是量子，称为光子，它的能量是 $E=h\nu$，其中 h 是普朗克常数，ν 是光的频率。同光类似，一般称为声波的声，当波长很短时，也明显表现为粒子，称为声子。因此，波又有粒子性，在碰撞时遵守能量和动量守恒定律。这种情况一般发生在波与物质有相互作用时。另外，静止质量不为零的微观粒子，在传播时也会具有波的特性。这样扩大了波概念的外延范围。

0.2.3 波的数学描述方法

波动方程是波的基本数学描述方法,此外,对于电磁波,主要基于麦克斯韦方程组进行描述。

波动方程:波动方程以数学语言来表达波的特征,它给出了波函数随空间坐标和时间的变化关系。通过对带有特定边界条件的波动方程求解,能够深入刻画波的传播规律,认识波的本质。波动方程可以分为经典的和量子力学的两类。波动方程是二阶线性偏微分方程,它的一般形式为

$$\frac{\partial^2 u}{\partial t^2} = c^2 \nabla^2 u \tag{0-1}$$

式中 u——波在特定位置、特定时间(x,y,z,t)的强度,$u=u(x,y,z,t)$;
c——波的传播速率,通常为一固定常数。

麦克斯韦方程组:电磁波可以用麦克斯韦方程组进行数学描述,它是英国物理学家麦克斯韦在19世纪建立的一组描述电场、磁场与电荷密度、电流密度之间关系的偏微分方程。它由4个方程组成,包括描述电荷如何产生电场的高斯定律、论述磁单极子不存在的高斯磁定律、描述电流和时变电场如何产生磁场的麦克斯韦-安培定律、描述时变磁场如何产生电场的法拉第感应定律。从这些基础方程可以推论出电磁波在真空中以光速传播的基本规律,并发展出现代电子信息科技。

$$\begin{cases} \nabla \times \boldsymbol{E} = -\dfrac{\partial \boldsymbol{B}}{\partial t} \\ \nabla \times \boldsymbol{H} = \boldsymbol{J} + \dfrac{\partial \boldsymbol{D}}{\partial t} \\ \nabla \cdot \boldsymbol{D} = \rho \\ \nabla \cdot \boldsymbol{B} = 0 \end{cases} \tag{0-2}$$

式中 $\boldsymbol{E}$——电场强度;
ρ——电荷密度;
$\boldsymbol{B}$——电磁感应强度;
$\boldsymbol{J}$——电流密度;
$\boldsymbol{D}$——电位移矢量;
t——时间;
$\boldsymbol{H}$——磁场强度。

0.2.4 电磁场与电磁波

电磁场和电磁波与传统的电路之间既有集成、又有不同,两者可以存在能量转换关系。

电路:金属导线和电气、电子部件组成的导电回路称为电路,简称路。电路通常由电源、负载和中间环节3部分组成,可以实现电能的传输、分配和转换,还可以实现信号的传输与处理。按照电流性质的不同可分为直流电路、交流电路。按照所处理信号的不同,可分为模拟电路、数字电路。按照电信号工作频率的不同,可分为低频电路、高

频电路、射频电路、微波电路和光电路等。

电场：带电体的周围空间里存在一种特殊物质，这种物质与通常的实物不同，它不是由分子、原子所组成，无色无形却又客观存在，具有通常物质所具有的力和能量等客观属性。电场对放入其中的电荷具有力的作用，电荷间的相互作用也总是通过电场进行，放入电场中的任何带电体都将受到电场力的作用。按照电场产生的来源，可分为库仑电场和感应电场。静止电荷按照库仑定律在其周围空间产生的电场，称为静电场；随时间变化的磁场在其周围空间激发的电场称为感应电场。普遍意义的电场一般是静电场和感应电场两者之和。电场是一个矢量场，其方向为正电荷的受力方向。电场力的性质用电场强度来描述。

电磁场与电磁波：交变的电场与磁场相互感应，合称为电磁场，电磁场将按照光速向外传播，满足上述波的反射、折射和散射基本特性，因此又称为电磁波或无线电。电磁波广泛应用于现代无线电通信、雷达探测、卫星导航定位三大领域。

辐射与接收（电路与电场能量的相互转化）：电路是有形的，电场是无形的，电路内部与空间电场之间的能量可以进行相互转化。将电路能量转化为空间电场能量，称为辐射；将空间电场能量转化为电路能量，称为接收。辐射到空间的电场能量，将按照电磁波传播规律向外进行传播；接收到的电场能量，在电路内部还可以进一步进行信号处理。正是因为可以通过辐射、接收，实现电路与电场之间能量的相互转化，当在这些能量转化过程中调制、叠加一定的信息时，利用叠加有一定信息的电场能量的辐射与接收，就可以实现信息的无线传输。

天线：实现电路与电场之间能量相互转化功能的部件称为天线。天线具有互易性，既可以用作接收，也可以用作发射。天线具有一定方向性，可用方向图、增益等参数表述。多个天线单元组成阵列排布，称为天线阵。天线阵分为线阵、面阵、体阵等形式，对于单一形式的天线单元所组成的天线阵，该天线阵的总方向图等于单元方向图因子与阵方向图因子的乘积。

近远场：按照到天线的距离远近可以把周围空间划分为3个区域，即近场、远场和中场。如天线尺寸为 D，则距离 $R \gg 2D^2/\lambda$，属于远场，远场以辐射场为主；距离 $R \ll 2D^2/\lambda$，属于近场，近场以感应场为主；距离 $R \approx 2D^2/\lambda$，属于中场，中场可以视为感应场和辐射场的叠加结果。一般讨论天线方向图时，均指远场辐射场方向图。

信息：信息的本质是对客观世界中各种事物的运动状态和变化，以及客观事物之间相互联系和相互作用的反映和表征。

信号：信号是信息的一种物理体现。通常利用电流、电压或无线电波等传送、感知信息时，带有信息的电流、电压或无线电波等都统称为电信号，并简称为信号。

调制与解调：调制就是用基带信号去控制载波信号的某个或几个参量的变化，将信息荷载在其上形成已调信号以利于传输；而解调是调制的反过程，通过一定方法从接收到的已调信号参量变化中恢复原始基带信号的过程。调制是把频率较低的基带信号荷载到频率较高的载波上，以利于高效率辐射传输；解调是从频率较高的载波上把频率较低的基波进行卸载的过程，从而滤除载波，恢复有用的基带信号。调制与解调，都可以利用混频器来进行频谱搬移，前者是上变频，后者是下变频。通过调制与解调，最终的目的是实现信息的有效传输。

0.2.5　电磁波的主要应用领域

传统的电磁波应用领域主要包括无线通信和雷达探测两大领域。近年来，随着卫星导航的快速兴起，已成为电磁波的第三大应用领域。

通信：相处于两地的甲、乙双方将需要传送的声音、文字、数据、图像等转换为电信号并调制在电磁波上，经空间或地面传播至对方的通信方式称为无线电通信（radio communication）。手机等移动通信设备属于典型的无线通信系统。无线电通信利用电磁波在空间传输信息，电磁波所走的路径为单程。基于球面波扩散能量守恒原理，电磁波能量按照距离 R 的平方关系衰减。利用通信功能的扩展，电磁波还广泛应用于遥控、遥测等领域。

探测：对于空间中相对观测者存在一定距离的目标对象，利用电磁波照射到目标上反射后，对反射电磁波进行接收从而实现对该目标的距离、角度等位置信息以及运动速度、轨迹路线等运动信息的非接触测量称为无线电探测和测距（radio detection and ranging），英文缩写为 Radar，译为雷达。雷达利用电磁波在空间感知信息。有源雷达探测时，需要辐射和接收电磁波，电磁波所走的路径为双程。基于两次球面波扩散能量守恒原理，电磁波能量将按照距离 R 的 4 次方关系衰减；无源雷达探测时，需要目标反射外部电磁波信号或自身辐射电磁波信号，在目标到雷达之间，电磁波所走的路径为单程。

导航：采用导航卫星发射电磁波，在地面、海洋、空中和空间的用户通过接收该组电磁波实现对用户的定位及导航的技术称为卫星导航（satellite navigation）。卫星导航的基本原理是用户利用接收设备精确测量由系统中不在同一平面的 4 颗卫星所发出的电磁波信号的到达时间差，来解算出用户位置的三维坐标以及用户与系统的时钟差。常见的全球定位系统（GPS）导航、北斗卫星导航等均属于卫星导航。卫星导航需要预先精确掌握系统内部卫星运行轨道和实时位置信息，并要求系统内部卫星之间以及卫星与用户机之间实现高精度时间同步，在此基础上才能通过不同卫星所发射电磁波到达用户机的时间差，解算路程差，从而实现对用户的空间定位。卫星导航，卫星到用户之间的电磁波所走的路径为单程。基于球面波扩散能量守恒原理，电磁波能量按照距离 R 的平方关系衰减。

其他：除了以上基本应用外，电磁波属于一种能量形式客观存在，还具有热效应，因此还可应用于家电（如微波炉、电磁炉等食物加热设备）、工业（如烘干、杀菌、消毒设备）、医疗器械（如微波理疗设备）等方面。

基于目前的探测技术应用及发展现状，本书重点关注各种频段电磁波，包括红外、激光、射频微波以及高能射线等在探测领域的应用，同时介绍声波探测的基本应用。

0.3　探测的物理学基础和哲学思考

如前文所述，探测主要是利用各种形式的波来对目标的位置、运动等信息进行非接触式测量。当探测系统本身不辐射波，利用目标本身所辐射或反射的波来实现探测时，称为被动探测或无源探测系统。反之,当探测系统利用本身所辐射的波在目标上产生的反射波来实现探测时,称为主动探测或有源探测系统。下面进一步对探测的物理学基础进行讲述。

0.3.1 探测系统的基本组成

一般探测器的基本系统组成如图 0-2 所示。

系统主要由发射机、接收机、收发传感器、信号采集与处理、用户交互终端、电源等单元组成。发射机通过传感器对外部发射各种形式的波,接收机通过传感器接收目标反射回波;然后通过信号采集与处理,获取回波中所携带的目标信息,并通过用户交互终端进行显示。电源主要是对上述所有部件提供正常工作所需的基本能量。传感器主要实现从不同形式的波与电信号之间的能量转换,有时也称为换能器。针对不同形式的波,传感器具体的称呼也有所不同:对于声波,一般称为传声器;对于光波,一般称为镜头;对于电磁波则称为天线或天馈。伺服主要配合传感器的方向选择性,实现大角度范围的有效探测。

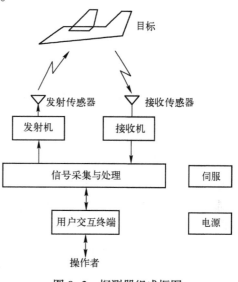

图 0-2 探测器组成框图

无源探测系统可以省掉发射机和发射传感器部分。例如,人的眼睛就是一套可见光波段的无源探测系统,需要与外部光源(如太阳光、灯光等)配合才能实现对目标的探测。

0.3.2 目标参数测量的基本原理

一般的探测系统,主要实现对目标位置以及运动信息的探测感知。其对目标位置及运动信息的测量基本原理如下。

距离:探测系统向着目标发射某种形式的波,该波将按照恒定波速 c 前进,当其在传播过程中遇到目标后产生反射,反射回波将仍然按照恒定波速 c 向后传播,当该回波被探测系统接收到后,假设此时距系统发射该波的时间延迟为 t_d,则此目标距离探测系统的距离为

$$R = \frac{c \cdot t_d}{2} \tag{0-3}$$

这里需要考虑波的往返所走的波程等于距离的 2 倍,属于双程传播过程;同时还需要假设目标在该时间段内几乎静止不动。

角度:探测系统为了确定目标的空间位置,不仅要测定目标的距离远近,还要测定目标所在方位、俯仰角度。利用回波测角的物理基础是波在均匀介质中传播的直线性和方向性。在各种探测技术中测量目标的方位角和俯仰角基本上都是利用传感器的方向选

择性来实现的。一般的传感器，特别是收发电磁波的天线均具有一定的波束指向，可以实现较粗略的测角定向。为进一步提高角度测量的精度，还可以利用多传感器阵列接收到回波信号的时间差进行测角定向，比如最典型的二元干涉仪法测角，利用两个通道之间的波程差所产生的延时差或相位差，结合两个接收传感器之间的基线长度来解算目标回波的到达角。如图 0-3 所示，假设脉冲传感器都是全向性接收，则对于远场区域，法线方向上的目标回波，两个传感器单元之间波程相等，波程差为零；而对于与法线成 θ 夹角方向的目标回波，两个单元之间的波程差为

$$\Delta R = d\sin\theta \quad (0\text{-}4)$$

目标角度 θ 可由两路接收天线脉冲到达时间的时延差 $\Delta t_{d1,2}$、基线长度 d 按照下式进行求解，即

$$\theta = \arcsin\left(\frac{\Delta t_{d1,2} \cdot c}{d}\right) \quad (0\text{-}5)$$

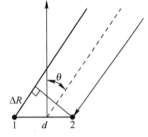

图 0-3　二元阵时延测角

速度：为实现目标的测速功能，必须利用多个周期回波对目标进行连续观测，测量到距离在一定时间间隔的变化后，求解平均速度。以最简单的双脉冲测速为例。在 t_0 时刻发射脉冲信号 $\delta(t-t_0)$，经过延时 t_{D1}，接收到回波信号 $\delta(t-t_0-t_{D1})$；设脉冲间隔时间 T_p，即在 t_0+T_p 时刻发射第二个脉冲信号 $\delta(t-t_0-T_p)$，经过延时 t_{D2}，接收到回波信号 $\delta(t-t_0-T_p-t_{D2})$，则目标速度可简单计算为

$$v = \frac{c\left(\dfrac{t_{D2}}{2} - \dfrac{t_{D1}}{2}\right)}{T_p} \quad (0\text{-}6)$$

通过式（0-6），可以直接测量目标多普勒时移 $\Delta t_D = \dfrac{t_{D2}}{2} - \dfrac{t_{D1}}{2}$，反推目标速度。

实际在很多探测系统中，无法直接测量时间差，这时可以转换为频域多普勒频移的测量，最终实现对目标速度的精确测量。

以上求解的仅仅是目标的径向速度；目标的切向速度还需要通过目标角度变化率结合距离求解给出；目标径向速度与切向速度的矢量和即为目标的全速度。

测量域耦合：可以看到距离、角度、速度的测量不是完全孤立的，其本质上都是时间差的测量（收发之间的延时差、通道之间的到达时间差、前后脉冲周期之间回波延时的变化差等）。因此，从本质上使距离、角度、速度的测量精度之间存在某种耦合关系：系统的时间测量精度，将同时影响三者的测量精度；反言之，通过提高系统的时间测量精度，可能同时改善三者的测量精度。

时间测量精度与改善精度的间接方式：从上面测量原理的简单介绍可以看出，目标距离、角度、速度参数测量精度与探测系统的时间测量精度直接相关，系统时间测量精度将直接影响探测系统各测量域的精度。实际在很多探测系统中，无法直接测量时间差，或者说时间差的测量精度达不到期望的精度要求，这时就需要转换为其他物理量的间接测量，然后建立起该物理量与系统时间差以及目标位置运动信息的数学关系式。比如，将时间差转化为探测所使用波的相位差、频差等，再利用波的周期稳定性，通过多次积累叠加，放大误差量后，实现对相位差、频差的高精度测量，从而最终提高对目标

距离、角度等参数的测量精度。利用多个周期积累,通过相位差、频差的测量可以有效提高系统探测参数的精度,这是具有周期重复特性的波为何在探测中能够被广泛采用的重要原因之一。

傅里叶时频变换:傅里叶变换和傅里叶级数是有史以来最伟大的数学发现之一。傅里叶变换将满足一定条件的任意函数通过数学分解,都能够表示为正弦函数的线性组合形式,而正弦函数在物理上就是各种各样的波!同时,在现代数学中傅里叶变换还具有非常好的性质。利用傅里叶变换,可以把时域相乘转化为频域相加减、把时域卷积变化为频域点积,简化运算复杂度,这是具有周期重复特性的波在探测中可以被广泛使用的重要数学基础。进一步地,可以说傅里叶时频变换,是现代物理学利用各种形式的波实现对客观世界万事万物进行探测的最根本数学基石。设存在时域信号$f(t)$,其频域分布函数为$F(j\omega)$,则两者满足以下变化关系,即

$$F(j\omega) = \int_{-\infty}^{\infty} f(t) e^{-j\omega t} dt \tag{0-7}$$

$$f(t) = \frac{1}{2\pi} \int_{-\infty}^{\infty} F(j\omega) e^{j\omega t} d\omega \tag{0-8}$$

记为

$$f(t) \leftrightarrow F(j\omega)$$

误差传递公式:以上分析了目标探测的基本原理,并指出探测过程中,目标距离、角度、速度参数测量精度与探测系统的时间测量精度直接相关,以及在很多实际探测系统中,无法直接测量时间差,需要转换为其他物理量的间接测量,如将时间差转化为探测所使用波的相位差、频差等,再利用波的周期稳定性,通过多次积累叠加,实现对相位差、频差的高精度测量,从而最终实现对目标距离、角度等参数的高精度测量。我们可以建立起时间差、相位差、频差等这些可直接测量物理量与目标位置、运动信息之间的数学关系表达式,对目标参数进行求解。那么进一步,对于最终所能实现的目标参数测量的精度分析,则可以通过误差传递公式来实现。误差传递公式是分析一切测量、探测系统所能达到精度的基本数学方法。设间接测量量N与各直接测量量$x_1, x_2, \cdots, x_m$存在以下函数关系,即

$$N = f(x_1, x_2, \cdots, x_m) \tag{0-9}$$

假设其中$x_1, x_2, \cdots, x_m$彼此独立,则误差传递的基本公式为对式(0-9)求全微分,即

$$dN = \frac{\partial f}{\partial x_1} dx_1 + \frac{\partial f}{\partial x_2} dx_2 + \cdots + \frac{\partial f}{\partial x_m} dx_m \tag{0-10}$$

从式(0-10)可以看出,一个直接测量量的误差对间接测量量误差的影响,不仅取决于其本身误差大小,还取决于其误差传递系数的大小。以上是误差传递函数的基本形式,还可以有均方形式、对数形式等。

0.3.3 探测成像与目标识别

前面讲过,在探测任务中主要是实现对目标距离、角度、速度等位置及运动状态信息的感知测量,并没有过多地谈及对目标进行探测成像和识别。这是因为在探测领域

内，要实现对目标的成像与识别实在是一件非常困难的事情。

人的眼睛在观测时，天生就可以实现对事物的成像与识别，会让我们误以为实现对目标的成像是探测的基本功能，并且是自然而然、理所应当的事情。实际上，除了使用光波外，要使用其他频段的波实现对目标的成像将是一项非常复杂艰巨的任务。对这个问题所产生的原因可以从以下方面进行梳理。

电磁波的基本特性：前面给出了各个频段电磁波的频率和波长分布情况。宇宙中存在着各种频率的电磁波，从 0 到无穷大，且均满足波速等于光速 c。同时，波速 c、频率 f 与波长 λ 满足以下关系：$c=\lambda \cdot f$。一般而言，在常用电磁波频段，随着频率变化，电磁波满足以下基本规律：频率越低，波长越长，介质穿透性越强，传播距离越远；频率越高，波长越短，介质穿透性越弱，传播距离越近。这是因为波在传播过程中的衰减因子 α 与波程 R/λ 之间近似满足以下关系：$\alpha \propto e^{-j2\pi R/\lambda}$。

谐振比拟的基本规律：以上的近似比拟关系不仅存在于波的衰减传播距离与波长可比拟；还存在于辐射、接收传感器（天线单元）尺寸 l 与波长 λ 可近似比拟，即 $l \propto \lambda$。频率越低，波长越长，所需收发天线尺寸越大；频率越高，波长越短，所需收发天线尺寸越小。为了缩减天线尺寸可以通过介质方式实现，介质中的波长 λ' 和波速 v 均与介质相对介电常数 ε_r 有关，即

$$\lambda' = \frac{\lambda}{\sqrt{\varepsilon_r}} \tag{0-11}$$

$$v = \frac{c}{\sqrt{\varepsilon_r}} \tag{0-12}$$

由于介质中波长、波速的缩减，天线尺寸 l' 可以近似缩减为原先的 $1/\sqrt{\varepsilon_r}$，即

$$l' = \frac{l}{\sqrt{\varepsilon_r}} \tag{0-13}$$

波长与分辨率：以上的近似比拟关系还存于系统对位置的分辨率 ΔR 与波长 λ 之间，一般而言，探测系统所采用的频段越低，波长越长，系统分辨率越低；频段越高，波长越短，系统分辨率越高：$\Delta R \propto \lambda$。

波长与穿透性：以上的近似比拟关系还存在于波的穿透性与波长 λ 之间，一般而言，探测系统所采用的频段越低，波长越长，穿透性越强；频段越高，波长越短，穿透性越弱；红外、可见光的穿透性普遍弱于射频与微波频段。但是随着频率从可见光频段进一步升高到 X 射线、γ 射线，光的粒子特性将越来越强，单个光子的能量越来越强，将会对物质产生电离效应，并直接穿透物体。也就是说，针对波的穿透性而言，频率越低，波长越长，穿透性越强，它属于非电离效应；但是，随着频率的进一步升高，针对粒子的穿透性而言，波长越短，穿透性越强，它属于电离效应。两者机理并不相同，也并不矛盾。

探测仿生学：人或者动物的头部是探测专业可以学习借鉴的天然对象，从而发展出探测仿生学。头部长有七窍：口、耳、眼、鼻。口是声波发射器；耳是声波接收器；眼是光波接收器；鼻是分子气味接收器。口只有一个，耳、眼、鼻孔皆有两个，恰好符合探测专业中的单发双收、二元干涉仪法测角的基本原理。

这里，还可以进一步讨论接收阵列单元之间基线长短的问题。自然界中的动物无论体积大小，其关于口、耳、眼、鼻的分布，皆满足口居中，耳、眼、鼻分布左右的规律，且耳朵间距最远，称为基线最长；眼睛间距次之；鼻孔间距最短，基线最短。这依然是由基线长短需要满足与波长、波速可比拟的基本原理所决定。

仅仅依靠单只眼睛也可以成像，但是两只眼睛的空间三维定位能力将强于单只眼睛，这属于长短基线搭配问题。单只眼睛视网膜上是成千上万个感光细胞所组成的超大阵列，属于短基线大阵列，当然可以成像。但是为进一步提高测角精度，双眼之间组成长基线二元子阵，利用子阵之间的长基线，可以有效提升测角精度，只是视场角会有一定程度缩小。这些都是有趣的现象和话题，留给大家在学习本门课程以及今后的工作实践中进一步思考和探究。下面只重点讨论为何一般的探测系统难以像人的眼睛一样实现成像的问题。

阵列与成像：探测系统利用目标回波在接收通道之间的波程差可以实现对目标的测角定位，方位向分布的二元阵可以实现方位向测角，俯仰向分布的二元阵可以实现俯仰向测角。要实现方位、俯仰三维测角定位，至少需要 L 形排布的三元阵。这里默认目标属于点目标，是无法对目标进行精细成像的。如果目标属于空间分布式体目标或面目标，要实现对目标的成像，则接收单元数也需要进一步增加，比如人的眼睛，有几百万个感光细胞组成接收阵列，才可以实现对目标的成像功能。人造的探测系统，特别是利用电磁波所设计的雷达系统，由于波长远大于光波波长，受天线尺寸重量限制，一般只有几个接收通道、几个接收天线单元，这对于成像是远远不够的。只有成千上万个传感器通道组成一定规模的接收阵列，才可能实现对目标的基本成像功能。可以想象，这样的雷达系统复杂度、体积、重量、成本在很多时候是无法接受的。这就是雷达探测系统中接收阵列规模与成像功能之间的基本矛盾。对于利用声波进行探测的声呐系统，存在同样的困难和问题。这就是一般探测系统只要求实现对目标的位置、运动信息进行测量，而不对成像提出要求的根本原因。

低小慢目标：在雷达、声呐等探测系统中，有一类目标的探测非常困难，即低掠角（低空、低仰角）、小尺寸（小散射截面积、小反射系数）、慢速度（准静止、静止）目标，简称为低小慢目标。但是对于人们熟悉的眼睛、相机等光学探测系统，并不存在此类困难，日常生活中人眼对于低小慢目标的探测稀松平常，见怪不怪。究其原因，仍然是上述不同系统在波长频段上的差异，即光波和常规电磁波之间显著的频段差异导致在传感器尺寸、位置分辨率、阵列单元数目、成像能力上出现显著差异。

距离分辨率：由于一般的探测系统对目标定位是通过测距、测角来实现的，因此其对于目标在空间的分辨率可以分为距离分辨率和角度分辨率，这里的距离指目标到探测器之间的斜距，而角度分辨率又可以分为方位角分辨率、俯仰角分辨率。距离分辨率定义了探测器对距离的分辨能力，它可以用以下数值表征：当两个目标位于同一方位角但距离不同时，两者被区分出来的最小距离。与前文所述距离测量精度相似，距离分辨率主要与收发时延分辨率及测量精度有关。

冲激函数：狄拉克最早定义了一种特殊的函数，称为狄拉克函数或冲激函数，定义为

$$\begin{cases} \int_{-\infty}^{\infty} \delta(t)\,\mathrm{d}t = 1 \\ \delta(t) = 0 \quad 当 t \neq 0 \end{cases} \tag{0-14}$$

按此定义，这个函数除原点以外，处处为零，并且具有单位面积，可以直观地认为是一个极窄脉冲信号的数学描述。理想冲激信号在 $t=0$，功率为无穷大，这在实际系统中是不可能实现的，因此信号持续时间越窄，将严重限制系统的信号辐射能量，从而限制系统的作用距离。依照前文的傅里叶变换可知，冲激函数对应的频谱处处为 1，也就是说，时域极窄脉冲对应到频域是一个频谱功率密度处处为 1 的超宽带信号，即

$$\delta(t) \leftrightarrow 1 \tag{0-15}$$

距离分辨率和带宽的关系：距离分辨率和带宽在数值上成反比，即带宽越大，距离分辨力越强，距离分辨率的值 ΔR 越小。两种极限情况：点频连续波雷达，无法测量收发信号延时，无法进行目标测距，没有距离分辨率；狄拉克函数冲激信号，持续时间极窄，在假设能够有效接收到回波信号的前提条件下，其对目标的距离分辨率为无限精细，距离分辨率 $\Delta R=0$。站在信号系统的角度，相当于指明了探测系统对应于冲激信号的冲激响应，其距离分辨率最高！为了提高系统距离分辨率，可以从时域、频域两方面入手：从频率入手提高系统带宽，从时域入手减少信号持续时间，均可以有效改善系统距离分辨率。

时宽带宽积：时间与频率互为倒数关系，即 $t \propto 1/f$，一般的信号时宽 ΔT、带宽 ΔB 的乘积恒等于 1，即 $\Delta T \cdot \Delta B = 1$。信号时宽过窄，发射功率一定的前提下，总能量受限，作用距离短；时宽过宽，带宽过窄，距离分辨率受限，导致雷达系统在作用距离和距离分辨率之间存在矛盾。

脉冲压缩与线性调频：一般的信号同时具有大的时宽和带宽是不可能的。为了解决这一矛盾，人们开始各种尝试和探索，力求从雷达体制上得到突破。脉冲压缩技术的出现有效地解决了信号时宽带宽积的限制问题，从而有效克服了雷达系统作用距离和距离分辨率之间的矛盾。线性调频信号就属于脉冲压缩信号的一种，其产生和处理都比较容易，技术上比较成熟，因此得到广泛应用。线性调频等宽带信号通过匹配滤波器后，输出信号宽度变窄，客观上实现了脉冲压缩效果，其本质是以时间换带宽，逐个时刻发射不同频率信号，客观达到扩展带宽、延长时宽的效果，最后再进行同时刻叠加等效为一个较大能量的窄脉冲信号，从而有效解决雷达系统在作用距离和距离分辨率之间所存在的难以兼顾的矛盾。

脉冲压缩与冲激响应的对应关系：在雷达领域所说的脉冲压缩，其本质类似于求解信号系统的冲激响应。站在微观时间的角度，系统在每个时刻发射不同的频率信号，获得系统对应的回波响应；当达到一定带宽后，可以基于整个带宽上的回波响应，反推系统对应于冲激脉冲信号的系统冲激响应，当然可以有效提升系统的距离分辨率，这就是线性调频信号脉冲压缩改善信号时宽带宽积的本质性原理。

角度分辨率：上面讲了探测系统对于目标在空间的分辨率可以分为距离分辨率和角度分辨率，距离分辨率主要依靠信号带宽来实现，而角度分辨率主要依靠接收阵列的测角精度来保证。探测系统的角度分辨率与信号波长成反比，与接收阵列的孔径成正比，也就是说：波长越短，角度分辨率越高；孔径越大，角度分辨率越高。波长越短，

空间衰减越大，作用距离越近；孔径越大，会出现栅瓣问题，体积、重量成本也难以控制。

合成孔径与逆合成孔径：为使雷达具有足够高的分辨率，实现对特定目标或区域成像，可以采用超宽带合成孔径雷达（synthetic aperture radar，SAR）或逆合成孔径雷达（inverse synthetic aperture radar，ISAR）技术体制。超宽带主要保证距离分辨率；合成孔径主要保证角度分辨率。合成孔径说白了就是虚拟孔径，也就是说，在天线实际孔径受限的条件下，通过让天线在不同位置进行探测接收，等效为一个虚拟的超大孔径天线阵列，再进行接收回波合成，从而有效提高系统角度分辨率。当前的雷达成像主要就是基于 SAR 和 ISAR 技术来实现的。这两种雷达的主要区别在于 SAR 是通过自身移动对静止目标成像，而 ISAR 是自身静止对运动目标成像，两种雷达工作原理大体相似。其探测成像的本质类似于多角度观测再进行合成的概念，正如古诗所说：横看成岭侧成峰，远近高低各不同。

特征提取：在探测系统中，对目标回波信号进行分析，提取最有效的特征，称为特征提取。特征提取是模式识别、目标识别最关键、复杂的环节。特征提取可以在光学图像探测系统中使用，也可在雷达回波探测系统中使用。特征提取基于回波数据，旨在提取特征信息和非冗余派生值（信号特征），从而促进后续的学习和识别，并在某些情况下带来更好的可解释性。特征提取是使用计算机提取图像、回波数据中特征性信息的重要方法及过程。特征提取与降维有关。特征提取的好坏对系统目标识别泛化能力有至关重要的影响。

目标识别：目标识别是指探测系统将一个特殊目标（或一种类型的目标）从其他目标（或其他类型的目标）中识别区分出来的过程。它既可以是两个非常相似的目标之间的识别，也可以是一种类型目标同其他类型目标之间的识别。目标识别的基本原理是利用探测系统回波中的幅度、相位、频谱、极化乃至图像中的目标特征信息，通过数学上的多维空间变换方法来估算目标的大小、形状、重量、物理特性参数等，并根据大量训练样本确定鉴别函数，在分类器中进行目标识别判决。回波信息越丰富，目标识别越容易；回波信息越贫乏，目标识别越困难。这也是光学探测系统目标识别比雷达、声呐探测系统较为简单的根本原因。

0.3.4 测量与采样

前面介绍了探测的基本原理，为进一步理解探测专业的相关知识，还有必要对测量的基本常识进一步进行梳理。首先需要明确的是，人类所有的探测、测量、监测乃至观察学习、管理评估，其实都是一个采样分析的过程。

采样：从总体中抽取个体或样品，从而实现对总体进行实验或观测的过程称为采样。一般可以分为均匀采样和随机采样等类型。前者指遵照均匀间隔进行抽取样本的方法，后者指采用随机化原则从总体中抽取样本的方法。对于电信号的采样，更多的是指在时间轴上的采样，而且以均匀采样为主，将时间轴上连续的信号每隔一定的时间间隔抽取出一个信号的幅度样本，使其成为时间上离散的脉冲序列，从而把一个连续的模拟量抽取成一个个离散的点来表示。其中，样本之间的时间间隔称为采样周期，其倒数称为采样频率。

奈奎斯特采样定律：在进行信号 A/D 采样（模/数转换）的过程中，采样频率应大于信号中最高频率的 2 倍，采样之后的数字信号才能完整地保留原始信号中的信息，才可以完全正确地恢复原始模拟信号，这称为奈奎斯特采样定律。实际工程应用中为保证信号恢复质量，采样频率一般选为信号最高频率的 5~10 倍。对于奈奎斯特采样定律需要深刻理解：人们对任何事物的观察学习，都是一个离散采样的过程，而且采样频率需要适当。太低，反映不出事物的变化规律；太高，数据量太大，处理压力大。最低采样频率不能低于事物变化频率的两倍，也就是一个变化周期内至少要采两个点，一个波峰、一个波谷，才能呈现出一个变化的周期。这个思想，广泛应用于探测系统中的模拟连续信号到数字离散信号的 A/D 转换上，甚至还潜移默化地应用于学生考试、员工考勤、生产线检测等活动中。

前面在电磁场与电磁波的讲述中简单论及了调制与解调的基本概念。通过调制、解调，对信号频谱进行上下搬移，最终目的是实现信息更高效率的辐射、接收。实际工程中，调制、解调主要是通过混频器、滤波器、放大器来实现。混频、滤波、放大是一般电子信息系统中的基本组成单元。

混频：利用非线性元件，如混频二极管，把两个不同频率的电信号进行混合，通过选频回路得到第三个频率信号的过程称为混频。完成这一过程的器件，叫作混频器。混频器是非线性器件，通过混频器可以将两不同频率的信号变换成一个与两者都相关的新振荡信号。若新振荡信号频率为上述两个不同频率之差，则称为下变频；若新振荡信号频率为上述两个不同频率之和，则称为上变频。

混频并不一定是必需的，而是在系统对发射信号无法有效辐射出去或者对接收信号无法有效进行高速采样时，才不得不进行的无奈之举。例如，音频电路中，由于频率较低，换能器接收到电信号后，一般都直接采样，而无须混频。此外，随着现代高速射频芯片以及采样器件的快速发展，软件无线电技术的兴起，很多射频探测系统也已经可以无须上、下变频，而采用直接辐射、高速采样等手段进行射频信号收发功能的实现。

滤波：将信号中特定频段能量保留，对其他频段能量滤除的过程称为滤波。完成这一过程的器件称为滤波器。滤波器是电子电路系统中抑制和防止信号干扰的一个重要器件。特别是对于混频电路，由于混频器属于非线性器件，会产生多次谐波及高阶交调，必须在混频后通过滤波器进行频率选择。滤波器有多种形式，简单的可以分为低通、带通、带阻、高通等；具体表现形式又分为切比雪夫、巴特沃斯等。

放大：把输入信号的电压或功率有效增大的过程称为放大。完成这一过程的器件称为放大器。放大器由电子管或晶体管组成，广泛应用于通信、广播、雷达等电子信息系统中。放大器分为线性放大器、非线性放大器等。非线性放大器会产生谐波，需要进行滤波。到目前为止，实际工程中要产生较大功率的电磁波信号都是比较困难的事情，将电磁波信号进行有效放大是系统中发射机、接收机的核心任务之一。一般对于电磁波信号会采用多级级联方式进行放大，而按照级联公式进行分析可以得知，初级电路对于系统信噪比的恶化将起到关键作用。因此，在一般系统中，初级常采用低噪声系数放大器以保证系统信噪比；后端则采用功率放大器以提高信号输出功率。

0.3.5 探测的尺度问题与物理学大厦的 4 根柱子

上面曾讲过，探测的波长 λ 与天线尺寸 l、距离分辨率 ΔR 之间存在大致的可比拟关系。一般而言，探测系统所采用的频段越低，波长越长，天线尺寸越大，系统分辨率越低；频段越高，波长越短，天线尺寸小，系统分辨率越高：$l \propto \lambda$、$\Delta R \propto \lambda$。其实这种尺度可比拟关系，还潜移默化地存在于人们的日常生活、学习工作中，超过了一定的尺度可比拟关系，对事物的观测、制造、使用都将变得复杂、困难、不方便。比如，我们居住的房子，一定与人的身高、体积可比拟，一般在几十至一百多平方米最为适合；如果建造的房子只有几平方厘米或者几万平方米，那分别给蚂蚁和大象居住更为合适。更重要的是，我们生产生活中所使用的工具更需要与我们使用者的尺度、工作对象的尺度可比拟，比如人类所使用的扳手、锯子、刀叉，即使有大有小，也一定与人的手掌大小基本近似，而不会去轻易使用几毫米或几百米大小的工具；同理，用这样的工具制造几米长的车子就相对容易，而在头发丝上进行微雕，或者制造几百米长的航空母舰，就要困难得多。这都是观测者、使用者、工具与被作用对象之间的尺度可比拟问题。

下面将从被观测对象的尺度大小，尝试分析讨论物理学的四大主要学说所探究的对象内容以及适用的领域范围。现代物理学大厦中，牛顿的经典力学、麦克斯韦的电磁学、爱因斯坦的相对论以及普朗克等的量子力学堪称大厦中的 4 根柱子。抛开其复杂的理论与公式，下面从探测专业的角度去分析四者之间的发展脉络与逻辑关系。

我们所处的客观世界，按照尺度大小，可以分为宏观世界、微观世界及超大尺度的宇宙世界，对应的物理学说分别是牛顿力学、量子力学和相对论。而人类观测这些不同尺度世界的方法手段却基本都是一致的，都是基于电磁波（包括光波）去探测认知它们，验证完善我们的模型和假设，也就是说，电磁学理论是认知以上 3 种不同尺度世界的共同方法和手段。

如前所述，$c=\lambda \cdot f$，在对宏观世界的探测感知中，电磁波基于其传播速度等于光速 c（$c=3\times10^8$m/s），恒定且超快，在一定的尺度范围内，电磁波的传播延迟效应并不非常严重，同时由于通过观测所带来的对观测对象的扰动可以忽略不计。在这个尺度范围内，牛顿力学大行其道，而且宏观世界也正是常规雷达探测所适用的尺度范围。常规雷达利用回波时延所产生的时差、相差、频差（多普勒频移）等参数测量来实现对目标的测距、测速和测角，目前在宏观世界中得到广泛应用。

但是对于微观世界和超大尺度的宇宙世界，基于电磁波手段去探测这些尺度空间中的对象时，其局限性就逐渐显现出来，并因此发展出量子力学和相对论两大物理学理论对经典的牛顿力学进行颠覆、修正和完善。

微观世界中，我们观测这些微观粒子的手段依然是电磁波，或者此时在微观尺度上更应该称为光子、电子。我们观察事物的精细程度永远取决于所使用波的频率、波长和微观层面单个粒子的能量。当用光来观察宏观世界时，光的波长远远小于宏观物体，探测所用的光子能量对宏观物体的状态几乎不会发生任何改变，我们的观察测量在宏观意义上当然是足够精细确定的。可是，当仍然用光子来观察微观世界时，光子本身就等于或接近于要观测的微观粒子粒度，观察测量在微观意义上就无法做到精细准确。依照四舍五入原则，其所能测量到的准确度就是半个光子所携带的能量，即 $\Delta E=h\nu/2$。这就是量子测不准原理。可以类比想象一下，如果用一个乒乓球去测量一个桌子的长度或宽度，测出来的结果就是半个乒乓球尺度的误差。以微观粒子去测量微观粒子，给测量所带来的误差和扰动将不可忽视，这就是量子力学中测不准原理的本质根源，也是量子力学的思想精髓。

超大尺度的宇宙世界中，观测这些宇宙星系的手段依然是电磁波。受空间尺度的急剧变大，电磁波的速度限制，观测的时延效应将越发严重。基于时间不变，看频率的变化，就是雷达的多普勒频移效应；基于频率不变，看时间的变化，就是相对论中的时间变快变慢。甚至可以把荀子《劝学》"顺风而呼，声非加疾也，而闻者彰"的文学描述、雷达多普勒频移测速的推导和狭义相对论时间展缩的推导三者统一在一起。它们说的都是近似的物理现象和规律：物体相对观察者相向运动，观察者所观测接收到的回波距离越来越近，因此接收信号速度变快，频率变高；物体相对观察者背向运动，观察者所观测接收到的回波距离越来越远，因此接收信号速度变慢、频率变低。以有限速度的电磁波去测量超大尺度宇宙世界，给测量所带来的延时将不可忽视，这就是相对论中时空耦合现象的本质根源，也是相对论的思想精髓。

有了探测专业的这些基础知识和专业素养后，可以帮助我们更好地去认知理解这些现代物理学的不同学说方向，更好地去把握它们的异同和渊源，甚至帮助我们更好地去研究思考物理学中的很多至今未解之谜。

0.3.6 站在探测专业角度对哲学中主观与客观问题的进一步思考

上面从探测尺度不同的角度，对现代物理学中四大学说进行了阐述分析。下面还将基于探测专业的角度，进一步对哲学中的主、客观问题进行辨析，如图0-4所示。

主观和客观：辩证唯物主义哲学观点中认为主观世界是指人的意识、思想领域，通常称精神世界，有时也指人的反映和认识能力；客观世界指在人们意识之外独立存在的物质世界，包括自然界和人类社会。客观世界是独立存在的，主观世界的对象和内容由客观世界决定，主观世界是客观世界在人脑中的能动反映；客观世界决定主观世界，主观世界反映客观世界，也可以改造客观世界。以上理论观点把人们对事物的观察、感

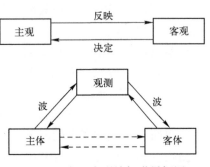

图0-4 主观客观认知世界框图

知过程中描述为主观世界和客观世界两部分的相互作用，省略了观察感知都是通过各种各样的波来实现的中间方法和手段的影响，这在上文所说的宏观世界中是科学合理的，但是在研究微观世界、超大尺度的宇宙世界中还需要基于探测专业的角度进一步修正完善。

主体、客体和观测：在探测专业的角度，人们对事物的观测感知过程可以分为主体、客体和观测（探测）三要素。如图0-4所示，人们作为观测者（主体）对于观测对象（客体）的观测（探测）永远是基于各种形式的波作为中介手段和方法来实现的。因此，主体对客体的观测结果将同时受到三者的作用和影响。特别是在微观世界、超大

尺度的宇宙世界，观测、探测所使用的波、粒子将对结果产生不可忽略的重要影响。

基于以上探测专业对于主观、客观哲学问题的辨析，将人类的观测感知（探测感知）分解为主体、客体、观测三要素后，对现代物理学的不同学说方向的认知将会更加清晰，甚至对研究思考物理学中的很多未解之谜将会更加浅显易懂，容易解释，不易迷失在各种光怪陆离的表面现象中。举例如下。

波粒二象性：光既表现为波的特性，又表现为粒子的特性，具有波粒二象性。爱因斯坦获得诺贝尔奖正是基于他提出了光的波粒二象性假设。科学发展史上持续几百年的关于光的微粒说和波动说之争就这样被他"和稀泥"一般给解决了。可是到底该怎样理解光既是粒子又是波呢？其实依然是尺度问题，从宏观角度看，光就是光波，从微观角度看，光就是光子。可以用一个四字成语来类比解释，就豁然开朗了：人山人海。人山人海，微观上看是一个个人，宏观上看则是一片汪洋大海，波涛汹涌；光也是如此，微观上看是一个个光子，宏观上看则呈现波动特性。

力、场、波、粒子：更进一步，波粒二象性理论可以把力与场、场与波、波与粒子统一起来进行理解。随着波的频率从0到无穷大，波长从无穷大到0，逐渐表现为力、场、波、粒子不同维度的特性：频率越低，波长越大，越表现为静态场与引力的概念；频率越高，波长越小，越表现为波动性与粒子性。

引力波：引力波在物理学中是指时空弯曲中的涟漪，通过波的形式从辐射源向外传播，这种波以引力辐射的形式传输能量。换句话说，引力波是物质和能量的剧烈运动和变化所产生的一种物质波。1916年，爱因斯坦基于广义相对论预言了引力波的存在。引力波的存在是广义相对论洛伦兹不变性的结果，因为它引入了相互作用的传播速度有限的概念。相比之下，引力波不能存在于牛顿的经典引力理论中，因为牛顿的经典理论假设物质的相互作用传播是速度无限的。在2016年2月11日，LIGO科学合作组织和Virgo合作团队宣布他们利用高级LIGO探测器，首次探测到来自双黑洞合并的引力波信号。2017年10月16日，全球多国科学家同步举行新闻发布会，宣布人类第一次直接探测到来自双中子星合并的引力波，并同时"看到"这一壮观宇宙事件发出的电磁信号。引力也是波，是频率为0、波长为无穷大的波；引力改变后将按照光速c传播建立起稳定的引力场，LIGO引力波探测实验的成功恰好是对上述观点的侧面印证。

双缝实验现象：在量子力学里，双缝实验是一种演示光子或电子等微观粒子波动性与粒子性的实验。双缝实验是一种"双路径实验"，这两条路径的波程差促使微观粒子通过后发生相移，因此产生干涉现象。随着科技的进步，现在已发展出单独电子发射器来进行双缝实验，探测屏累积很多次电子发射通过双缝之后，仍然会显示出熟悉的干涉图样。单独电子似乎可以同时刻通过两条狭缝，并且自己与自己干涉。而当人们安装探测器来观察光子到底是从哪一条狭缝经过时，则干涉图样会消失。上述实验现象至今仍然无法得到有效的科学解释。但是站在探测专业的角度或许很容易解释，人们观察光子的过程就是用其他光子去干扰这个光子的过程，它受到干扰后波动性消失就不足为奇了。

量子雷达：2012年，美国罗切斯特大学光学研究所的研究团队成功研发出一种抗干扰的量子雷达，这种雷达利用光子对目标进行成像，由于任何物体在接收到光子信号之后都会改变其量子特性，所以这种雷达能探测到隐形飞机，而且几乎是不可被干扰的。量子雷达是基于量子力学基本原理，主要依靠收发量子信号实现目标探测的一种新型雷达。量子雷达具有探测距离远、可识别和分辨隐身平台及武器系统等突出特点，未来可进一步应用于导弹防御和空间探测，具有极其广阔的应用前景。作为洞察未来战场的千里眼，量子雷达概念一经提出，迅速掀起了各军事强国变革雷达技术的时代热潮。但是站在探测专业的角度，我们需要对量子雷达有清晰、正确的认知：微观的单个光子不可能实现对宏观目标的有效探测感知，尤其不可能实现对宏观目标的有效成像；必须要大量的、不计其数的光子照射在目标上，形成宏观统计学意义上的照射、反射，才可能实现对宏观目标的有效探测，包括成像识别。

红移效应与宇宙膨胀理论：红移现象是多普勒频移的一种，对应的还有蓝移现象。光波频率的变化使人感觉到是颜色的变化。如果恒星远离我们而去，则光的谱线就向红光方向移动，称为红移；如果恒星朝向我们运动，光的谱线就向紫光方向移动称为蓝移。它是多普勒效应所致，即当一个波源（光波或射电波）和一个观测者互相快速运动时所造成的频率变化。美国天文学家哈勃把一个天体的光谱向低频（红）端的位移叫作多普勒红移。哈勃于1929年确认，遥远的星系均远离我们地球所在的银河系而去，同时，它们的红移随着它们的距离增大而成正比地增加。这一普遍规律称为哈勃定律，它成为星系退行速度及其和地球之间距离相关的理论基础。这就是说，一个天体发射的光所显示的红移越大，该天体的距离越远，它的退行速度也越大，按照此理论，宇宙正处于膨胀过程中。但是实际上站在探测专业的角度：超大尺度观测过程中，天体距离越近，波延迟时间越短，我们看到的附近天体红移效应弱，甚至蓝移，代表的是宇宙最近、最新的状态；天体距离越远，波延迟时间越长，我们看到遥远天体的红移效应是遥远过去的状态，甚至可能是几百亿年之前的状态；时、空、频之间在观测上的耦合效应，让我们无法简单地得出红移效应就代表宇宙正在膨胀；甚至有可能即使假设宇宙并不膨胀，因为超大尺度观测中的时延效应，仅仅观测过程本身就可以导致出现红移系数。

视界与世界：一个事件刚好能被观察到的那个时空界面称为视界。对于上面所说的宏观世界，视界与世界并无明显差别，视界就是当下客观世界的映像。但是，对于超大尺度观测中的宇宙，视界所看到的景象将是一个时空光锥的概念：距离越近处的景象，越是当下的状况；距离越远处的景象，越是久远的历史。我们永远无法拍出一幅当下同一时刻某一瞬间的宇宙景象出来！需要从获取到的视界景象去反推整个超大尺度宇宙世界的历史和现状。这实在超出我们在地球上对尺度的认知和经验范围，但是为了正确地探测感知客观真实的宇宙，这是我们必须面对和适应的困难和挑战，同时坚决摒弃已有的认知经验和固定思维。

黑洞与白洞：黑洞（black hole）是现代广义相对论中，存在于宇宙空间中的一种天体。黑洞的引力极其强大，使视界内的逃逸速度大于光速。故而黑洞是时空曲率大到光都无法从其事件视界逃脱的天体。黑洞无法直接观测，但可以借助间接方式得知其存在与质量，并且观测到它对其他事物的影响。白洞（white hole）是另一种强引力源，其外部引力性质均与黑洞相同，但不能吸收外部区域的任何物质和辐射，同时白洞还可以向外部区域提供物质和能量，是宇宙中的喷射源，白洞是一个只发射、不吸收的特殊宇宙天体，与黑洞正好相反。如果没有探测专业知识，会对黑洞、白洞的概念感到一丝恐惧，宇宙中居然有如此恐怖的天体存在。但是，从探测专业的角度就释然很多，黑洞、白洞就是引力足够强的两类天体，导致光波无法逃逸辐射出来，从而导致无法通过光波实现对其内部结构的有效探测，并没有多么可怕和令人担忧。

未来对超大尺度、超小尺度观测的一些思路：通过上面的讲述分析，也可以为我们未来在超大尺度、超小尺度观测（探测）领域提供某种思路。超大尺度观测，可以适度选择更低频段，如更低频段的射电天文望远镜；传感器阵列应该尽可能实现超大尺度分布，如地月、地火星际之间的传感器阵列分布。微观粒子的超小尺度观测，则需要寻找比光子更小的粒子实现对微观粒子更小的扰动，或者是彻底颠覆借助波或粒子进行微观观测的传统方法，寻找新的其他观测手段。

通过以上对探测专业的介绍，特别是对其基本原理的讲述，希望能够初步建立起大家对本专业的基本认知和学习兴趣。

第 1 章　声探测技术

声波在海水中传播衰减程度远小于电磁波，这一物理特性决定了在水下目标探测中，声探测技术更具优势。对声目标的探测主要分为对声信号的分类识别与目标定位两部分。声音是信息的载体，声音中包含了大量的信息，通过对声音信号进行分析，可以得到外界的多方面信息。因此，对声音信息的分类识别可以用在很多方面：在军事上，可以进行敌我判别、信息收集、监听敌方下达指令、了解敌方武器装备的参数及规模等；在工业上，对车辆、发动机等机械设备的震动声进行采集，可以分析其故障，诊断故障类型；在人工智能领域，可以自动识别各个不同人的语音指令，并进行相应的执行。声定位技术利用接收到的目标自身发出的声波或目标的回波，对目标进行距离和方向的确定。声定位技术包括主动声定位和被动声定位两种。被动声定位系统不发射信号，接收目标自身发出的声音，虽不能控制接收信号能量的大小，但却具有很好的隐蔽性；主动声定位系统探测器发出特定形式的声波，接收目标反射的回波，以发现目标和对其定位。一般来说，定位精度较被动式高，但容易暴露，被敌方发现。对目标的声定位，包括距离和方向的确定，即方向估计和距离估计。本章所说的声探测技术主要是指声定位。

1.1　声探测发展历程

声探测技术由耳朵仿生而来，耳朵作为接收机，通过接收声波对目标进行识别定位。图 1-1 所示为耳朵的基本原理，人耳由外耳、中耳和内耳 3 部分组成。当声音发出后，周围的空气分子产生一连串振动，这些振动就是声波，从声源向外传播，当声波到达外耳后，通过耳廓的集音作用把声音传入外耳道并到达鼓膜，鼓膜是外耳和中耳的分界线，当声波撞击鼓膜时，引起鼓膜的振动。鼓膜后面的中耳腔内，紧接着 3 块相互连接的听小骨。每一粒听小骨都只有米粒大小，是人体中最小的骨头。紧挨着鼓膜的是槌骨，之后是砧骨，最后是镫骨。当声波振动鼓膜时，听小骨也跟着振动起来。3 块听小骨实际上形成了一个杠杆系统，把声音放大并传递入内耳。3 块听小骨中最后的镫骨连接在一个极小的薄膜上，这层膜称为卵圆窗。卵圆窗是内耳的门户，而内耳中有专司听觉的器官——耳蜗。当镫骨振动时，卵圆窗也跟着振动起来。卵圆窗的另一边是充满了液体的耳蜗管道。当卵圆窗受到振动时，液体也开始流动。耳蜗里有数以千计的毛细胞，它们的顶部长有很细小的纤毛。在液体流动时，这些细胞的纤毛受到扰动，经过一系列生物电变化，毛细胞把声音信号转变成生物电信号经过听神经传递到大脑。大脑再把送达的信息进行加工、整合就产生了听觉。在自然界中，科学家研究最多的就是蝙蝠的声雷达系统。蝙蝠的喉咙可以发出很强的超声波，通过嘴和鼻孔向外发射出去，共同构成蝙蝠声呐的发射机。它的接收机就是耳朵。根据耳朵接收到的反射回声，蝙蝠能够判明物体的距离和大小，是食物还是敌人或是障碍物。人们把这种根据回声来探测物体的方式，称为回声定位。

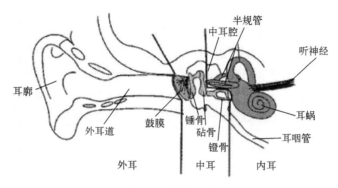

图1-1 耳朵结构

随着军事和民用的需求以及其他科学技术的发展，声探测技术也逐渐发展起来。

从1490年至第一次世界大战前，是声呐技术[1]的漫长探索阶段。1490年意大利艺术家、科学家达·芬奇发现声管插入水中可以听到远处的船舶航行声。此后，水声学得到了发展。1826年，瑞士物理学家科拉顿和法国数学家斯特姆在日内瓦湖测量出声在水中传播的速度。

从1914年至1918年第一次世界大战期间，是声呐发展的第二阶段。1914年在英国科学家里查·孙和美国科学家费森登提出的方案基础上，第一台回声探测仪成功探测到2英里（1英里≈1.6km）外的冰山。1917年，法国科学家郎之万首次使用超声换能器，以及利用当时发展的电真空技术，探测到海底回波，形成现代声呐的雏形，他的设备很快就达到能够探测潜艇回波的水平。

从第一次世界大战至第二次世界大战前，是声呐技术稳定而持续发展的时期。这期间，由于超声技术、电真空技术以及无线电技术取得一系列成就，各国相继制成了许多形式的噪声站。回声定位仪在美国批量生产后，磁致伸缩换能器和压电换能器也相继问世。并且，水声学理论也得到了较为深入的研究，如认识到了海水温度对声速的影响、海水的声吸收与频率的依赖性等。

1939—1945年，第二次世界大战期间，声呐技术发展到新的阶段，技术趋于成熟。由于潜艇在战争中的作用极为突出，为了有效对付潜艇，声呐成为实施反潜战的主要设备。这期间，英、美、法等国家相继研制出各种类型的声呐。水面战舰的主动声呐、潜艇的被动声呐、扫描声呐、机械转动的换能器基阵以及具有音响制导的鱼雷在这期间都快速发展起来。电子技术的飞速发展使声呐设备发展成为复杂的电子和电声系统。并且这期间理论和实验研究方面取得更多成就，如对传播衰减、吸收、声散射、目标的反射特性、目标强度、尾流、舰艇噪声以及人耳的识别能力等进行了深入研究。

从第二次世界大战至今，随着科学技术的发展，声呐技术继续得到突飞猛进的发展。微电子技术的发展、人们对水声学的深入研究以及导弹武器和核潜艇的出现，都推动着声呐技术持续发展。声呐技术逐渐向低频（主动声呐频率低至1~3kHz）、大功率（几百千瓦至兆瓦级）、大尺寸基阵方向发展，并广泛采用现代信号处理技术。

近年来，声探测技术在军事及民用系统中都有了非常广泛的应用。在军事系统中，有助于识别敌方武器类型、规模及位置，有助于指挥中心及时准确发出作战指令，帮助摧毁目标物；在民用系统中，可以用来确定声源、指令、位置等信息，提供可靠的服务及安全保障。特别是在医学领域[2]，超声成像技术以其无创、无辐射、使用方便、设备成本低等优点广泛应用于现代临床疾病的诊断和治疗中。医学超声成像主要是利用超声在人体器官组织的传播过程中，由于声的反射、折射、衍射等产生不同信息，将信息接收、放大和处理形成波形、曲线、图像等，从而根据不同的声学数据来反映人体内部情况。从20世纪80年代，随着医学、计算机技术、数字与电子技术、材料学、图像算法等多学科的应用发展，超声成像技术诞生至今，经过人们不断的探索创新获得空前发展。

1.2 声探测基本原理

声探测主要指主动或者被动地利用声波与环境的相互作用，结合声传播的模型，对环境中感兴趣的目标特性以及状态进行获取的过程。利用声波探测主要实现对目标的测距、测速、测角以及对目标进行一定的成像。而要实现这些功能，就需要对声探测中涉及的各个过程基本机理进行了解、学习和掌握。

本节主要分为两大部分。首先，对声波传播的物理概念、传播机理以及存在的影响因素进行系统阐述[3-5]；然后，在此基础上对声探测实现目标测距、测速、测角和成像等功能的具体原理进行介绍。

1.2.1 声波的物理概念

声波的基本概念包括声源、声波本身、声波的基本物理参数。

1.2.1.1 声波

声波是一种机械波，本质是由质点或物体在弹性介质中的振动而产生的。声波的频率在2Hz~20kHz内可以引起人的听觉，低于20Hz称为次声波，高于20kHz称为超声波。声波可以在除真空以外的所有环境下传播。

当声波在气体和液体中传播时，形成介质质点压缩和伸张交替运动现象，表现为压缩波的传播，即纵波，质点的运动方向与声波的传播方向一致。在固体中传播时，由于有切应力，可以传播纵波和横波。在横波传播中介质质点振动方向与波传播的方向垂直。此外，在固体的自由表面上，由于表面纵波与表面横波的合成，还会表现出表面起伏波形的表面波，称为瑞利波。声波具有反射、折射、绕射、衍射和散射的特性。声波的频率越低，波长越长，波动性质就越显著，而方向性却越差。当低频的声波碰到与波长尺度大小相当的障碍物时，将产生显著的绕射和散射现象。

1.2.1.2 声源

声波由声源振动产生。声源按其不同的几何形状、尺寸与观察者之间的距离比又可分为点声源、线声源、面声源和体声源。点声源是为了方便研究而理想化的声源模型，它是指在空间上仅有明确位置而无形状尺寸的声源。通常将几何尺寸远远小于传播距离，且传播指向性不强的声源近似视为点声源，忽略其大小形状以便研究。点声源的波阵面（等相位面）是以声源为中心，同时均匀向各个方向传播的球面。并且当声源与接收阵元之间距离相对较远且接收阵元较小时,可以近似将接收阵元处的波面及波阵面视为平面。将若干个点声源组成线状声源,则称为线声源。通过点声源的传播方式可以推出,线声源的波阵面是以线声源为中心线,向周围各个方向均匀传播的柱面。面声源为辐射平面声波的振动体,是实际生活中经常遇到的一种声源。面声源的波阵面为与传播方向垂直的平面,波阵面上各点具有相同的振幅和相位。如辐射低频声波的大面积墙面、大型机器设备的振动表面等,都可视作面声源。面声源可分为圆形面声源和长方形面声源等类型。体声源是在考虑声源的具体尺寸大小和形状的情况下,建立的一种声源类型的概念。在实际研究中,需要根据研究对象的不同采用不同的声波及声源模型。

1.2.1.3 声压

存在声波的空间称为声场。声场中的声压是与时间和空间有关的函数。在时域,声场在某一瞬时的声压值称为瞬时声压 p_t,在某一时间段内的最大瞬时声压值称为峰值声压 p_m,而在这段时间内的瞬时声压对时间取均方根值,则称为有效声压 p_e,即

$$p_e = \sqrt{\frac{1}{T}\int_0^T p_t^2 \mathrm{d}t} \tag{1-1}$$

式中 T——平均的时间间隔。在周期声压时,T 取一个或几个周期,对非周期,T 应该取足够长,以使间隔长度的微小变化不影响测量结果。

声压的大小反映了声波的强弱,声压的单位为 Pa(帕斯卡),简称帕,$1\mathrm{Pa} = 1\mathrm{N/m^2}$。

平面声波的声压表达式为

$$p(x) = p_a \mathrm{e}^{\mathrm{j}(\omega t - kx)} \tag{1-2}$$

式中 p_a——声波的振幅,对平面波而言为常数;
ω——声波的角频率;
k——声波波数,$k=\omega/c_0$,c_0 为声速;
x——当前点与声源间的距离。

1.2.1.4 声能量与声能量密度

在一个足够小的体积元内,其体积、压强增量和密度分别记为 V_0、p、ρ_0,则声扰动的能量表示为声动能和声势能之和,有

$$\Delta E = \Delta E_k + \Delta E_p = \frac{V_0}{2}\rho_0\left(v^2 + \frac{1}{\rho_0^2 c_0^2}p^2\right) \tag{1-3}$$

式中 v——质点速度。

单位体积内的声能量称为声能量密度,其表达式为

$$\varepsilon = \frac{\Delta E}{V_0} = \frac{1}{2}\rho_0\left(v^2 + \frac{1}{\rho_0^2 c_0^2}p^2\right) \tag{1-4}$$

以上公式对所有形式的声波都成立,具有普遍意义。对于平面波,有

$$\Delta E = V_0 \frac{p_a^2}{\rho_0 c_0^2}\cos^2(\omega t - kx) \tag{1-5}$$

单位体积内的平均声能量为平均声能量密度,有

$$\bar{\varepsilon}=\frac{\overline{\Delta E}}{V_0}=\frac{p_a^2}{2\rho_0 c_0^2}=\frac{p_e^2}{\rho_0 c_0^2} \tag{1-6}$$

式中 p_e——有效声压，$p_e=p_a/\sqrt{2}$。

1.2.1.5 声功率和声强

声功率是指声源在单位时间内通过垂直于声传播方向曲面 S 的平均声能量，又称为平均声能量流，单位为瓦（W），用符号 $\overline{W}$ 表示。声能量是以声速 c_0 传播的，因此平均声能量流应等于单位时间内，声场中曲面与声源传播距离所形成柱体内包括的平均声能量，即

$$\overline{W}=\bar{\varepsilon}c_0 S \tag{1-7}$$

式中 S——声场曲面。

声功率是表示声源特性的物理量。声功率越大，表示声源单位时间内发射的声能量越大，引起的噪声越强。它的大小只与声源本身有关。

声强是指单位时间内声波通过垂直于声传播方向的单位面积上的平均声能量，单位为瓦/米²（W/m²），用符号 I 表示，即

$$I=\frac{\overline{W}}{S}=\bar{\varepsilon}c_0 \tag{1-8}$$

声功率和声强的关系：单位面积上的平均声功率即为声强，或者表示为声功率等于声强在声传播垂直方向上的面积积分，即

$$\overline{W}=\int_S I\mathrm{d}S \tag{1-9}$$

声强为矢量，具有方向性，表示声场中能量流的运动方向。

1.2.1.6 声压级、声强级与声功率级

1) 声压级

声压级的符号为 L_p，定义为将待测声压的有效值 p_e 与基准声压 p_0 的比值取常用对数，再乘以 20，即

$$L_p=20\lg\left(\frac{p_e}{p_0}\right) \quad (\mathrm{dB}) \tag{1-10}$$

在空气中，参考声压 $p_0=2\times10^{-5}\mathrm{Pa}$，该数值是具有正常听力的人对 1kHz 声音刚刚能够察觉到的最低声压值。因此，式（1-10）可以写为

$$L_p=20\lg p_e+94 \quad (\mathrm{dB}) \tag{1-11}$$

2) 声强级

声强级用符号 L_I 表示，定义为将待测声强 I 与基准声强 I_0 的比值取常用对数再乘以 10，即

$$L_I=10\lg\left(\frac{I}{I_0}\right) \quad (\mathrm{dB}) \tag{1-12}$$

在空气中，基准声强 $I_0=10^{-12}\mathrm{W/m^2}$，这一数值取空气中的特性阻抗为 400Pa·s/m 时与声压 $2\times10^{-5}\mathrm{Pa}$ 相对应的声强。因此，式（1-12）可以写为

$$L_I=10\lg I+120 \tag{1-13}$$

由于

$$I=\frac{p_e}{\rho_0 c_0} \tag{1-14}$$

因此，可得

$$L_I = 10\lg\left(\frac{I}{I_0}\right)$$
$$= L_p + 10\lg\frac{400}{\rho_0 c_0} = L_p + \Delta L_p \tag{1-15}$$

一般情况下，ΔL_p 的值很小，因此声压级 L_p 近似等于声强级 L_I，即 $L_p \approx L_I$。

3）声功率级

声功率级一般用于计算声源的辐射声功率。声源的声功率级用 L_ω 符号表示，它定义为声源的辐射声功率 W 与基准声功率的比值取常用对数后乘以10，即

$$L_\omega = 10\lg\left(\frac{W}{W_0}\right) \quad (\text{dB}) \tag{1-16}$$

式中　W_0——基准声功率，$W_0 = 10^{-12}\text{W}$。

1.2.1.7　声速

声速取决于介质特性，它与介质的弹性模量 E 与密度 ρ 的比值的平方根成正比。声速可表示为

$$c_0 = \sqrt{\frac{E}{\rho}} \tag{1-17}$$

式中：$E = p/(\Delta\rho/\rho_0)$，其中 p 为声压，$\Delta\rho/\rho_0$ 为密度的相对增量，$\Delta\rho = \rho - \rho_0$，$\rho$ 与 ρ_0 分别为介质的密度和静密度。

在某一特定的介质中，声速是一个常数，而频率 f 与波长 λ 成反比。此外，在等熵情况下，空气中的声速还随温度而变化，其关系为

$$c = c_0\sqrt{\frac{T}{T_0}} \quad \text{或} \quad c = c_0\left(1+\frac{t}{273}\right)^{\frac{1}{2}} \quad (\text{m/s}) \tag{1-18}$$

式中　T——空气的热力学温度（K），$T = t + 273$；

T_0——热力学零度，$T_0 = -273\text{℃}$；

t——空气的温度（℃）；

c_0——0℃时空气中的声速。

1.2.2　声波探测传播机理、影响因素和修正方式

本小节主要对声波传播的机理和影响声传播的因素进行分析和介绍，1.2.2.2 小节针对风的影响进行建模和修正。

1.2.2.1　声波传播模型与机理

研究声波的物理性质能够帮助我们了解声传播的基本概念，而声波需要在介质中传播才能被特定的设备所感知，所以有必要对声波传播的模型以及机理进行了解。本小节首先介绍声波传播的基本波动方程，然后介绍经典的声信号时延接收模型，最后介绍声传播过程中产生的多普勒效应。

1) 波动方程

前面说到，声波传播的介质可以是气体、液体或固体。声波在介质中的传播本质都是振动的传播，因而，在三维空间中，声波传播的波动方程为

$$\frac{\partial^2 u}{\partial x^2}+\frac{\partial^2 u}{\partial y^2}+\frac{\partial^2 u}{\partial z^2}=\frac{1}{c^2}\frac{\partial^2 u}{\partial t^2} \tag{1-19}$$

式中　u——声压；
　　　c——音速。

其球面坐标形式为

$$\frac{\partial^2(ru)}{\partial r^2}=\frac{1}{c^2}\frac{\partial^2(ru)}{\partial t^2} \tag{1-20}$$

2) 声信号时延接收模型

声信号时延接收模型以声传播的波动方程为基础，重点在于研究声信号传播过程中不同传感器之间记录的不同信道之间的时间延迟，是声探测中具体功能实现的基础。本部分将对此模型进行初步介绍。

研究物体的运动学方程时，可在适当的情况下直接将物体描述为质点。同样地，在声探测中，对于一个声信号源来说，当声信号接收者与信号源之间的距离远大于声源自身的尺寸时，可忽略声源尺寸，将声源看作可发声的点，即点声源。

对接收到的声波信号进行分析时，最为重要的信息就是声传感器阵列记录的不同信道之间的时间延迟。从时域范围考虑，忽略不同传感器之间信号幅值的相对衰减问题，不考虑接收机的信号接收能力。设声源发出信号经过时间 t 到达传感器 1，再经过时间 t_d 到达传感器 2，t_d 即为时延，如图 1-2 所示。

假设不存在其他干扰声源，可设两者接收到的声音信号分别为 $s(t)$ 和 $s(t+t_d)$；考虑背景噪声，设两传感器接收到的总信号分别为 $r_1(t)$ 和 $r_2(t)$，两信道背景噪声分别为 $b_1(t)$ 和 $b_2(t)$，则两个传感器对应的两路接收信号模型可用以下模型描述，即

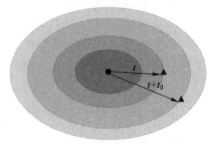

图 1-2　声信号时延接收模型

$$\begin{cases} r_1(t)=s(t)+b_1(t) \\ r_2(t)=s(t+t_d)+b_2(t) \end{cases} \tag{1-21}$$

若考虑其他声源的干扰，最简单的情况为存在一个点声源，此点声源信号在不同的两个传感器上接收信号分别为 $d(t)$ 和 $d(t+t_d')$，t_d' 为干扰点声源的两路信号时延。此时的两路接收信号模型描述为

$$\begin{cases} r_1(t)=s(t)+b_1(t)+d_1(t) \\ r_2(t)=s(t+t_d)+b_2(t)+d_2(t+t_d') \end{cases} \tag{1-22}$$

不同传感器所对应不同信道之间的时延，对于声探测系统是十分重要的。首先，声探测系统对于时延估计的快速性和准确性，直接与定位系统的定位结果精度以及定位算法反应速度相关；其次，对于不同应用场景下的不同声探测系统，也需要对时延估计算法进行相应的修改。时延估计问题应用广泛，在信号学中涉及谱估计、随机信号处理

等；在测量学中应用于声呐、炮兵电声、地质勘探、管道检测、故障诊断及医学等领域。

3）多普勒效应

当声源或听者相对于空气运动时，听者听到的音调（频率），同声源与听者都处于静止时所听到的音调一般是不同的，这种现象叫作多普勒效应。

作为特例，两者速度的方向在声源和听者连线上，v_1 与 v_2 分别表示听者和声源相对于空气的速度，取听者到声源的方向作为 v_1 和 v_2 的正方向，则听者听到的声音频率 f_1 与声源频率 f_2 的关系为

$$f_1 = \frac{c+v_1}{c+v_2} f_2 \tag{1-23}$$

当速度的方向不在声源和听者连线上时，v_1 和 v_2 分别表示听者和声源相对于空气的速度在上述连线上的投影，式（1-23）仍然成立。

1.2.2.2 声波传播的影响因素以及修正

理想情况下，声音传播会因距离出现损耗。实际情况下，声波传播的过程并不是理想化的，它会受到环境的影响，并会因为介质的不同而表现不同。本小节分析和介绍了大气环境中存在的风、水时环境中的损耗以及固体环境中的物理因素等对声传播的影响，并进行建模以及提出初步的修正方案。

1）空气中声波的衰减

空气中，水和其他灰尘对声波的影响表现为声波能量散射衰减；由于水分子的热交换引起空气对声音的吸收，使声音传播时发生随传播距离增加而增加的吸收衰减；声能量向四周传播扩散，随着传播距离的增加，能量的扩散使单位面积上所存在的能量减小，听到的声音就变得微弱，即扩展衰减。总的衰减由散射衰减、吸收衰减和扩展衰减组成。传声器接收到的声能 E 成指数衰减，即

$$E = E_0 e^{-\alpha R} \tag{1-24}$$

式中　E_0——声源处的声能；

　　　R——传声器离声源的距离；

　　　α——吸收衰减系数，且

$$\alpha = 5.578 \times 10 \frac{\frac{T}{T_0}}{T+110.4} \cdot \frac{f^2}{\frac{p}{p_0}} \quad (\text{Np/m}) \tag{1-25}$$

式中　p_0——参考压力，$p_0 = 1.01325 \times 10^5 \text{N/m}^2$；

　　　p——大气压（N/m^2）；

　　　T_0——参考温度，$T_0 = 273.15\text{K}$；

　　　T——气温（K）；

　　　f——声波频率。

$1\text{Np/m} = 8.686\text{dB/m}$。

2）风对声音传播的影响

在静止等温的空气中，点声源 $S(x_S, y_S, z_S)$ 发出的声波以球面波形式向外传播，如

图1-3所示。

其各时刻的波阵面是一系列以声速增大的同心球,即 t 时刻波阵面满足

$$(x-x_S)^2+(y-y_S)^2+(z-z_S)^2=(ct)^2 \qquad (1-26)$$

因此,声源到目标的传播时间为该段距离与声速之比,即

$$t=\frac{1}{c}\sqrt{(x-x_S)^2+(y-y_S)^2+(z-z_S)^2}=\frac{r_S}{c} \qquad (1-27)$$

式中 r_S——波阵面与点声源 S 之间的距离。

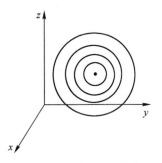

图1-3 球面波传播图

但在恒定的气流场(风)中,声波的波阵面除了以球面波向外传播的同时,还顺着风向以风速 v 漂移。设风向角为 θ,忽略风速较小的垂直分量,则 t 时刻波阵面满足

$$(x-x_S-vt\cos\theta)^2+(y-y_S-vt\sin\theta)^2+(z-z_S)^2=(ct)^2 \qquad (1-28)$$

此时声波的波阵面为一系列非同心圆,半径与静止空气中传播时相同,圆心顺着风向以风速 v 移动。此时,声源到原点的传播时间为

$$\begin{aligned}t&=\frac{1}{c^2-v^2}\left[\sqrt{c^2r_S^2-v^2(z_S^2+x_Sy_S\sin2\theta)}-v(x_S\cos\theta+y_S\sin\theta)\right]\\&=\frac{r_S}{c}\left\{1-\frac{v}{c}\left(\frac{x_S}{r_S}\cos\theta+\frac{y_S}{r_S}\sin\theta\right)+\frac{v^2}{c^2}\left[1-\frac{1}{2}\left(\frac{z_S^2}{r_S}+\frac{x_Sy_S}{r_S}\sin2\theta\right)\right]\right\}\end{aligned} \qquad (1-29)$$

3) 水下环境传播损耗

水声传播损失分为扩展损耗、吸收损耗和边界损耗。

扩展损耗是由于声场波面扩大造成单位面积能量密度减小。该损耗与声源和边界的特点相关,声源不同导致声音波面在不同方向能量场不同。声波在海水中传输时,其扩展损耗模型一般采用球面模型和柱面模型。一般当声源距离探测点位置小于海洋深度时,采用球面模型;声源距离探测点大于海洋距离时采用柱面模型。在球面模型中,理想状态下损耗与传输距离 r^2 成正比。在柱面模型中,理想状态下损耗与传输距离 r 成正比。

吸收损耗是因海水对声场能力的吸收转化为热能。与声波频率相关。吸收损耗由两种机制产生,即黏性和分子弛豫作用。黏性吸收与 f^2 成正比,分子弛豫作用与水中粒子有关。一般在用于海洋通信的波段,有常用吸收系数 α 的公式,即

$$\alpha=1.094\times\left(\frac{0.1f^2}{1+f^2}+\frac{40f^2}{4100+f^2}+2.75\times10^{-4}f^2\right) \qquad (1-30)$$

式中:α 的单位为 dB/km;f 的单位为 kHz。

对于球面扩展:$f<1$kHz 时,$\alpha\approx0.06$;$f=3$kHz 时,$\alpha\approx0.02$;$f=10$kHz 时,$\alpha\approx1.0$。

边界损耗由海底和海面反射和散射造成。一般可根据不同情况查找现有模型参数计算。

由于海洋环境复杂,声音在海水中的传播有多种理论模型,在浅海区域,Marsh 和 Schlkin 提出海水损耗的经验公式。总损耗等于扩展损耗、吸收损耗、边界损耗和附加损耗之和。

定义距离为

$$R = [(1/3)(H+L)]^{\frac{1}{2}} \quad (\text{km}) \tag{1-31}$$

式中　H——海水深度（m）；

　　　L——浅海混合层深度（m）

则有

$$TL = \begin{cases} 20\lg r + ar + 60 - k_1 & (r<R) \\ 15\lg r + ar + a_r(r/H-1) + 5\lg H + 60 - k_1 & (R<r<8R) \\ 10\lg r + ar + a_r(r/H-1) + 10\lg H + 64.5 - k_1 & (r>8R) \end{cases} \tag{1-32}$$

式中　r——水平距离(km)；

　　　α_r——浅海衰减系数(dB/km)；

　　　α——海水吸收系数(dB/km)；

　　　k_1——近场传播异常(dB)。

在实验中，由于条件限制，无法实现高空探测或深度海洋探测，但可通过不同位置信号的相关性和水中传播损耗的对应关系进行水下声源距离的估计。

4）固体中传播影响

研究运动学和动力学时，大多不涉及振动，往往将研究对象看作刚体。事实上，理想的刚体是不存在的，固体都表现为弹性体。对于弹性体，一般引入弹性理论进行描述。通常引入应力 $T(\text{Pa})$、应变 S（无量纲）、质点位移 $u(\text{m})$、质点速度 $v(\text{m/s})$、弹性劲度常数 $c(\text{Pa})$ 和弹性顺度常数 $s(\text{m}^2/\text{N})$ 进行描述。结合这些物理量，固体中传播的体波方程可以用应变-位移方程和运动方程来表示，即

$$S = \nabla_s u \tag{1-33}$$

$$\nabla T = \rho \frac{\partial^2 u}{\partial t^2} - F \tag{1-34}$$

式中　F——体积力（N/m³）。

对于固体内部的粒子，其运动速度 v 可以表示为

$$v = \frac{\partial u}{\partial t} \tag{1-35}$$

具体一点，对于横波（shear wave）和纵波（longitudinal wave）来说，在立方晶体中，横波波速和纵波波速分别为

$$v_s = \sqrt{\frac{c_{44}}{\rho}} \tag{1-36}$$

$$v_l = \sqrt{\frac{c_{11}}{\rho}} \tag{1-37}$$

式中　c_{11}，c_{44}——弹性劲度常数矩阵对应的下标元素。

从质点振动的角度来说，横波和纵波的振动模式分别如图1-4所示。横波的振动方向与波的传播方向相垂直，又称为S波，存在波峰和波谷，波长为相邻波峰与波谷的距离；而纵波则是质点振动方向平行于波的传播方向，又称为P波，对应于波峰与波谷的则是疏部与密部，波长为相邻疏部或密部之间的间距。

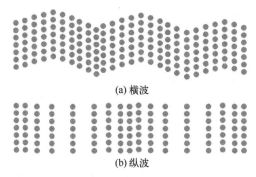

图 1-4　横、纵波示意图

对于固体中传播的声波，当限定不同的边界条件时，可以带来不同种类的声波。声波在固体表面层中传播时，大多表现为声表面波；而对于不同的固体结构，声表面波的表现形式各有不同。对于一些半无限界单层简单固体结构，常见的有瑞利波（Rayleigh wave）、水平剪切波（shear horizontal wave）、广义瑞利波（generalized Rayleigh wave）等。当涉及多层结构时，需要考虑乐甫波（Love wave）、斯东利波（Stoneley wave）等；当固体介质厚度与波长尺度可以相比较时，便需要考虑兰姆波等板波。

下面针对 3 种不同的结构模式，对声波在固体中传播时不同的表现形式做简单的介绍。

作为传播在半无限界的固体表面上，瑞利波是最早被发现的声表面波。半无限界指波传播的衬底可以认为其厚度为无穷大。瑞利波的质点运动模式为椭圆偏振，是纵波与剪切波叠加形成的复合逆时针椭圆运动，如图 1-5 所示。由于瑞利波为表面波，其形变主要集中在一个波长以内，即能量主要集中在固体表面，当深入衬底超过一个波长后，能量将急剧衰减。故而当衬底厚度大于 10 倍波长时即可认为其为理想瑞利波条件，衬底厚度对其传播没有影响。瑞利波是最早发现也是应用最广泛的声表面波，现在广泛应用于传感及微流领域。

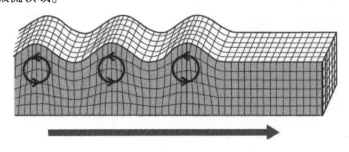

图 1-5　瑞利波

斯东利波是一种在固体-固体界面上传播的声波。同瑞利波类似，斯东利波也是一种非色散波。其声波能量集中在界面上，并在固体深度方向以指数形式衰减。关于界面波的研究主要还是集中在地震波领域，瑞典乌普萨拉大学的 Yantchev 等报道了基于斯东利界面波的微粒操控器件，表明界面波在微流体领域化存在着应用前景。

当声波的波长与固体的厚度恰巧相同时，声波的传播将不限于表面传播，而是扩散到整个厚度，类似于在平板中传播。这样的板波模式称为兰姆波。兰姆波存在着多个传播模态，这些模态可以分为两类，分别为非对称模式和对称模式，其中对称是指粒子的振动和薄板中轴线的关系，如图 1-6 所示。

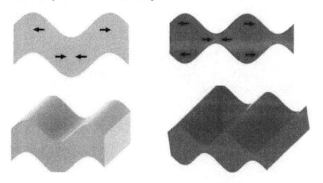

图 1-6　非对称模式（左）与对称模式（右）

兰姆波是一种色散波，存在截止频率——对于给定厚度的薄板，只有频率高于截止频率的声波才能在薄板内传播。

5）风干扰的修正

由 1.2.2.2 小节中模型分析可知，风的干扰会使理论上的球面波模型产生畸变，图 1-7 所示为 xz 剖面上的畸变声线图。

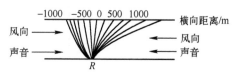

图 1-7　xz 剖面上的畸变声线图

当声波顺风传播时，声速分布沿高度增加，出现正声梯度；当声波逆风传播时，声速分布沿高度减小，出现负声速梯度。由图可见，声波顺风时会过早发现目标（时延减小）；逆风时可能过迟发现目标（时延大）。但是风场在不断变化，所以需要根据实际情况对算法进行适当的修正。

由于探测基阵基线短、背景噪声干扰及信号的复杂性，而且在实际应用中算法可能不稳定，因此得到的时延估计值不可能完全准确，预测方向和估计时间会产生较大的误差，以致难以满足精度要求。除了对时延估计算法进行研究外，后置智能化处理是提高测量精度的有效途径，它利用目标运动的变化规律，将多次测量结果相关联进行跟踪，可以有效地提高精度。后置处理的最典型方法是卡尔曼滤波，它是一种简单的运用递推算法的滤波器，可方便地在计算机上加以实现并满足实时性要求。

卡尔曼滤波器采用一种递推式算法。基本步骤如下。

利用第 k 个卡尔曼滤波器输出值 $\boldsymbol{X}(k)$，计算预测值为

$$\boldsymbol{X}(k+1 \mid k) = \boldsymbol{A}\boldsymbol{X}(k) \tag{1-38}$$

计算协方差矩阵预测值为

$$\boldsymbol{P}(k+1 \mid k) = \boldsymbol{A}\boldsymbol{P}(k)\boldsymbol{A}^{\mathrm{T}} + \boldsymbol{Q}(k) \tag{1-39}$$

计算增益矩阵为

$$\boldsymbol{K}(k+1) = \boldsymbol{P}(k+1 \mid k)\boldsymbol{H}^{\mathrm{T}}[\boldsymbol{H}\boldsymbol{P}(k+1 \mid k)\boldsymbol{H}^{\mathrm{T}} + \boldsymbol{N}(k)]^{-1} \tag{1-40}$$

利用预测的理论值、增益矩阵以及实测的观测值预测状态量,有

$$X(k+1)=X(k+1|k)+K(k+1)[Z(k+1)-HX(k+1|k)] \quad (1-41)$$

计算误差协方差预测值为

$$P(k+1)=[I-K(k+1)H]P(k+1|k) \quad (1-42)$$

被动声探测中,卡尔曼滤波过程采用常速度模型。状态方程为

$$\begin{bmatrix} x_{k+1} \\ x'_{k+1} \end{bmatrix} = \begin{bmatrix} 1 & T \\ 0 & 1 \end{bmatrix} \begin{bmatrix} x_k \\ x'_k \end{bmatrix} + \begin{bmatrix} 0 \\ V_x(k) \end{bmatrix} \quad (1-43)$$

观测方程为

$$z_{k+1} = \begin{bmatrix} 1 & 0 \end{bmatrix} \begin{bmatrix} x_{k+1} \\ x'{k+1} \end{bmatrix} + S_x(k+1) \quad (1-44)$$

式中　T——探测时间间隔;

　　　S_x——测量误差。

加入初始条件为

$$X(0) = \begin{bmatrix} x_0 \\ \dfrac{x_0-x_{-1}}{T} \end{bmatrix} \quad (1-45)$$

$$P(0) = \begin{bmatrix} \sigma_x^2 & \dfrac{\sigma_x^2}{T} \\ \dfrac{\sigma_x^2}{T} & \dfrac{\sigma_x^2}{T^2} \end{bmatrix} \quad (1-46)$$

式中　σ_x^2——x 的测量方差。

1.2.3　声波探测的功能实现及其原理

了解声波探测的基本概念、传播机理及影响因素后,如何才能在此基础上实现声探测的测距、测角、测速及成像[2]?本节将从这 4 个部分进行具体展开。

1.2.3.1　声探测测距

最简单的声探测测距为主动测距法,其基本理论为脉冲时延测距。脉冲测距是利用接收回波与发射脉冲信号间的时间差来测距的方法。若有一目标与换能器的距离为 R,则换能器发射声脉冲经目标反射后往返传播时间为

$$t=\dfrac{2R}{c} \quad (1-47)$$

由此,在已知声速 c 的情况下,可求得目标的距离为

$$R=\dfrac{1}{2}ct \quad (1-48)$$

因此,只要测得声脉冲往返时间,便可求得目标距离。在用 A-scan 式显示时,有回波信号时,屏上扫描线会出现相应的跳动,如图 1-8 所示。

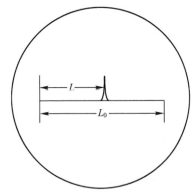

图 1-8　脉冲测距法在屏上的显示

设屏上光点移动的最大线度为 L_0，光亮移动速度为 v_0，则有

$$v_0 = \frac{L_0}{T} = \frac{L}{t} \qquad (1\text{-}49)$$

式中 L——出现目标信号时光点移动的长度。

因此，由式（1-49）可知，目标距离为

$$R = \frac{1}{2}ct = \frac{1}{2}c\frac{LT}{L_0} = KT \qquad (1\text{-}50)$$

式中

$$K = \frac{cT}{2L_0} \qquad (1\text{-}51)$$

这是一个比例常数，它与显示器的灵敏度、水中声速、发射脉冲周期有关。若光点在屏上以匀速运动，则 R 与 L 的关系为线性关系，在屏上可以直接读出距离，也可利用计数器来测出收发信号脉冲间的时间差，计算出目标距离。利用脉冲法测距时，脉冲重复周期必须大于最大目标距离所对应的信号往返时间；否则会出现所谓的距离模糊。这是因为当信号往返时间大于脉冲重复周期时（如 $t = T + \Delta t$），屏上的目标信号会出现在第二个扫描周期内，将无法区分目标是在 $c(T+\Delta t)/2$ 还是 $c\Delta t/2$ 的距离上。

脉冲测距法的距离分辨率与脉冲宽度有关。距离分辨率是指在同一方向，声呐能分辨两个目标的最小距离差。设脉宽为 τ，若有两个目标，其回波到达时间分别为 t_1 和 t_2，如图 1-9 所示，当 $t_2 \gg t_1$ 时，可以区分出两个目标。若 t_2 逐渐减小，从而使 $t_2 - t_1$ 逐渐减小，当 $t_2 - t_1 = \tau$ 时，第一回波与第二回波首尾正好相连，成为一个信号，此时很难区分为两个目标。因此，能分辨两个目标的条件为

$$t_2 - t_1 \geq \tau \qquad (1\text{-}52)$$

由式（1-48）可得到能分辨的最小目标间距为

$$\Delta R = \frac{1}{2}c(t_2 - t_1) \geq \frac{1}{2}c\tau \qquad (1\text{-}53)$$

即距离分辨率为 $c\tau/2$。由此可见，要提高距离分辨率须使脉宽 τ 减小，即短脉冲的距离分辨率高。实际使用中，由于屏上光点有一定宽度，且由于传播造成信号展宽，距离分辨率还要略低于式（1-53）的值。

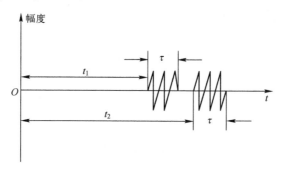

图 1-9 当有两个目标时的回波信号

1.2.3.2 声探测测角

声探测测角一般通过二元阵即可实现。声探测测角指的是声探测系统主动发出声波

然后接收回波或者被动地接收目标发出的声波之后，对回波进行分析，从而得出目标相对于接收机的方位角[3]。设置在一条直线上的若干个传感器组成的传声器阵列，称为线阵。二元线阵是最简单的线阵，此种阵列只能在远距离目标定向上发挥一定的性能。图1-10所示为二元线阵声程差。

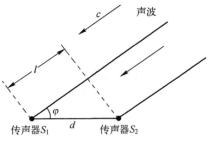

图1-10 二元线阵声程差

在图1-10中引入坐标系，使两传声器对称分布于y轴两侧，相距d。设两传声器S_1、S_2坐标分别为$(d/2,0)$和$(-d/2,0)$，目标位于$T(x,y)$，距离为r，方位角为φ，则图1-10中声程差为

$$l = r_2 - r_1 \approx d\cos\varphi\left[1 - \frac{1}{8}\sin^2\varphi\left(\frac{d}{r}\right)^2\right] \tag{1-54}$$

l与两传声器对应的两路信号的时延t_d成正比，即

$$l = ct_d \tag{1-55}$$

式中　c——声速。

由于$r \gg d$，则

$$\cos\varphi = \frac{l}{d} \tag{1-56}$$

则可求出目标的方位为

$$\varphi = \arccos\left(\frac{l}{d}\right) \tag{1-57}$$

实际应用中，二元线阵测角的误差较大（具体误差函数见1.2.3.5小节），而且仅能实现测角。所以，可进一步增加阵列传声器的数量并设置合理的间隔，提高测角的精度。

在二元线阵测角的基础上增加元传声器构成三元线阵，可同时实现测距和测角。在此基础上，再将线阵组合为面阵，可进一步实现测角和测距，并提取出目标的三维信息。

对于三元线阵，设引入的传声器为S_0，在坐标系上的位置为$(0,0)$，并且将另外两个传声器的坐标调整为$(d,0)$和$(-d,0)$，如图1-11所示。

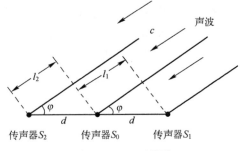

图1-11 三元线阵

声程差为

$$\begin{cases} l_1 = r_1 - r \approx -d\cos\varphi\left(1 - \frac{\sin^2\varphi}{2\cos\varphi} \cdot \frac{d}{r}\right) \\ l_2 = r_2 - r \approx -d\cos\varphi\left(1 + \frac{\sin^2\varphi}{2\cos\varphi} \cdot \frac{d}{r}\right) \end{cases} \tag{1-58}$$

式（1-58）的两式分别相加、相减得

$$\begin{cases} l_1 - l_2 = 2d\cos\varphi \\ l_1 + l_2 = \dfrac{d^2 \sin^2\varphi}{r} \end{cases} \quad (1-59)$$

从而解出距离 r 和角度 φ 分别为

$$r = \frac{d^2 \sin^2\varphi}{l_2 + l_1} \quad (1-60)$$

$$\varphi = \arccos\left(\frac{l_2 - l_1}{2d}\right) \quad (1-61)$$

由二元到三元的变化表明，可从理论上推导出，当阵元数目足够多时（多元线阵），定距误差显著减少（见 1.2.3.5 小节）。

依次类推，可以进一步采用面阵的形式对目标进行测距，并提取目标的三维信息。线阵算法在分析目标的二维信息时较为有效，但由于内部结构的限制，无法用于分析目标的三维信息。面阵算法可有效解决这一问题。基本的面阵算法对应结构如图 1-12 所示。

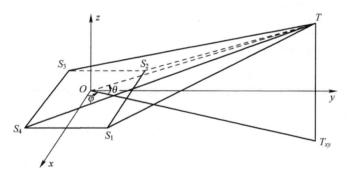

图 1-12 面阵算法示意图

图中，4 个传声器 (S_1、S_2、S_3、S_4) 构成边长为 d 的正方形面阵，沿 Oxy 平面以坐标原点为中心对称分布。目标为 $T(x,y,z)$，φ 为方位角，θ 为俯仰角，$OT = r$，$TS_1 = r_1$，$S_2S_1 = d_{21}$，$S_3S_1 = d_{31}$，$S_4S_1 = d_{41}$。则由图 1-10 中几何关系，得

$$\begin{cases} x^2 + y^2 + z^2 = r^2 \\ \left(x - \dfrac{d}{2}\right)^2 + \left(y - \dfrac{d}{2}\right)^2 + z^2 = r_1^2 \\ \left(x + \dfrac{d}{2}\right)^2 + \left(y - \dfrac{d}{2}\right)^2 + z^2 = r_2^2 = (r_1 + d_{21})^2 \\ \left(x + \dfrac{d}{2}\right)^2 + \left(y + \dfrac{d}{2}\right)^2 + z^2 = r_3^2 = (r_1 + d_{31})^2 \\ \left(x - \dfrac{d}{2}\right)^2 + \left(y + \dfrac{d}{2}\right)^2 + z^2 = r_4^2 = (r_1 + d_{41})^2 \end{cases} \quad (1-62)$$

式（1-62）为五元二次方程，将式（1-62）中的第 3、4、5 项分别与第 2 项相减，求解对应的线性方程组，得

$$\begin{cases} r_1 = -\dfrac{d_{21}^2 - d_{31}^2 + d_{41}^2}{2(d_{21} - d_{31} + d_{41})} \\ x = \dfrac{2d_{21}r_1 + d_{21}^2}{2d} \\ y = \dfrac{2d_{41}r_1 + d_{41}^2}{2d} \end{cases} \quad (1-63)$$

实际使用时，因为 $r \gg d$、$r \approx r_1$，将式（1-63）转化，可得到面阵的测距公式为

$$r = -\dfrac{d_{21}^2 - d_{31}^2 + d_{41}^2}{2(d_{21} - d_{31} + d_{41})} \quad (1-64)$$

$$\begin{cases} \cos\theta = \dfrac{\sqrt{d_{21}^2 + d_{41}^2}}{d} \\ \tan\varphi = \dfrac{y}{x} = \dfrac{d_{41}}{d_{21}} \end{cases} \quad (1-65)$$

1.2.3.3 声探测测速

在各种实际的探测环境中，仅仅获取目标的方位和距离是不够的。在使用声探测对目标进行探测时，还需要测量目标速度，从而对目标的运动状态进行动态掌握。

速度测量的基本原理一般是利用速度引起信号某些参数的变化进行间接测量，如利用位变率、脉冲时延差、多普勒效应等。本小节将从这几个方面对测速方法进行阐述。

1）位变率法

这一方法的基本假设是认为在两次测量目标方位的过程中目标速度（包括航向及大小）不变。首先考虑声呐（本舰）静止的情况，如图 1-13 所示。

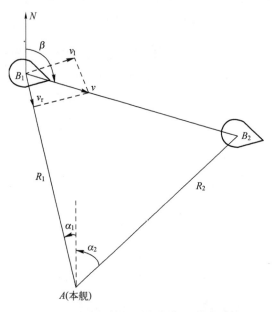

图 1-13　本舰静止时位变率法测速原理

设正北方向为 N，目标沿方位角 β 航行，β 角顺时针方向为正。要测量的是目标速度 v 和方位角 β。

当目标在点 B_1 时，测得目标距离为 R_1，方位角为 α_1；目标到点 B_2 时，测得距离为 R_2，方位角为 α_2，当 $|\alpha_1|-|\alpha_2|$ 较小时，可求得目标径向速度为

$$v_r = \frac{R_2 - R_1}{T} \tag{1-66}$$

式中 T——目标从 B_1 航行至 B_2 的时间。

目标的切向速度为

$$v_1 = R_1 \frac{\alpha_2 + |\alpha_1|}{T} = R_1 \frac{\alpha_2 - \alpha_1}{T} = R_1 \Omega \tag{1-67}$$

式中

$$\Omega = \frac{\alpha_2 - \alpha_1}{T} \tag{1-68}$$

为目标角速度。目标速度的模为

$$|v| = \sqrt{v_r^2 + v_1^2} = \frac{1}{T}[(R_2 - R_1)^2 + R_1^2(\alpha_2 - \alpha_1)^2]^{1/2} \tag{1-69}$$

目标的航向（速度的方向）为

$$\beta = 180° - |\alpha_1| - \arctan\frac{v_1}{v_r} = 180° + \alpha_1 - \arctan\frac{v_1}{v_r} \tag{1-70}$$

在不能得到目标距离时，只能利用式（1-68）得到目标的角速度。

当声呐（本舰）有运动时，利用两次测量可推算出目标的速度 $|v|$ 和航向 β。如图 1-14 所示，本舰在 A_1 点测得目标距离为 R_1，方位角为 α_1，目标以航向 β、航速 v 经 T 时间到达 B_2 点。同时，本舰以航向 φ、航速 v_0 到达 A_2 点，航行距离为 R_2。在 A_2 点测得目标的距离为 R_2，方位角为 α_2。现在要测出目标速度的大小 B_1B_2/T 和目标航向角 β。

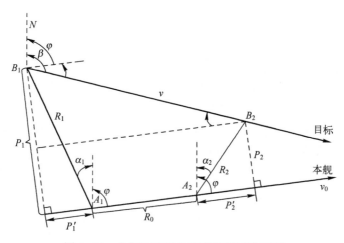

图 1-14 本舰运动时位变率法测速法原理

如图 1-14 所示，记

$$\begin{cases} P_1 = R_1\sin(\varphi+|\alpha_1|) = R_1\sin(\varphi-\alpha_1) \\ P_2 = R_2\sin(\varphi-\alpha_2) \\ P_1' = R_1\cos(180°-\varphi+|\alpha_1|) = -R_1\cos(\varphi-\alpha_1) \\ P_2' = R_2\cos(\varphi-\alpha_2) \end{cases} \quad (1-71)$$

则目标的航向角为

$$\beta = \varphi + \arctan\frac{P_1-P_2}{R_0+P_1'+P_2'} \quad (1-72)$$

将式（1-71）代入式（1-72）可得

$$\beta = \varphi + \arctan\frac{R_1\sin(\varphi-\alpha_1)-R_2\sin(\varphi-\alpha_2)}{R_0-R_1\cos(\varphi-\alpha_1)+R_2\sin(\varphi-\alpha_2)} \quad (1-73)$$

另外，由图 1-14 可知，目标在 T 内航行的距离为 B_1B_2，根据几何关系，可得

$$B_1B_2 = [(P_1-P_2)^2+(R_0+P_1'+P_2')^2]^{1/2} \quad (1-74)$$

将式（1-71）代入式（1-74），整理后得 $v = B_1B_2/T$，即

$$v = \frac{1}{T}\{R_1^2+R_2^2+R_0^2-2R_1R_2\cos(\alpha_1-\alpha_2)+ \\ 2R_0[R_2\cos(\varphi-\alpha_2)-R_1\cos(\varphi-\alpha_1)]\}^{1/2} \quad (1-75)$$

因此，在已知 v_0、φ、T 时，测得 R_1、R_2、α_1、α_2，便可求得目标的航向角 β 和速度 v。

2）回波脉冲时延差比较法

回波脉冲时延差比较法测速原理如图 1-15 所示。接收信号被分为两路，一路不经延迟，另一路经延迟 T，两路相减，延迟时间 T 为两发射脉冲间隔时间。

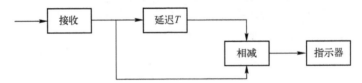

图 1-15 回波脉冲时延差比较法测速原理

图 1-16（a）所示为发射脉冲。当目标与声呐无相对径向运动时，回波 1 与回波 2 落后发射脉冲的时间 τ_1、τ_2 相等，均为 $\tau=2R/c$，延迟与不延迟信号相减后输出为零，如图 1-16（b）~（d）所示。当目标与声呐有径向相对运动时，τ_1 与 τ_2 不相等，延迟 T 与不延迟的信号相减后的输出不为零，如图 1-16（e）~（g）所示。速度越大，相减输出脉冲越宽。利用测宽度的方法可测得目标的径向速度。第一回波与第二回波对应的距离分别为

$$\begin{cases} R_1 = \frac{1}{2}c\tau_1 \\ R_2 = \frac{1}{2}c\tau_2 \end{cases} \quad (1-76)$$

因而，目标速度为

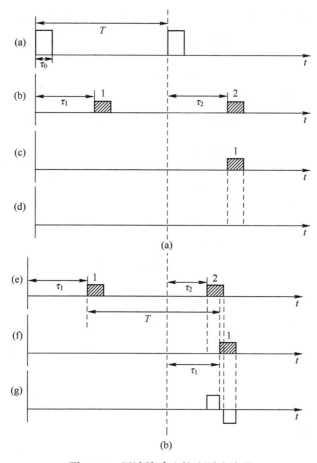

图 1-16 回波脉冲比较法测速波形

$$v_r = \frac{|R_2 - R_1|}{T} \tag{1-77}$$

3) 多普勒测速法

当目标与声呐（本舰）有相对径向速度时，回波存在多普勒频移。利用这一特性测量目标径向运动速度，与前两种测速方法同为声测速中常用的方法。多普勒测速中主要有连续正弦波测速、单频脉冲测速。

（1）连续正弦波测速。连续正弦波测速原理如图 1-17 所示。

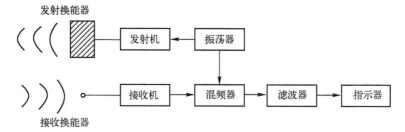

图 1-17 连续正弦波测速原理

发射机发射频率为f_0的连续正弦波,经目标反射后,接收的信号f_0+f_d,其中f_d为多普勒频移。多普勒频移与原频率的关系为

$$f_d = f_0 \frac{2v_r}{c} \quad (1-78)$$

式中 v_r——本舰与目标相对径向运动速度。

将接收的信号与发射信号混频后,经滤波取出多普勒频移信号,利用频率测量装置测出f_d,即可由式(1-78)计算得径向速度为

$$v_r = \frac{c}{2} \cdot \frac{f_d}{f_0} \quad (1-79)$$

(2) 单频脉冲测速。单频脉冲的频带宽度近似为$\nabla f = T$(T为脉宽),而一般由于目标径向运动速度造成的多普勒频移大于此值。为了能迅速测出多普勒频移,在可能的接收频带内设置一组滤波器,各对应一个径向速度。

若每个滤波器带宽为∇f_d,则对应的速度分辨率为

$$\nabla v_r = \frac{c}{2} \cdot \frac{\nabla f_d}{f_0} \quad (1-80)$$

如果目标回波频率为f_0+kf_d,则第k个滤波器输出最大,对应的径向速度为

$$v_r = \frac{c}{2} \cdot \frac{k \nabla f_d}{f_0}$$

即通过选择最大的回波频率值,与原波频率进行对比,则可以确定目标的径向速度。

1.2.3.4 声探测成像

本小节将对声探测成像进行初步介绍,主要介绍超声成像的基本原理。

超声波是指频率高于20kHz的振动波,频率高于人耳能听到的最高频率。超声波在碰到障碍物时,会有回声产生,回声会因障碍物的不同而各不相同,并可以通过特定的仪器进行收集,以图像的方式显示在屏幕上,从而利用其特性对物体内部结构加以分析。超声波医学影像中,当超声波在人体内通过各组织进行传播时,人体不同组织声学特性不同,会使超声波在各组织交界面处发生反射、绕射及衰减现象,声源和接收器间的相对位置的变化也会导致多普勒频移,可以利用超声波对人体进行成像,对患者疾病加以诊断治疗。

此处主要介绍数字B型超声成像系统(B超)原理,目前所使用的数字B超,通常是应用超声脉冲回波技术,即利用超声波照射人体,超声波在人体中反射、折射和散射,然后利用接收和处理载有信息的回波,从而得到人体组织结构的灰阶图像,其原理如图1-18所示。

首先将开关阵列导通至发射模式,发射脉冲激励信号$p(t)$,一旦探头阵列完全接收到信号$p(t)$后,即把开关阵列转向接收模式,阵元对激励信号$p(t)$产生响应,得到超声波信号$s(t)$,超声波信号$s(t)$在人体内传播时,遇到人体的组织结构会发生反射、折射、散射和衰减现象,得到载有人体组织信息的回波信号,探头阵元接收到超声波回波信号后,转换为电信号,此时的信号还是模拟连续的,通过A/D采样后,转换为数字离散信号,并且通过时间增益控制(time gain control, TGC),即可进行后续的相关数字信号处理。

回波信号的数字信号处理,包括数字波束合成、回波信号处理、数字图像处理3个

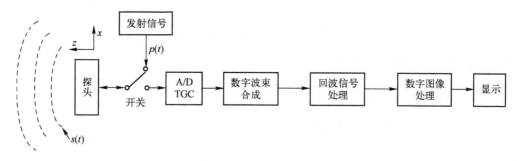

图 1-18 数字 B 型超声成像系统原理框图

部分,一次发射接收到的回波信号经过数字信号处理后,得到仅有一条回波扫描信息,为了构建一帧图像,就需要进行多次发射,得到多条回波扫描线。最后,图像是以帧为单位在显示器上进行显像,图像反映的是 Oxz 平面上人体某一断层的信息。x 轴表示探头阵元宽度方向,z 轴表示探测人体的深度方向。

1.2.3.5 误差分析

1) 主动声探测测距误差分析

由声波探测测距式(1-48),可以得到此时的误差公式为

$$\Delta R = \frac{1}{2}(c\Delta t + t\Delta c) \tag{1-81}$$

其相对误差为

$$\frac{\Delta R}{R} = \frac{\Delta t}{t} + \frac{\Delta c}{c} \tag{1-82}$$

由式(1-82)可见,测距误差由测时误差和声速误差引起。通常测时误差在脉冲测距法中不是主要因素,主要因素是声速测量误差。水中声速与水的温度、深度、盐度有关,且随时间而异,直接简单地使用 $c=1500\text{m/s}$ 并不合适。由于在垂直面内温度梯度引起的声速梯度使声线弯曲,在此情况下根据信号往返时间测出的是单程传播的声程,而不是真正的距离。因此,要保证测距准确,应在现场获得声速。

在主动声呐系统中,广泛使用脉冲法测距。该法简单易行,且可对多个目标进行测距。

2) 被动声探测测距误差分析

对于三元线阵,其测距误差可以由下式得到,即

$$\sigma_r = \frac{\sqrt{2}}{\sin^2 \varphi} \cdot \left(\frac{r}{d}\right)^2 \sigma_d \tag{1-83}$$

表明定位误差与距离有关,且与其平方成正比,并与目标和传声器所成夹角有关。

对于面阵,其测距误差可由下式得到,即

$$\sigma_r = \frac{2\sqrt{3}}{\cos^2 \theta |\sin 2\varphi|}\left(\frac{r}{d}\right)^2 \sigma_{(d_{21},d_{41})} \tag{1-84}$$

3) 测角误差分析

对于二元阵,其测角误差可由下式得到,即

$$\sigma_\varphi = \left|\frac{\partial \varphi}{\partial l}\right|\sigma_l = \frac{1}{l|\sin\varphi|}\sigma_l \tag{1-85}$$

式中 σ_l——两传声器之间声程差的均方误差。

由式（1-85）可知，定向的均方误差与目标的距离无关，影响定位精度的主要因素为目标的方位角、波程差。对于方位角，当 φ 较大，即目标与 y 轴较为接近时，由方位角引起的误差较小，定向精度高；当 φ 较小，即目标与 x 轴较为接近时，由方位角引起的误差很大，精度急剧下降以至于可能无法定向。对于波程差，这与延迟估计模型的建立与求解精度息息相关。

对于三元阵，其测角误差可由下式得到，即

$$\sigma_\varphi = \frac{\sqrt{2}}{2l|\sin\varphi|}\sigma_l \tag{1-86}$$

表明三元线阵的定向误差与距离无关，并与目标和传声器所成夹角有关。

对于面阵，其测角的误差可由下式得到，即

$$\begin{cases}\sigma_\varphi = \dfrac{1}{d\cos\theta}\sigma_{(d_{21},d_{41})} \\ \sigma_\theta = \dfrac{1}{d\sin\theta}\sigma_{(d_{21},d_{41})}\end{cases} \tag{1-87}$$

经过以上测距误差、测角误差的推导及分析，说明面阵在实现线阵所具备功能的基础上，还可提取目标的三维信息（以及坐标形式）。但是由于算法本身的设置，误差来源增多，需要增加一定的计算成本。除方阵外，还有圆阵。圆阵是面阵的特殊形式，当阵元较多、组合口径较大时，圆阵的精度优于方阵。

必要时，可将多个阵列组合使用，形成多阵列定位算法模型。多阵列定位系统可提升系统的三维信息估计能力、扩大探测范围、减少探测死角。

4）测速误差分析

对于位变率法测速，不管是本舰静止还是本舰运动，时间间隔 T 不可太小；否则两次测得的目标方位角 α_1、α_2 太接近，容易造成测速误差。

对于回波脉冲比较法，测速误差来源于系统允许的最大测量速度，因此利用该系统测速时，目标速度不可太高。若最大允许测量的速度为 v_{rmax}，则必须满足

$$T \cdot v_{\text{rmax}} = \frac{\tau_0 c}{2} \tag{1-88}$$

否则第二回波脉冲与第一回波延迟后的脉冲宽度无重叠，相减输出脉冲宽度将为常数，无法测速。事实上，为保证相减器输入脉冲有重叠，必须满足

$$|\tau_2 - \tau_1| \leqslant \tau_0 \tag{1-89}$$

对于多普勒测速，无论是连续正弦波测速还是单频脉冲测速，其本质原理都是通过一系列操作解算出多普勒频移，然后得出目标速度。对于多普勒测速，其误差主要与多普勒频移 f_d 的解算有关。其误差方程为

$$\sigma_{v_r} = \frac{c}{2f_0}\sigma_{f_d} \tag{1-90}$$

1.3 声探测系统组成

声探测系统组成主要分为3个部分,分别是发射机、接收机和信号处理单元。本节分别对声呐和B超的系统组成进行描述。

1.3.1 声呐

声呐是利用声波进行水下探测的设备,其系统分类方法很多。按工作原理(方式),可分为主动式声呐和被动式声呐[2]。回音站、测深仪、通信声呐、探雷声呐等均可归入主动声呐类,而噪声站、侦察声呐等则归入被动声呐类。按工作性质(战斗任务),可分为通信声呐、探测声呐、水下制导声呐、水声对抗系统等。按装置平台分类,可分为舰用声呐、潜艇用声呐、岸用声呐、航空吊放声呐和声呐浮标、海底声呐等。按换能器基阵扫描(搜索)方式,可分为步距式单波束声呐、环扫声呐、旁扫声呐、相控扫描声呐、多波束声呐等。按信号波形,可分为脉冲声呐、连续调频声呐、阶梯调频声呐、双曲线调频声呐、编码声呐等。

1)主动声呐

主动声呐发射某种形式的声信号,利用信号在水下传播途中障碍物或目标反射的回波来进行探测。它可用来探测水下目标,并测定其距离、方位、航速、航向等运动要素。主动声呐主要由换能器基阵(常为收/发兼用)、发射机(包括波形发生器、发射波束形成器、功率单元等)、接收机(包括信号调理器、信号处理器等)、定时中心、控制器、显示器等几部分组成,如图1-19所示,其中接收机有丰富的内涵。早期的主动声呐接收机只是由一些常规的放大器、滤波器和检波器组成。近代声呐接收机的含义已远远超出了原有的内容,它包括前置预处理器或信号调节器(conditioner)、信号处理器。信号调节器则包含必不可少的前置放大器、滤波器和归一化电路以及采样保持电路和模/数(A/D)转换器。信号处理器主要由微处理器和专用信号处理芯片构成。

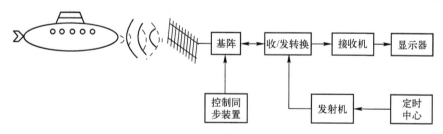

图1-19 主动声呐原理框图

主动声呐由定时中心控制产生电信号(通常由振荡器和调制器组成的波形发生器产生),然后按发射波束形成器的需要进行时间延迟。延迟的信号通过一组收/发转换开关分别加到各发射换能器上,将电信号转换成声信号向水中发射。换能器基阵用来把声能"聚焦"到预定方向上,即形成所需方向的波束。发出的声信号经水下传播,如遇到目标(如潜艇或礁石)反射,则产生回波。换能器基阵各阵元接收回波信号和噪声,又将它转换为电信号,接收机再将多个阵元的电信号变成适合操作者(或设备自身）判断的形式，并在显示器上显示出来。某些近代声呐中，还用计算机对目标的存在与否进行自动判决，并获得目标的各种参数。控制器用来控制换能器基阵的俯仰、旋转，使波束对准目标。

因为主动声呐主动发射探测信号，因而可通过收/发信号间的时差精确测定目标的距离。而且正是由于主动声呐利用接收的回波来探测目标，所以它除了可对运动目标进行探测外，对于坐沉海底的潜艇、沉船、飞机残骸及其他固定不动的障碍物也可探测。主动声呐的主要外部干扰之一是混响，这是由发射信号从各种散射体（海底、海面及海水中不均匀水团）上的散射所产生。混响有时会严重妨碍信号的接收，使声呐作用距离减小。水体混响在频谱上与发射信号几乎相同，更增加了抑制其干扰的难度。探测沉底目标特别是沉底小目标时，海底混响则变成了主要干扰。因为混响的存在，而且接收信号承受着双程传播损失，再加上还有本舰噪声的干扰，故主动声呐作用距离一般不是很远。主动声呐主要用在水面舰艇上，在潜艇上虽然也装有主动声呐，但一旦使用易被敌方发现，影响潜艇的隐蔽性。潜艇声呐平时以被动方式为主，只有在精确测距时才用主动声呐发射 2~3 个脉冲测定目标距离。

一般来说，通信声呐、回波测深仪等也属于主动声呐。

2）被动声呐

被动声呐技术是指声呐被动接收舰船等水中目标产生的辐射噪声和水声设备发射的信号，以测定目标的方位和距离。它由简单的水听器演变而来，它收听目标发出的噪声，判断出目标的位置和某些特性，特别适用于不能发声暴露自己而又要探测敌舰活动的潜艇。

利用接收换能器基阵接收目标自身发出的噪声或信号来探测目标的声呐称为被动声呐。由于被动声呐本身不发射信号，所以目标将不会觉察声呐的存在及其意图。目标发出的声音及其特征，在声呐设计时并不为设计者所控制，对其了解也往往不全面。声呐设计者只能对某预定目标的声音进行设计，如目标为潜艇，那么目标自身发出的噪声包括螺旋桨转动噪声、艇体与水流摩擦产生的水动力噪声，以及各种发动机的机械振动引起的辐射噪声等。因此，被动声呐（噪声站）与主动声呐最根本的区别在于它在本舰噪声背景下接收远场目标发出的噪声。此时，目标噪声作为信号，且经远距离传播后变得十分微弱。由此可知，被动声呐往往工作于低信号/噪声比情况，因而需要采用比主动声呐更多的信号处理措施。

被动声呐的基本原理如图 1-20 所示，其工作原理与主动声呐类似，只是它没有用于发射声波的部分。

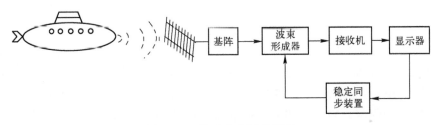

图 1-20 被动声呐原理框图

本节将对声呐的系统组成进行介绍，主要介绍声呐的发射机、接收机以及信号处理单元。

1.3.1.1 发射机

主动声呐是由声呐站向水介质中发射特定形式的声波能量，利用回波信号来探测和识别目标，并测定目标的位置和运动参数。特定形式的声能是指具有特定频率、特定调制方式以及脉冲长度的声波信号。声呐发射机在主动声呐中起着产生具有这种特定形式的大功率电信号的作用，然后一般要经过匹配网络提高发射机输出功率，再经过换能器将电信号能量转换成声信号能量辐射到水介质中去。所以，声呐发射机是主动声呐不可或缺的重要组成部分。

1) 声呐发射机基本组成

主动声呐发射机的基本组成如图 1-21 所示，其主要由 3 部分组成，分别为波形发生器、多波束信号形成器和功率放大器。

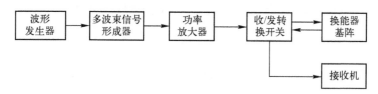

图 1-21 声呐发射机基本组成

波形发生器产生一定形式的波形信号，其工作频率、脉冲长度和重复周期都可以选择，信号可以是单频脉冲信号，也可以是调频脉冲波或其他信号形式。

多波束信号形成器可以形成多个空间波束的发射驱动信号，向水下空间某一特定的扇面角度或全方向提供声能，波束的数量取决于声呐对目标搜索速度和定向精度的要求。在简单的主动声呐中，采用单个波束发射和机械转动方式来确定目标方位（俗称探照灯式工作方式），可以省去波束形成器。

功率放大器的主要功能是对电信号功率进行放大。波形发生器产生的信号功率很小，不能直接驱动换能器向水中辐射足够的声波能量。在实际应用中，往往要求加到声呐换能器上的电信号功率要达到几千瓦甚至兆瓦的量级，所以必须进行功率放大，并对换能器进行阻抗匹配，以便能够以足够高的效率向水中辐射足够的声信号能量。在 20 世纪 50 年代到 60 年代初，要产生这样大的输出功率几乎都是采用大功率电子管电路。随着微电子技术的飞速发展，半导体器件迅速涌现。由于晶体管具有体积小、重量轻、寿命长、耐冲激、振动性能好以及不需要预热时间等优点，因而逐渐取代电子管。目前采用大功率晶体管的功率放大器，已经可以达到千瓦量级的功率输出能力。如果要求更大的功率输出，可以采用一些新的技术，如功率合成技术，利用功率合成网络将多个功率放大器的输出功率在负载（换能器）上相加，以达到大功率输出的目的。除采用晶体管作功率输出级以外，目前还在使用可控硅逆变器作为声呐设备的功率输出级，但是它具有易损坏、工作频率上限较低的缺点，所以常在低频率发射机中使用（一般在 20kHz 以下的工作频率）。当发射机和接收机共同使用同一个换能器（基阵）时，为了使发射机和接收机都能正常工作，必须采用收/发转换开关。随着大功率硅二极管的出现，近年来多数采用二极管作为收/发转换装置的无触点开关元件。

2) 声呐发射机主要技术指标

声呐发射机的指标通常如下。

(1) 电脉冲功率 P。它是指发射脉冲持续时间内发射机消耗的平均功率,公式为

$$P = \frac{1}{2}\frac{U_m^2}{R} \quad (1-91)$$

式中 U_m——发射机输出的峰值电压;

R——发射换能器辐射电阻。

脉冲功率决定着声呐的最大有效作用距离,根据声呐方程,确定所需的发射声源级 SL($0\text{dB}=1\mu\text{Pa}$),声呐发射机的电功率 P 便可以由下式求解,即

$$SL = 170.8 + 10\log P + \log E + DI \quad (1-92)$$

式中 E——换能器电声转换效率;

DI——空间指向性指数,又称聚集系数。

一般来说,声呐所要求的作用距离越大,声呐发射机的发射功率也就越大,则相应的体积越大,经济代价也大。目前声呐发射机根据用途不同,发射功率可由几瓦到几千瓦不等。

(2) 脉冲重复周期 T。脉冲重复周期取决于声呐的最大作用距离,可以用下式计算,即

$$T = \frac{2r_{\max}}{c} \quad (1-93)$$

式中 $r_{\max}$——声呐最大作用距离;

c——声波传播速度。

根据声呐最大作用距离不同,重复周期的差别很大,可以从几十毫秒到几十秒。即使是同一部声呐,为了探测位于不同距离上的目标,也要有几种不同的脉冲重复周期,以供选择。

(3) 脉冲宽度 τ。脉冲宽度不仅与混响强度及指示器的识别能力有关,而且还与最小作用距离 $r_{\min}$(盲区)和目标距离分辨率 Δr 等因素有关。从最小作用距离(盲区)考虑,有

$$\tau \leqslant \frac{2r_{\min}}{c} \quad (1-94)$$

在满足最小作用距离和距离分辨率的情况下,适当增加脉冲宽度 τ,将增加作用距离。

(4) 发射脉冲波的上升、下降时间和顶部起伏。一般要求发射波形的包络尽量接近矩形,但实际上所能得到的脉冲波形只是近似矩形。可以用3个参数表示,即前沿上升时间 τ_r、后沿下降时间 τ_f 及顶部的起伏。由于脉冲宽度较大,通常要求 $\tau_r \leqslant (0.1 \sim 0.2)\tau$ 和 $\tau_f \leqslant (0.2 \sim 0.3)\tau$,脉冲顶部的起伏小于 $10\% \sim 15\%$ 的脉冲幅度。

(5) 声呐发射机的频率范围。发射机的发射频率也就是声呐的工作频率,是一个很重要的指标。采用不同的发射频率,直接关系到声波在水中的传播衰减、换能器的指向性指数以及在这个频率范围的环境背景干扰电平或电路噪声电平。这些因素都影响声呐的作用距离,而提高作用距离是当前声呐要解决的主要矛盾。所以,应以声呐探测的

最大作用距离来确定一部声呐的最佳工作频率。目前，水声设备的频率范围从几千赫到几百千赫。几百千赫的工作频率应用在近距离的测深设备和航道测量或海底地貌图的测量设备中，这时的发射机体积小，特别是换能器的尺寸小。较低的工作频率主要应用于探测远距离目标的声呐中，此时要求作用距离远，但发射机体积大，换能器的尺寸也比较大。

(6) 发射信号的频率稳定度。因为声呐接收机都具有较窄的相对带宽，所以对发射机要提出频率稳定度的要求。发射机信号频率的不稳定，使接收机信号的频带有可能超出接收机的通频带范围，影响整个接收机系统的正常工作。特别是对现代主动声呐中常用到的匹配滤波器（通常是用互相关器实现），其参考信号要取自发射信号，因而对发射机信号频率的稳定度要求更高。

(7) 发射机平均功率 P_{ep}。发射机平均功率是指一个脉冲周期内的平均功率。它决定发射机元器件的发热程度（功耗）以及电源功率要求。因为在一个脉冲周期 T 的时间内，仅在脉冲持续时间 τ 内有能量发出，所以发射机的平均功率为

$$P_{ep} = \frac{\tau}{T}P = \frac{P}{q} \qquad (1-95)$$

式中　P——脉冲功率；
　　　τ——脉冲宽度；
　　　T——脉冲重复周期；
　　　q——脉冲的空度比，又称空占比，$q=T/\tau$。

q 的数值往往很大（几十到几百），这是由于用脉冲信号便于对目标进行距离测量。因而声呐发射机消耗的平均功率和由声呐方程计算出来的脉冲声功率要小得多，这就有可能使工作在脉冲调制方式下的声呐发射机，在消耗较小的电源功率情况下，输出很大的脉冲功率。一般采用较小功率的电源连续向储能元件（一般用大容量储能电容器）补充能量（充电）。

可靠性、可维修性及工作环境要求也是声呐发射机的重要指标。除上述介绍的一些主要指标外，目前声呐中还广泛应用线性调频信号、阶梯调频信号等。对于这些波形还有另外一些参数，如最大频率偏移、线性调频信号的调频速度、阶梯调频信号的阶梯步距等。

1.3.1.2　接收机

声呐接收机的任务是接收和处理来自接收基阵的信号，并将处理结果送至终端显示器供操作员观察。因此，从广义角度而言，一部声呐接收机是完成包括对接收信号进行放大、滤波、检测、判决以及显示控制功能在内的一种复杂设备。

1) 声呐接收机基本组成

早期的接收机只是含有放大、滤波功能的单通道设备（图1-22）或多通道设备（图1-23）。随着电子技术的发展，波束形成器已成为声呐接收机不可或缺的一部分。近代声呐接收机中大多采用各种信号处理技术，以提高系统输出信噪比和在干扰中检测的能力。数字技术，特别是计算机和超大规模集成的数字信号处理器（DSP）的发展，使许多信号处理技术在工程上得以成功应用。目标方位、距离的测定，目标性质的判定已不再是简单地由人工来进行，而是通过一系列信号处理措施以后自动给出的结果。

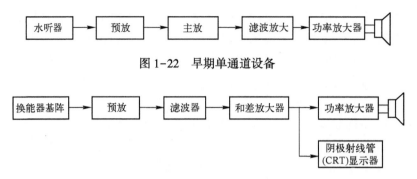

图 1-22 早期单通道设备

图 1-23 早期多通道设备

一个典型的现代声呐接收机框图如图 1-24 所示。它包括接收基阵、前置放大器、滤波器、波束形成器、动态范围压缩和归一化电路以及信号处理器、显示器、判决模块、程序控制器等功能模块，其中波束形成已成为一个独立的信号处理研究的分支。波束形成器可采用模拟方法或数字方法，并根据不同的技术方案加以实现。从信号流的角度观察，模拟波束形成器通常在接收机的前部，而数字波束形成器则在接收机的后部，因而动态范围压缩和归一化电路可根据情况置于波束形成器之前或之后。信号处理和判决实际上已成为近代声呐接收机的核心。

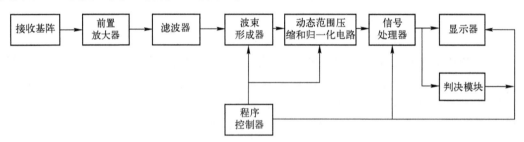

图 1-24 典型现代声呐接收机

2) 声呐接收机主要指标

对于常规的声呐接收机一般有以下几个指标。

(1) 接收机灵敏度。接收机灵敏度是指接收机正常工作时允许的输入端最小信号。传统上，常常用最小输入电压来表示，它表示接收机能够接收微小信号的能力。显然，这一能力与下面所述的放大倍数有关。实际上接收机接收微弱信号的能力，一方面取决于系统的放大系数，另一方面取决于接收机输入端的噪声大小和接收机的处理增益。输入噪声越小，处理增益越大，允许的放大系数就越大，则在接收机的输入端能够接收到的最小信号越小，换句话说，就是接收机的灵敏度越高。在相同的发射声源级条件下，接收机灵敏度越高的声呐作用距离越远。

(2) 检测阈值。接收机的检测阈值是整个接收机（包括信号处理器）最重要的指标。声呐接收机处理目标回波（主动声呐）或目标噪声（被动声呐）信号时，最终要送到显示判决机构进行判决，以确定是否有目标存在。最简单的检测判决机理与阈值的概念有关，只要信号加噪声的幅度超过这个阈值就认为有目标存在，因此设置一个适当的阈值十分重要。阈值一旦设定，有可能当信号加噪声超过阈值时，实际上并没有信号存在（噪声过大或阈值设置过低），这就产生了错误判断，称为虚警。而在有信号时，由于信号加噪声的幅度没有超过阈值（阈值设置过高），则会判断为无信号，称为漏警或漏报。因此，信号加噪声的幅度在阈值上下，正确判别目标存在与否存在表 1-1 所列的 4 种可能。

表 1-1　判断目标存在与否的 4 种可能

输入	信号+噪声在阈值以上	信号+噪声在阈值以下
有信号（S+N）	检测（detection）	漏警（miss）
无信号（N）	虚警（false alarm）	无目标（null）

在这 4 种可能的状态中，漏警和虚警是不希望的，或者说希望它们发生的概率要尽可能小。减小虚警最直接的方法是提高阈值，但是阈值提高之后就会导致漏警概率增加。因此，存在着一个折中的阈值，使这 4 种组合给出最佳性能。

（3）接收机的总放大倍数。接收机的总放大倍数是指接收机输出的有用信号电压与输入最小信号电压的比值。在早期声呐接收机中，输出有用电压常指终端设备（如耳机或显示器）可正常工作时所需要的电压。在近代大部分接收机中，输出有用电压则指 A/D 转换器满度输入电压，而接收机输入最小信号电压则由声呐工作于最大工作距离时的目标回波声压来确定。

（4）通频带。接收机通频带一般指接收机放大系数从最大值下降 3dB 时的频率宽度。通频带说明了接收机对信号放大的频率范围，在这个频率范围内信号可以得到较大倍数的放大，而在此频率范围之外的噪声和干扰则被有效地抑制。声呐接收机的通频带会影响接收机的输出信噪比，通频带太宽受到的干扰就越大，太窄则接收到的信号能量减少，同时引起波形失真，因而要适当选取通频带宽度。在主动声呐中，接收机的通频带要考虑发射信号的带宽、声呐与目标间相对运动所引起的多普勒频率偏移、接收机和发射机主振的频率偏移等，因而主动声呐的接收机通频带宽度应为

$$2\Delta f > 2\Delta f_s + 2\Delta f_d + 2\Delta f_T + 2\Delta f_r \tag{1-96}$$

式中　$2\Delta f_T$——接收机的信号发生器可能产生的频率偏移；

$2\Delta f_r$——接收机本地振荡器可能产生的频率偏移；

$2\Delta f_d$——由于多普勒效应所引起的接收信号频率偏移，$\Delta f_d = 2v_r f/c$，v_r 是目标和声呐间径向相对运动速度；

$2\Delta f_s$——信号的频带宽度，对单频脉冲，其信号的频带宽度约为 $2\Delta f = 2/\tau$，τ 为脉冲持续时间。

在某些特殊场合，接收机的带宽选择还有其他制约条件，比如水声定位系统中需要测量信号间的相对时延或相位差时，要有特别的考虑。

（5）动态范围。动态范围是指接收机能够正常工作的输入信号的变化范围，其下限受接收机灵敏度的限制，其上限则受到放大器过载饱和或波形非线性失真的限制。

（6）失真。失真包括线性失真和非线性失真两种。线性失真程度可以用振幅-频率特性曲线和相位-频率特性曲线表示。非线性失真则由于接收机中出现了非线性现象（如限幅）而产生了不需要的频率分量，从而使波形产生畸变。

（7）抗干扰性能。接收机必须具有良好的抗干扰能力，使源自接收机外部和内部

的干扰不致影响接收机的正常工作。抗干扰性能要由接收机硬件电路和信号处理部件共同获得。

可靠性和可维修性也是接收机的重要指标。其他指标，如工作环境条件的要求、体积、重量、造价、耗电等也是重要的指标。注意，以上指标不是孤立的，而是彼此相关、互相制约的。所以，在进行声呐设备的设计和制造时，要加以全面考虑，并且要根据实际用途来具体决定。

1.3.1.3　信号处理

声呐信号处理设备，就其实现的途径来说，大体上可分为模拟运算和数字运算两大类。

模拟运算：被处理的信号用模拟电压来表示；信号在时间上是连续的，电压的取值有无限多个。模拟运算的特点：实时性强，允许信号动态范围可达 80~100dB；设备简单便于机联运算；计算精度低，稳定性较差，易受噪声干扰；在并行多路运算时一致性差。

数字运算：被处理的信号用二进制或十进制数码表示；信号进行离散抽样且幅度要进行量化。数字运算的优点：计算精度高，只要加长字长，精度可任意高；可提高自动化、集成化程度和速度，效率较高，功耗小；动态范围较大；便于各种复杂信号处理；原始信息经多次处理而不失真；数字信号便于存储、便于传输；可靠性高、稳定性好。

1) 模拟式信号处理设备

信号处理的基本运算大致包括延迟、相乘、求和（积分），下面简要介绍这几个部件。

（1）延迟电路。最早广泛采用的是无源 LC 延迟线（低通滤波器），它的特点是，设备简单稳定、可靠、动态范围较大，体积庞大，延迟时间和带宽乘积较低。近年来，出现了有源 RC 延迟线，它由电阻电容和运算放大器构成，它的体积较小。以上两种延迟线是对连续信号进行时间延迟的方法。

采用电荷耦合器件（CCD）的模拟延迟线由金属-氧化物半导体（MOS）开关、电压跟随放大器、电容器等离散元件组成。其特点是延迟时间受钟频的控制，优点是可变范围大、精度高。

（2）相乘电路。相乘电路就是通常所讲的模拟相乘电路，大致有两类：一类是信号与信号相乘；另一类是信号与权系数相乘。

信号与信号相乘多利用二极管正向特性非线性的平衡调制器来实现。信号与权系数相乘，采用电导相乘法，即利用 $I=U/R$ 的关系。若令权系数 $W_i = 1/R_i$，信号电压为 U，则

$$I = W_i U \tag{1-97}$$

即电流 I 为相乘的结果。在横向滤波器的设计中广泛采用这种方法。

权系数在运算过程中，按事先设计好的程序改变的横向滤波器称为可控程序横向滤波器，目前采用金属-氮化物-氧化物-硅晶体管作可变权系数电阻，可与 CCD 器件做在一片大规模集成电路上。

（3）相加和积分电路。利用电阻相加器可以很简单地实现多个模拟电压的同时相加，如果增加一个求和运算放大器则精度就更高。

RC 型指数积分器是常用的比较简单的一种积分器，输入 $x(t)$ 和输出 $y(t)$ 之间关系为

$$y(t) = \int_{-\infty}^{t} x(t-\tau) \exp\left[-\frac{(t-\tau)}{2RC}\right] d\tau \tag{1-98}$$

从式（1-98）看出，这种积分器输出对输入给出一个指数加权。它的特点是：过程简单可实时连续输出积分 $y(t)$；$y(t)$ 可以看成 $2RC$ 时间内输入信号的积分平均；由于指数加权，它不是一个线性积分器，但当 τ 为负值时，有可能出现线性区。

对模拟抽样信号积分时，这样的电路原则上可以用，但要注意的是抽样时间间隔要给积分器中电容没有足够放电的机会（保持电路）。

线性积分器，采用运算放大器来补充电容充电过程中回路电流的减小，以保持积分器的线性度，这种积分器的输出为

$$y(t) = k\int_0^T x(t) dt \tag{1-99}$$

2）数字式信号处理设备

采用数字计算机的信号处理设备，称为数字式信号处理设备，所以运算原理同电子计算机。

在数字式处理设备之前还需要对模拟信号进行离散采样，离散采样主要关心以下几个问题：一是时间抽样和振幅量化的有关问题；二是实际采用的有关参数（抽样周期和量化比特数）的选取原则。

一般接收到的数据 $x(t)$ 是在时间上连续的模拟电压而在幅度上却是连续变化的。因此要把模拟电压变成数字信号，就必须在时间上进行抽样而在幅度上进行量化。这样就可以使一定长度的连续变化的模拟电压可以用一组数字来表示。时间上的抽样和幅度上的量化的示意图如图 1-25 所示。

抽样的意思就是把连续变化的电压用它在一定时间间隔的测量点上的测量值来表示，如图 1-25（a）和图 1-25（b）所示。显然，抽样频率越高（即每秒抽样数越多）则越准确，但越密被处理的数字数量就越大，设备就越复杂。由信号检测中的抽样定理可知，有一个抽样频率的选取问题。频宽为 W、持续时间为 T 的信号，可由时间上离散的、相互间隔 $\Delta t = 1/2F$ 的 $2WT+1$ 个瞬时值 $S(n/2F)$ 来确定，即

$$S(t) = \sum_{n=0}^{2WT} S\left(\frac{n}{2F}\right) \frac{S_m(2\pi WT - n\pi)}{2\pi WT - n\pi} \tag{1-100}$$

因此，用有限个离散样本值（抽样点）进行数字处理就等效于对数据 $x(t)$（模拟）的处理。对于信号进行谱分析以及相关、卷积等处理时，抽样频率选为 $2W$，即抽样间隔（时间）为 $\tau = 1/2W$。对于时域上波束形成器来说，其抽样频率略高些。

由于处理的信号都在有限时间内进行，根据信号带宽时间乘积的概念，设有限的信号处理时间为 T，在信号持续时间内抽样个数为

$$N = \frac{T}{\tau} \tag{1-101}$$

其中，$\tau = 1/2W$，则 $N = 2WT$。

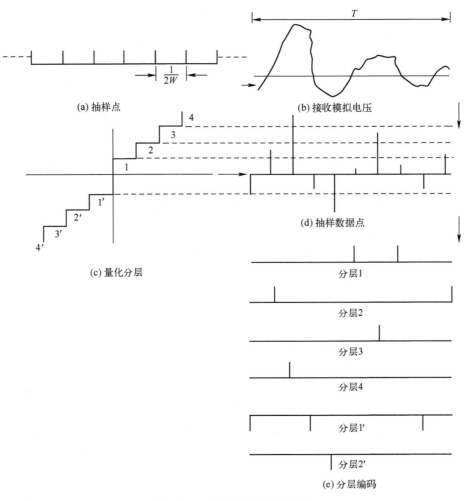

图 1-25 声呐信号处理示意图

1.3.2 B型超声成像系统

随着科学技术的迅猛发展，超声诊断已经成为临床诊断上的一个非常必要的手段。它具有无侵入式伤害、不影响人体健康、适应性广等优点[6]。其中，B型超声成像系统（B超）已经成为广泛应用的医学检查手段，根据超声波信号的基本情况，进而完成超声成像[2]。B超扫查方法也多种多样，对反射、散射等信号进行采集，并以图像的形式对各种组织与病变形态加以呈现，依托病理学与临床医学的专业知识，在观察和分析的基础上，找到特定的反射规律，从而准确判断出病变的部位和性质。B超因其价格便宜、不良反应几乎没有而得到较为广泛的应用，尤其是对于肝、胆、肾等实质性器官以及卵巢、子宫等妇科的检查和诊断较为常用。

1.3.2.1 基本结构

1）高速电子线性扫描超声显像仪

随着微机技术的推广和应用，现代B超实际是一个专用微机系统。图1-26是一种典型的高速电子线性扫描超声显像仪框图，它由探头、发射/接收单元、面板接口、键盘、数字扫描变换器、观察监视器、照相组件和电路等部分组成，下面分别叙述。

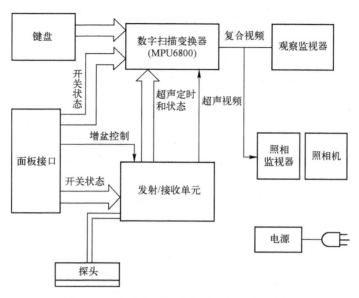

图1-26 高速电子线阵扫描超声显像仪框图

（1）探头。探头又称换能器，由多个晶体阵元组成，要求每一阵元在声学、电学和压电特性上应完全一致，为此，往往在一整块长方形压电晶体上进行切割。其切割工艺十分精细。像所有超声换能器一样，表面保护层兼作声阻抗匹配层，而背衬主要由吸声材料组成，吸声块做成波浪状、倾斜状及尖劈形状，以减少向后辐射的声波反射回来，增加衰减能力。

（2）发射和接收单元。发射和接收单元是产生换能器激励信号和接收放大反射回波形成视频信号的部件，它由多块发射/接收板、主放大器和发射/接收控制电路组成。对激励脉冲分别给予一定的延迟后再施加到晶体阵元，可实现电子聚焦和微角扫描。例如，16个阵元组成的子阵通过微角扫描技术，每激励两次，即可获得两条声扫描线。接着子阵步进一个阵元，又获得两条声扫描线，依次类推，当最后一个阵元工作后，可获得上百条声扫描线。

换能器接收人体反射回波变成幅度很小的检测信号，经前置放大器放大后送到对数放大器，对强回声信号进行压缩，对弱回声信号进行放大，从而提高了超声回波信号接收的动态范围。放大了的信号经检波变成视频信号送入数字扫描变换器。

（3）数字扫描变换器。数字扫描变换器是现代数字化超声诊断仪必不可少的重要部件。它由微型计算机芯片和大规模半导体存储器，即随机存取存储器（RAM）和只读存储器（ROM）组成。来自接收放大的超声视频信号经A/D变换存入RAM，对于扫描线数128条、每线像素不大于512个的切面图像，上述存储器足可显示两幅画面，图像灰阶度达64阶。但是，为了同时显示存储在ROM中的距离刻度、体位标志、灰阶标度及字符，在同时显示两幅图像时，不得不缩小每幅画面的水平幅度。数字扫描变换器的所有读写同步信号和定时信号以及测量计算功能均由微处理器完成。

（4）面板接口。面板接口电路使仪器操作者根据实际需要对发射/接收、放大电路和数字扫描变换器实施控制。主要包括用于控制放大器增益的灵敏度时间补偿（STC）电路、扫描模式（B、B/M、M 等）和显示模式（单、双、左、右等）的译码电路、图像增强模式的选择控制电路、动态聚焦方式选择、游标测量选择以及多普勒测量显示模式选择等。仪器功能设置越多，接口电路越复杂。现代 B 超的微机功能得到充分开发，许多功能通过接口电路在面板上设置了专用键盘，便于不太熟悉微机操作的医务工作者使用。

（5）键盘。键盘是人和计算机联系的重要设备，B 超面板上的键盘同普通计算机的键盘相仿，操作者可在显示图像的同时显示字符和数码，以便一同摄入相机或录进磁带作为资料。很多 B 超的各种测量和计算也像普通计算机一样由键盘操作，只要稍加熟悉，使用方便。

（6）观察监视器。观察监视器和普通电视相仿，必须具备高分辨率、高灰阶性能，一般要求能显示 64 灰阶的信息，甚至高达 256 灰阶，尽管人眼对 256 灰阶无法区分，但图像的灰度层次十分理想。

2）机械扇形扫描超声显像仪

对于以心脏为主的超声诊断设备，由于电子相控扇形扫描价格昂贵，大量使用的是机械扇形扫描，随着换能器制作工艺的不断提高和数字扫描变换器的应用，其图像质量也十分理想。图 1-27 所示为机械扇形扫描的基本构成。

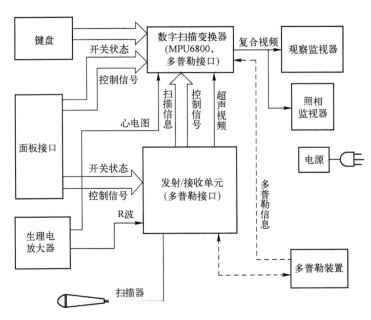

图 1-27　机械扇形扫描超声显像仪框图

（1）探头。机械扇形扫描探头习惯上被称为扫描器，它由微型电动机、位置检出电位器和压电换能器组成。当电动机带动换能器做往复运动时，位置检出电位器将角度信息送入主机，使实际的声束扫描线和 CRT 显示位置相一致。图 1-28 给出了机械扇形扫描器的示意图。

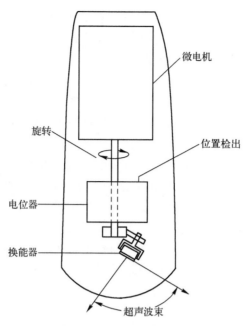

图 1-28 机械扇形扫描器

（2）数字扫描变换器。数字扫描变换器的核心是一个数字存储器矩阵。由于扇形扫描的近场声束较密，而远场却变得稀疏，故必须进行图像插补处理，即要在远场的水平扫描线上增加像素。经存储后的数字图像信息，用 TV 制式显示在 CRT 上。

（3）生理电放大器。研究实时心脏切面图像时往往需要同时显示心电图，拍摄某一时刻的图像也需要 R 波延迟同步，操作者通过面板控制旋钮设定延迟量，当拍摄图像时，带有同步标记的心电图波形被一起摄入。

（4）多普勒装置。多普勒装置作为选择件与主机连用，超声诊断仪主机设置了多普勒接口。利用多普勒装置进行脉冲多普勒或连续多普勒频谱分析，脉冲多普勒用于定位分析，连续多普勒用于检测最大流速，以最大流速可以估计压力梯度。

1.3.2.2 信号处理

如前所述，B 超不仅要适用于机械式的扫描成像，更要与通用的线阵、凸阵及相控阵等多种扫描方式兼容。鉴于此，为了提高 B 超图像的清晰度及可分辨性，需要进行一系列的信号处理。B 超中的超声信号处理流程如图 1-29 所示。

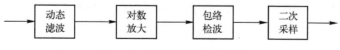

图 1-29 超声信号处理流程

1) 动态滤波

超声显像中的一个基本问题是人体软组织对超声衰减与频率大致成线性关系，大量的研究和实验表明，组织的衰减不仅与被探测介质的深度有关，还与超声波的频率有关，随着频率的升高，介质对超声能量的衰减系数增大。因此，当所发射超声波具有较宽的频带时所接收回波中的频率成分必然与距离有关。在近场，回波频率成分主要集中在频带的高端，随着探测深度的增加，回波频率成分逐渐向频带的低端偏移，这是因为随着深度的增加，高频成分的衰减要比低频成分的衰减大。探测深度较大时，高频成分甚至不能到达介质的深部便已全部被吸收。

为了获得全探测深度内最佳分辨率的回声图像，希望所接收回声仅选择体表部分具有良好分辨力的高频分量以及容易达到体内深部的低频分量，动态滤波电路就是用于自动选择回声信号中诊断价值的频率成分，并滤除近体表以低频为主的强回声和远场以高频为主的干扰的一个频率选择器，从而提高了近场分辨率和远场信噪比，使回声图像的质量得到改善。由于动态滤波器的设置，可以容易地获得体表部分血管系统和深部脏器良好分辨率的优质图像。在全数字 B 超中，动态滤波器有几种实现方法：①基于匹配滤波概念来实现的动态滤波器，能有效地提高系统信噪比。在信号处理进程中，匹配滤波器系数随接收深度的变化动态地改变。信号处理模块的输入是波束合成器输出的信号数据流。在经过匹配滤波之后进行对数放大与包络检波。②基于自适应阈值子波消噪算法的动态滤波器，能在整个探测场中很好地消噪，并且不损害有用信号。此外，数字滤波器的选用也至关重要。数字滤波器可分为两类，分别是无限冲激响应（infinite-impulse response, IIR）数字滤波器和有限冲激响应（finite impulse response, FIR）数字滤波器。IIR 滤波器常采用递归结构，而 FIR 滤波器常采用非递归结构。FIR 滤波器和 IIR 滤波器广泛应用于数字信号处理系统中，两类滤波器各有特点，在应用时要根据技术要求及所处理信号的特点予以选择。

2）对数放大

对数放大电路用于压缩回波信号的动态范围，它是保证图像实现灰阶显示以突出有诊断意义的图像信息的基础。超声回波幅度的动态范围很大，通常可达 100~110dB。其中：组织界面的差异所引起的动态范围约为 20dB；声束与界面成不同角度产生所谓"对准效应"引起的动态范围约为 30dB。由于人体组织对超声波的衰减所引起的动态范围为 1(dB/cm)·MHz，而作为终端设备的一般 CRT 显示器的动态范围只有 20~26dB。显然，如果将回波信号简单地放大后送显示器显示，不仅不能获得对应幅度的不同灰度，还将产生强信号时的"孔阑效应"，致使强信号图像一片模糊，弱信号图像星星点点，不能提取出有诊断价值的信息。

解决办法就是对回波信号进行对数压缩，经过对数压缩的回波图称为灰阶显示回波图。灰阶显示回波图虽然动态范围小于原图像的动态范围，但保留了原图像信息的差异，因而最终得到的超声回波图像包含各种幅度信息，使图像层次丰富，表现力大大提高。对回波信息进行对数压缩是超声图像信息处理的一项重要内容。

全数字 B 超中的对数放大可基于现场可编程门阵列（field programmable gate array, FPGA）的查找表（look-up-table, LUT）来实现，LUT 本质上就是一个 RAM。

3）包络检波

包络检波电路用于将对数放大器输出的高频回波信号变换为视频脉冲输出。由于回波是矩形脉冲调制的超声振荡，包络检波器的任务就是要将高频的回波转换（解调）为视频信号输出。

对于全数字 B 超中的包络检波，国内外学者提出了很多不同的方法。

（1）绝对值低通滤波法。这种方法算法实现较简单，低通滤波器可以采用 FIR 滤波器，系数可存储于 FPGA 片内 ROM 中。

（2）Hibert 变换法。这是一种很传统的包络检波方法，其中的频/时域变换可借助快速傅里叶变换（FFT）和快速傅里叶逆变换（IFFT）算法实现，这种方法实现起来很简单，但它有一个缺点，就是变换信号的长度受 FFT 长度的限制。即使时域变换借助快速卷积算法实现，也会由于希尔伯特变换的冲激响应函数为非因果系统的无限冲激响应，计算时只能取有限项而带来一定的截断误差。

（3）垂直滤波器法。这是对 Hibert 变换法的一种改进方法。用一对垂直滤波器 H 和 G 将高频信号带通滤波提取和信号的包络检波过程合并在一起进行。这样做的好处是使 Hibert 变换由非因果系统转变为因果系统，提高了计算精度；其次由于信号滤波和包络检波过程合并在一起进行，信号处理时的计算量反而比传统方法更小。另外，这种算法实时性强，包络检波长度不受限制，为后续包络信号的重采样，提高包络谱分析精度提供了极大的方便。

（4）正交数字包络检波法。这种方法直接采用中频采样和数字 I/Q 解调方法，可使乘法器和滤波器的一致性很好，并且可以比模拟正交检波节省一个 A/D。在高速器件发展的今天，数字正交检波器越来越得到广泛应用，有多种实现方法，包括低通滤波法、Hibert 变换法、插值滤波法、数字乘积检波（digital product detector，DPD）法及基于多相滤波法等。其中许多研究和实践表明，基于多相滤波的正交检波不需要混频，易于实现。

（5）逐阶极大值拟合包络线法。逐阶极大值拟合包络线法的具体做法如下。①在信号中找出所有极大值（或极小值）点，作为 1 阶包络特征点；②在 1 阶包络特征点中找出所有极大值点，作为 2 阶包络特征点；③在 m 阶包络特征点中找出所有极大值点，作为 $m+1$ 阶包络特征点，直至得到的相邻两特征点所构成直线的斜率基本相等为止（即包络特征点基本在一条直线上），假定此时为 n 阶包络特征点。用这种方法进行包络线拟合时，由于所得特征点都是极值，使包络线均值产生了漂移，同时特征点之间间距较大且不相等，还要进行去均值和插值处理。用这种方法进行包络线分析，对各种频率成分的复合信号都是行之有效的。

4）二次采样

在实际的超声信号处理中，常需要根据有用信号来调整采样速率，即对采样后信号进行抽取或插值处理，也称为二次采样技术。

在高速抽取或插值系统中，可使用由 Hogenauer 提出的"级联积分器梳状（cascade integrator comb，CIC）滤波器"实现多采样率滤波。使用 FPGA 实现 CIC 滤波器较之使用数字信号处理器实现，有较大的优势。

1.4 声探测典型应用

20 世纪 60 年代，声探测技术已在英、美、日等国有了较广泛的研究应用。自 60 年代末 70 年代初开始，我国在声波探测技术研究领域，无论是硬件还是软件方面都得到了前所未有的发展，而且其应用范围也得到进一步拓宽。

1.4.1 声探测技术在军事上的应用

在军事上对目标探测与识别具有较高的需求。声探测技术可以用于对水下目标进行探测（图1-30）、分类、定位和跟踪，通过水下通信和导航，使反潜设备能够发现潜艇和鱼雷。目前最常用的是声呐探测技术，在海洋中，海豚具备的天然声呐系统具有超高的精度，不仅能探测几百米外的鱼群，而且可以根据返回声波的不同判断出鱼的种类。声呐探测技术利用声波在水中传播的特点，当声波在水下遇到物体时，声呐系统接收反弹回来的声波信号，将其转换为电信号，通过处理得到物体的位置和结构信息。

1.4.1.1 声呐装置的军事应用

声呐应水下目标预警探测而生，因目标演变、环境变化和任务多元化而不断发展。从潜艇探测到鱼雷、水雷探测，从主动测量到主被动联合探测，从中频到高频和低频，从机械扫描到相控阵，从平面阵到线列阵和共形阵，技术不断发展[7]。同时，在人工智能、信号处理和工艺材料等基础能力的推动和牵引下，声呐系统在功能和性能领域不断拓展。

第一代声呐从第二次世界大战到20世纪50年代末，是艇首阵中频声呐；第二代声呐诞生于20世纪60年代，以低频主、被动拖曳阵声呐为代表；第三代声呐出现在20世纪70年代，以数字技术和大孔径舷侧阵使用为标志；第四代声呐从20世纪80年代末开始，以多阵列多波段探测信息综合处理和一体应用为主要特征。近年来，随着对大区域水下目标探测需求的不断增大和无人反潜技术的发展，开始出现第五代多功能无人操作声呐，典型代表是美国雷声公司为美国国防部高级研究计划局（DARPA）反潜战持续跟踪无人水面艇（ACTUV）项目开发的模块化可扩展声呐系统（MS3），如图1-31所示。其中，第三代和第四代是当前海军强国主战水下作战信息保障装备。表1-2列出了各国的主战声呐装备。

图1-30 水下目标探测

图1-31 ACTUV反潜探测图

表1-2 国外声呐代表示例

国家	声呐	主要参数和功能特点
美国	SQS-53	低频声呐（3.5kHz），共有576个声波收发器，其主动、直接探测时的有效距离为15~20km，海底反射探测有效距离为20~30km，工作频率在3500Hz时发射最大功率为150kW。被动模式频率为1500~4000Hz，最大侦听距离约为50km

续表

国家	声呐	主要参数和功能特点
瑞典	CHMS-90	高频声呐（86kHz），其内置的1152个声波收发器可对180°范围内目标进行扫描。球鼻艏内的收发器可在上下2m、方位角190°范围内来回移动扫描，声波收发扇面为标准的30°和68°
英国	MFS7000	中频声呐（7kHz），可自动对99个目标进行搜索、跟踪、识别。该型声呐装有360个声波收发器（每层36个，共10层），数据终端可视系统按2千码（1码=0.9144m）、4千码、8千码、16千码、32千码的距离比例显示目标。系统可以实现鱼雷攻击自动报警，具有船舶机动操纵和配置诱饵消除威胁的战术功能

紧随国外声呐技术的发展，我国的声呐水平也在日益提高。2015年1月16日，中国海军"黄冈"号导弹护卫舰举行入列仪式，这艘舰是中国第一艘装备拖曳式变深（主/被动）声呐（VDS）的护卫舰（图1-32）。与传统的拖曳式主动声呐或拖曳式被动线列阵声呐相比，这种新型声呐系统具备探测距离远、可探测安静型潜艇等优势，是目前国际上最先进的反潜声呐装备。

图1-32　中国海军"黄冈"号导弹护卫舰

声呐在水声成像和水声通信中发挥着重要作用。利用声呐平台的匀速直线运动，得到相对较大的基阵孔径，从而改善目标分辨率的主动合成孔径声呐技术也是近年来广受关注的新领域。图1-33所示的合成孔径声呐（SAS）所获得的高分辨率海底/沉船图像（中国科学院声学所研制）为我国自主研制的主动合成孔径声呐的海试所获得的图像，其分辨率（2.5cm×5cm）处于世界先进水平。我国独立自主研制成功的"蛟龙"号7000m载人潜水器，于2012年6月30日在马里亚纳海沟创造了下潜7062m的中国载人深潜纪录，也是世界同类作业型潜水器最大下潜深度纪录。"蛟龙"号载人潜水器安装了多部不同功能的声呐，包括导航、水声通信、图像信号传输、测速和前视声呐，它所使用的独特单边带、高保真度实时语音通信声呐，在历次下潜中发挥了重要作用。

1.4.1.2　地听技术的海防运用

地听意为通过地表声音传播来侦测有声源目标的方位，在海防中具有重要作用[8]。

传统噪声源定位识别方法在时域主要有分部运转、时历分析、辐射效率测定和相关分析等方法；在频域主要有谱分析方法、相干分析方法和偏相干分析方法等。针对传统噪声源定位识别方法的不足，目前国内外开展的定位识别方法主要包括基于多输入多输出模型的噪声源分析方法、应用合成孔径技术的噪声源定位识别技术、自适应抵消方法、近场声全息技术及近场声聚焦技术等。近场声全息（near field acoustic holography,

图 1-33 合成孔径声呐所获得的高分辨率海底/沉船图像（中国科学院声学所研制）

NAH）是 20 世纪 80 年代 J. D. Maynard 和 E. G. Wiliams 等提出的一种新的声成像技术。该方法是通过包围源的全息测量面做声压全息测量，然后利用源表面和全息面之间的空间场变换关系，由全息面上的复声压重构源面的声场。近 20 年来近场声全息技术研究取得了较大进步，国外已推出相应的 NAH 测量系统。采用直线阵测量潜艇辐射噪声的关键技术为近场聚焦波束形成。近场聚焦波束形成的基本原理：根据声源到达各个阵元曲率半径不同，按球面波规律对基阵接收数据进行相位补偿，根据基阵与声源的空间位置重建测量平面，得到重建测量平面上噪声源的空间位置分布和强度分布，实现噪声源定位识别。近场声聚焦技术的测量区域可以大于基阵孔径，适用于高频、大尺度目标的噪声源定位识别问题，因其优良的宽容性和易操作性而得到广泛研究与应用。

1.4.1.3 枪声定位系统

在现代反恐战争及巷战中，装备精良、训练有素的狙击手已经成为杀伤敌方人员的有效方式。狙击战术具有隐蔽性好、战法灵活、杀伤效率高等特点，往往会在意想不到的时刻和地点，给予敌方致命打击。枪声定位系统能够帮助士兵在遭受狙击手攻击后及时定位反击，对保障士兵生命、提高军队信息化建设具有重大意义。声学探测系统是通过探测膛口波和弹丸飞行时产生的激波来确定目标位置，与其他探测方式相比，具有隐蔽性好、探测概率高、技术成熟、价格低廉等特点[9]。

从 20 世纪 90 年代起，国外就以声、光、电等技术开展了对反狙击手系统的研究。近 10 年来更是发展迅速，美国、以色列和法国等国家都陆续推出了成熟的狙击手探测系统，并在局部战争和武装冲突地区为部队列装，取得良好效果。目前已经实际应用的声学反狙击手系统有美国 BBN 公司研制的 Boomerang Ⅰ、Ⅱ型探测系统以及奎奈蒂克北美公司的 Ears/SWATS 探测系统。Boomerang 系列探测系统由传声器阵列、信号处理单元和人机界面构成，可以配置成车载型，图 1-34 所示为安装在"悍马"越野车上的 Boomerang 探测系统模型。阵列包含 7 个传声器，阵列直径 1m，安装在车尾桅杆顶部，通过信号线将声波信号传到车底部的处理单元，再由车厢内的人机界面显示定位结果。Boomerang Ⅱ 是 Boomerang Ⅰ 的升级版，阵列直径降到 0.5m，可以在 1s 以内锁定狙击手位置，方位角误差在±2.5°内，虚警率低，不受风、撞击和己方反击枪声的干扰。

美军不仅为汽车安装了反狙击探测系统，同时也为单兵配置了狙击手定位平台。奎奈蒂克北美公司开发的 Ears/SWATS 探测系统，由 4 个声学传感器、1 个 GPS 接收器、罗盘和信号处理器组成，整个平台只有一副扑克牌大小，佩戴在士兵肩上，系统可以在接收信号后 0.1s 内探测出目标位置，方位精度达 7.5°，探测距离超过 300m。

第1章 声探测技术

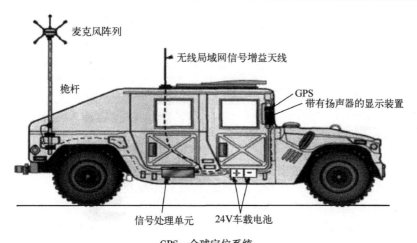

GPS—全球定位系统。

图1-34 美国Boomerang反狙击手探测系统

目前，国内多家单位已经对狙击手探测系统展开了研究，使用的探测方法也都以声学手段为主。其中，中国电子科技集团公司第三研究所已研制出反狙击手系统，如图1-35所示。该系统通过声学探测狙击手的位置，系统使用1~2个便携式传声器阵列和信号处理单元，可以测量出目标的方位角、俯仰角和距离信息，并对枪支口径进行识别。据相关报道，该系统探测范围为0°~360°，有效作用距离1000m，方位角误差±3°，俯仰角误差±6°，距离误差10%~30%。

图1-35 中国电子科技集团公司第三研究所研制的反狙击手探测系统

北京交通大学正在研制的基于三元传声器阵列的狙击手定位系统，目前已经具有基本定位功能。该系统的优点是体积小，能够安装在士兵的头盔上，经实际打靶测试，其定位精度为±15°。国外比较成熟的枪声定位产品及其性能指标如表1-3所列。与国外相比，我国对反狙击探测系统这一领域的研究处于起步阶段，技术还不成熟，有着较大的发展空间。

表1-3 国外枪声定位系统及性能指标

国家	枪声定位系统	主要功能特点
美国	PDCue	该系统通常安装在装甲车辆上，由4个低轮廓的传感器阵列组成，分别安装在车辆的4个角，可以提供360°覆盖范围以及准确的方位、高低和距离计算。已经公布的其他数据包括方位角误差为±1°、误报警率低于0.1%以及在收到枪击信号后反应时间小于0.1s

续表

国家	枪声定位系统	主要功能特点
法国	PILAR	该系统标准的配置包括1个传声器阵列、1个声学处理单元及1个显示器。该系统可以探测中小口径弹药、火箭弹及迫击炮弹,最远距离可达2000m。该系统在行进间的精度通常在±5°,它还可以用于营地防护,精确度通常在±2°

1.4.2 声探测技术在民用上的应用

声探测技术除了应用在军事上外,也被广泛应用于民用。而最多使用的便是超声波,被广泛应用于医学、灾害现场、科学研究和工业等方面。

1.4.2.1 声探测技术在医疗领域的应用

利用医学超声检查,可以达到探查与提取人体的生理和诊断信息的目的,具有安全、无痛、适用面广、直观、可重复检查、灵活及廉价等一系列优点,成为当代医学图像诊断中的重要技术之一[10]。图1-36展示了两种B型超声波检测仪,表1-4列出了目前国内外领先的超声诊断仪。

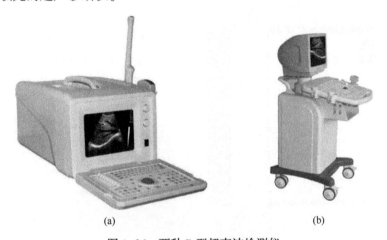

图1-36 两种B型超声波检测仪

表1-4 国内外领先的超声诊断仪

国家	品牌	代表型号	功能特点
中国	迈瑞	DC-7	提供高质量的图像,使用双数字化波束形成器能够同时进行近场和远场成像,不断调整由软件控制的信号时间差,并能够达到最佳的精确度。具有高质量的图像、可靠的诊断信息,双数字波束形成器能够在不同浓度获得一致的清晰度,为临床诊断提供了更丰富的立体影像信息
德国	西门子	ACUSONSC2000	高清晰度的黑白B超加上彩色多普勒,常用于妇产科、前列腺及精囊、小器官、腹腔脏器和血管疾病等的诊断
荷兰	飞利浦	Affiniti50	智能化、LCD高分辨显示,57000数字化通道,微细灰阶,脉冲反向谐波技术,一体化工作站图像管理系统
美国	GE四维彩超	GE-v730	四维彩色超声诊断仪是目前世界上较好的高端彩色超声设备,可以360°立体呈现胎儿各器官生长发育情况;检查功能较强大、可得出较精准的胎儿性别及缺陷儿终极诊断;独一无二的胎儿宫内高清动态写真且无辐射

1.4.2.2 声探测技术在抗灾救援中的应用

声探测技术在地质灾害勘察中的应用主要可以分为以下几个方面[11-12]。

(1) 工程场地及灾害地质体的勘察,包括断层、破碎带、滑坡体滑床、地下岩溶、古洞、空洞、埋设物、矿区采空区、地下构造、渗漏带、水流、建筑物地基、铁路、公路路基等不良地质体探测定位。

(2) 对地质灾害防治工程施工过程中的监测及检测,包括:岩体灌浆补强施工质量检测;混凝土灌注桩完整性检测;地面混凝土构筑物强度检测与评价;地面混凝土构筑物缺陷(裂缝、空洞、不密实区等)检测;边坡、洞室岩体爆破后松动范围检测;喷锚支护法喷射混凝土厚度检测等。

(3) 对幸存者求救信号的准确定位。目前已有基于声音和微振信号的生命探测仪用于救援现场。

1.4.2.3 声探测技术在地质学中的应用

声探测技术在地质学领域可以用作岩体的探测,主要分为以下几个方面:探测确定岩体声波参数,结合地质因素进行工程岩体分级;探测确定地下工程洞室围岩松弛带的范围,评价围岩稳定性;通过声波测井和跨孔透视,进行地层剖面划分和风化界线确定;进行岩石和岩体物理力学性质测定和推算;岩体内缺陷如构造断裂、岩溶洞穴、软弱夹层位置及规模的探测确定,亦即施工超前地质预报;地基及岩体加固效果的检测;桩基质量检测。图1-37所示为一种声波检测岩体系统。

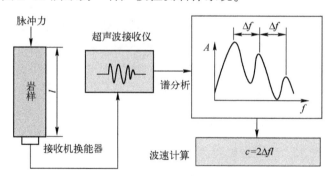

图1-37 声波检测岩体系统

1.4.2.4 声探测技术在工业领域的应用

在工业上,声探测技术最典型的应用是无损探伤技术[13]。目前,无损检测中超声探伤技术已经被广泛应用于各个领域。超声探伤技术在实际工作中可以在不破坏原有物质状态的前提下对材料的性质、内部缺陷、表面裂纹、气泡等内部情况进行检测。图1-38所示为某种超声探伤仪,表1-5列出了目前无损探伤仪的常见厂家及其主要技术参数。

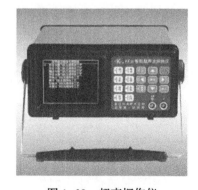

图1-38 超声探伤仪

表 1-5　无损探伤仪的常见厂家以及主要技术参数

品牌	沧州欧谱 OUPU	汕头超声	Krautkramer	OLYMPUS
国家	中国	中国	德国	日本
代表型号	OU5100	CTS-1010	USMGO	EPOCH600
检测范围/mm	0~25000	0~10000	0~14016	0~10160
增益范围/dB	0~110	0~110	0~110	0~110
工作频率/MHz	0.2~15	宽带：0.2~15 窄带：1.5~3	0.5~20	5~15
垂直线性误差/%	<3	<3	—	<0.5
水平线性误差/%	<0.1	<0.4	—	<0.25
动态范围/dB	>32	>32	110	110
脉冲类型	方波	负方波	方波	方波
脉冲宽度/ns	50~1000	30~1000	30~500	25~5000
脉冲强度/V	100~800	25~250	120~300	100~400
电池	锂电池	锂电池	锂电池	锂电池

1.5　声探测技术的应用前景和未来展望

声呐是利用水中声波对水下目标进行探测、定位和通信的电子设备，是水声学中应用最广泛、最重要的一种装置。它利用声波在水下的传播特性，通过电声转换和信息处理，完成对水下目标进行探测、定位和通信，判断海洋中物体的存在、位置及类型，同时也用于水下信息的传输，具有广阔应用前景。

1.5.1　基于特征的目标探测技术

在复杂海洋环境下，面向越来越低的目标输入信噪比条件，如何提高水声目标探测性能是水声信号处理领域亟待解决的问题。而从目标角度出发，通过研究目标信号在产生、传播与接收过程的特征，并利用目标特征进行高增益处理，以提高对目标信号侦察与探测性能是一种自然的选择。目前，基于特征的目标探测技术发展主要包括 4 个方面：①基于固有特征量的目标探测技术；②矢量信号处理方法；③基于非高斯、非线性特征提取的目标探测技术；④基于信号和噪声宽容性特征的处理方法，依赖于较少的传播信道先验知识，通过信号和噪声的依靠鉴别性特征进行处理，改善其宽容性。

1.5.2　基于环境适配的目标探测技术

基于环境适配的目标探测技术，由于海洋环境的复杂性和变异性，使经典的信号探测与估计理论很难在实际海洋信道中获得良好稳定的性能，因此需要发展与水声物理场相结合、相适配的信号处理技术。匹配场处理（MFP）就是其中一种代表性技术，它是通过水声传播模型计算出的复制场与测量数据之间互相关，来实现对目标的探测与定位。近几十年来，各国研究人员一直在致力于研究能够适配实际海洋环境、宽容自适应的 MFP 方法，主要有 4 个研究方向：①从海洋声学建模方向出发，建立较好表征环境不确实性的声学模型；②研究宽容性处理方法，通过自适应处理、环境参数搜索优化等方法，解决水声信道不确实与环境参数不确知情况下环境失配、统计失配和系统失配等问题；③研究自适应模基处理（MBP）方法；④利用信道特征（如波导不变性、时反不变性等）处理增强不确定环境下的目标探测性能。

1.5.3 分布式目标探测技术

面对复杂海洋环境下低信噪比目标探测问题，基于现有的单平台、单基阵水声目标探测技术，难以满足当前需求。由于水、声、场是一种三维结构，使用在空间上分散布置的多个声基阵能够获取目标不同观测角度与传播路径的数据，有利于克服声场时空非均匀传播所导致的目标信噪比起伏问题，因此使用多平台、多基阵进行分布式探测是水声目标探测的一个发展趋势。分布式探测技术的发展主要包括 3 个方面：①基于信息融合的分布式探测技术；②基于物理基处理的分布式探测技术；③多基地主动目标探测技术。

1.5.4 智能化目标探测技术

近年来，随着水下无人航行器（UUV）、水面无人艇（USV）等无人系统在水中逐渐应用：一方面，如何使无人系统在无人操作或者少人参与条件下自主探测并发现目标成为水声目标探测新问题；另一方面，伴随着以深度学习、大数据等为代表的人工智能技术迅猛发展，也为水声目标探测技术向智能化方向发展提供了契机。目前，研究方向主要有 2 个：①基于特征学习的自主探测技术；②主动认知探测技术。

声波在水中优异的传播性能使声呐成为水下目标探测的核心装备，从声呐诞生发展至今，无论从体制、功能、平台、应用还是探测距离、精度、分辨率和覆盖范围，声呐技术都得到了跨越式发展，发挥了重要的情报保障作用。随着软硬件基础支撑技术的进步，声呐还将迎来新一轮技术变革与发展。

第 2 章 可见光探测

可见光是电磁波谱中人眼可以感知的部分。可见光谱没有精确的范围，一般人的眼睛可以感知的电磁波波长在 400~700nm 内，如图 2-1 所示。从波长长的一侧开始，人的眼睛可以依次看到的红、橙、黄、绿、蓝、靛、紫 7 种光谱，正常视力的人眼对绿光最为敏感。不少其他生物能看见的光波范围跟人类不一样，如蜜蜂等一些昆虫能看见紫外线波段。

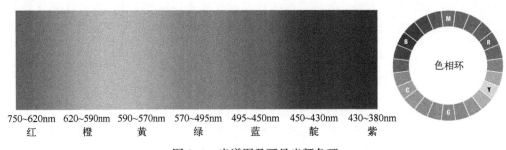

图 2-1　光谱图及可见光颜色环

1666 年，英国科学家牛顿第一个揭示了光的色学性质和颜色的秘密，他用实验说明太阳光是各种颜色的混合光，并发现光的颜色决定于光的频率。颜色环上任何两个对顶位置扇形中的颜色，互称为补色。例如，蓝色的补色为橙色。可见光的主要天然光源是太阳，主要人工光源是白炽物体（特别是白炽灯）。它们所发射的可见光谱是连续的。气体放电管也发射可见光，其光谱是分立的。常利用各种气体放电管加滤光片作为单色光源[14-15]。此外，色光还具有以下特性。

（1）互补色按一定的比例混合得到白光。如蓝光和橙光混合得到的是白光。

（2）颜色环上任何一种颜色都可以用其相邻甚至次近邻两侧的两种单色光混合复制出来。如黄光和红光混合得到橙光。

（3）如果在颜色环上选择 3 种独立的单色光，就可以按不同的比例混合成日常生活中可能出现的各种色调。光学中的三基色为红、绿、蓝，这 3 种单色光称为三基色光。

（4）当太阳光照射某物体时，某频率的光被物体吸取了，则物体显示的颜色（反射光）为该色光的补色。如太阳光照射到物体上，若物体吸取了 430~380nm 的紫光，则物体呈现黄绿色。

2.1　可见光探测发展历程

可见光谱段是人们最早用来进行感知探测的电磁波谱段，可见光探测器的设计思想和成像原理最初受到人眼成像的启发。如图 2-2 所示，眼球中的角膜和晶状体的共同作用，相当于一个"凸面镜"，从物体反射的光经过人眼的凸面镜在视网膜上形成倒立、减小的实像，分布在视网膜上的视神经细胞遇到光的刺激，把这个信号传输给大脑进行处理。而两眼之间的差距则使眼睛能够分辨物体的远近，同时由于两眼的角度不同，从而产生立体感。

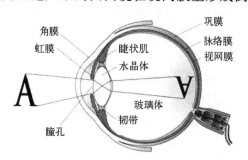

图 2-2　人体眼球结构

照相机便是在人眼成像的原理基础上产生并发展起来的。20 世纪初，英、美等发达国家开始研制以胶片为载体的航空相机用于远距离目标探测。最初，其焦距短、画幅窄、载片能力弱，且地面分辨率较低。在第二次世界大战后，航空相机得到了充分发展，美国研发了 KA 系列（航空侦察相机）和 KS（航空相机系统）为代表的一系列军事装备。到 20 世纪 80 年代，国外发达国家的胶片式航空相机已经达到较高水平，如芝加哥航空工业公司的 KS-147A、KS-157A 和仙童公司的 KA-112，它们具有长焦距、宽画幅且分辨率较高的特点。胶片式成像虽然成像效果好、分辨率高，但装载量有限且需要后期对胶片进行处理，无法满足实时处理的需求。

从 20 世纪 80 年代起，随着 CCD 探测器的迅速发展，图像易于压缩和储存，且能够实时传输的 CCD 传输型航空相机很快便取代了胶片式航空相机，CCD 是目前技术最为成熟的可见光探测器，经过 40 年的发展，已经在国防、医学、生物、天文等与图像分析密不可分的领域发挥重要作用。最初的 CCD 是作为存储器使用的，1983 年德州仪器首先报道了面阵尺寸为 1024×1024 的虚相 CCD，宣告 CCD 探测器作为图像传感器的时代来临。1989 年福特空间公司宣布了位元数高达 4096×4096 的帧转移 CCD，之后 Dalsa 公司于 1993 年将帧转移 CCD 的位元数提高到 5120×5120。1998 年，日本利用拼接技术成功开发了像元数高达 16384×12288 的面阵可见光 CCD 传感器。

美国在科学实验用 CCD 的研制和发展方面依然保持领先地位，如麻省理工学院的林肯实验室、宇航局喷气推进研究室、罗姆空间发展中心和 SRI David Sarnoff 研究中心在 CCD 的应用及技术等方面的研究具备较为雄厚的实力。在 CCD 产业方面拥有无线电、通用电气、仙童等多家大型企业。例如，CA-295 航空相机是美国 ROI 航空公司研制并生产的一种可见光/红外双波段航空相机。其可在中高空以全景分幅（步进凝视）的方式工作，使用了大面阵 CCD 探测器。通过转动光学系统的主、次镜与子反射镜的方式补偿由飞机的飞行产生的像移；在扫描方向上的像移通过成像传感器的嵌入式补偿技术进行补偿。全球鹰无人机搭载的光电（EO）/红外（IR）载荷是一种具有广域侦察、立体成像、目标跟踪等功能的长焦距、双波段的航空相机。该相机使用小面积探测器可实现每秒 30 帧的步进凝视成像。相机的全反式光学系统安装在两轴框架的内框架中，通过控制两轴稳定框架与快反镜可保证精确的视轴指向。

日本是目前世界上民用消费级 CCD 的最大生产国家，虽然起步较晚，但发展速度非常迅速，其中以索尼、日立、富士等国际大厂为代表的民用摄影、摄像和广播数字化电视摄录等设备基本占据了全球市场的 70% 左右。

除了美国、日本两国外，法国汤姆森无线电公司（CSF）、英国通用电气公司（GEC）以及荷兰菲利普公司在业内也具备很高的声望。而在我国，CCD 的研究工作起步较晚，在普通线阵 CCD 和 CCPD 两个系列已经形成系列产品，在面阵 CCD 方面也有一些产品出现，如在可见光探测器研制方面已经实现 512×512 的帧转移可见光 CCD。

到 20 世纪 90 年代初，CCD 技术已经发展比较成熟，得到了广泛应用，但 CCD 技术芯片的缺点也逐渐暴露出来。首先，CCD 技术芯片所需要的电压功耗大；其次，CCD 技术芯片价格昂贵、体积较大，因此造成 CCD 技术芯片使用不便，CMOS（compensatary metal-oxide-semiconductor，互补金属氧化物半导体）技术应运而生。CMOS 的原理来自于 1963 年 Morrison 提出的一种可计算传感器，该传感器是一种可以利用光导效应测定光斑位置的结构。早期的 CMOS 并未作为图像传感器进行专门的研发，而是作为计算机系统内的固态存储器件。随着半导体产业的发展，一些研究人员注意到 CMOS 的自身特点可以克服传统 CCD 图像传感器功耗、体积的缺陷，于是提出用其代替 CCD 探测器的想法。从原理上说，CMOS 不像 CCD 那样对转换后的电荷进行电压转换，而是直接通过感光单元周围的高集成处理单元进行接收，这意味着更低的能耗和更快的处理速度。但早期的 CMOS 图像传感器分辨率、信噪比、灵敏度等方面并不理想。21 世纪初，美国 Foveon 公司率先推出了像元数达到 4096×4096 的 CMOS 探测器芯片，具有较高的抗辐射能力和单位面积上更高的空间分辨率，在灵敏度上也能与一些新型 CCD 探测器相抗衡[16]。

2.2 相机的组成与原理

2.2.1 相机的组成

如图 2-3 所示，相机的主要组成包括机身、镜头、光圈、快门和调焦装置。

1）机身

机身是一坚固骨架，用于支撑照相机的各个部件。它的前端安装照相机镜头。机身内部是暗腔，可以让机内的胶片只对通过镜头进入机内的光线感光。数码相机机身里装有图像感应器、数字影像处理器和图像存储器等电子元件。传统胶片照相机的机身暗箱里面装有胶卷，胶卷中间装有各种光学、机械、电子元件，使相机成为一个整体。此外，各种摄影附件和辅助器材在使用中也要与机身连接。

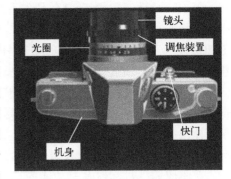

图 2-3 相机主要组成部分

2）镜头

镜头又称摄影物镜。镜头的功能是使外界景物在照相机暗箱内的胶卷平面处形成清晰的影像，就好像人类的眼睛能够把看到的景物清晰地映印在眼睛球体视网膜上的作用一样。镜头里有好几片凸凹不同的镜片，称为正、负透镜。正（凸）透镜使光线会聚，产生实像；负（凹）透镜使光线散射，不产生实像。正、负透镜结合可以使形成的影像不仅清晰，还可以减弱像差，提高成像质量。

3）光圈

光圈是安装在照相机镜头中直径可以伸缩的光孔，俗称"光圈"。在传统的胶片照相机里，光圈一般由数量不等的月牙形薄金属片制成。光圈的作用是与快门配合，控制外界景物反射光线进入暗箱的多少，使胶卷能够正确曝光。光圈的另一个作用是调节被摄景物的景深大小，如同人类眼睛的瞳孔，为了适应外界景物亮度的变化，要不断调节眼睛瞳孔大小。转动照相机镜头上的光圈调节环，可以改变光孔直径，控制光量进入暗箱。

4）快门

快门是安装在照相机镜头与胶卷平面之间的"光闸"。快门与光圈配合，控制快门开启时间的不同，可控制胶片曝光时间的长短。在相同的感光度和光圈下，快门速度越慢，拍摄出来的照片会越亮；反之，同样的条件下，快门速度越快，照片会变得越暗。

5）调焦装置

调焦装置用于前后移动镜头，使照片得到清晰的图像。

2.2.2 相机的成像原理

相机系统实际上与人眼的视觉系统类似，都是对光产生响应，然后经过一系列处理得到视觉图像。图2-4所示为相机与人眼构造的比较，表示各个组成部分的对应关系。

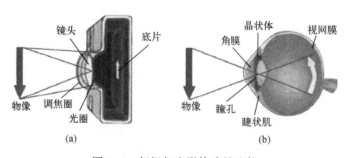

图2-4 相机与人眼构造的比较

光入射到眼睛上就引起光化学反应，对应光线进入相机镜头汇聚在感光元件CCD上。CCD上的每个感光元件在接收到光照时，根据光照强度的不同会产生相应数量的电荷。人眼产生的光化学反应生成的神经冲动会传递到大脑，进而在大脑中形成相应的视觉感受。这一过程对应相机成像过程就是通过译码电路将电荷转化成电流，再通过A/D转换器将电流生成二进制数，最后经过数字信号处理器以像素值的形式储存进入相机镜头的光信息。图2-5表示从光信号进入相机镜头开始的一系列信号的转换和处理过程。

上述的一系列转换中，CCD只是光电转换设备，并没有辨别颜色的能力。因此，需要在CCD的前部覆盖彩色滤镜（CFA）透过不同颜色的光，常采用Bayer滤波片。

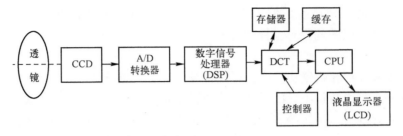

图 2-5　相机信号处理过程

在仿真实验中进行相机建模时，使用的就是 CCD 感光后产生的数据。

从上述相机成像过程中可以看出 CCD 至关重要，它直接决定了成像质量的优劣，也决定了相机算法的精度和鲁棒性。CCD 的特性由其响应曲线决定，响应曲线也直接决定着成像质量。实际上，本书的重点内容就是通过数学建模，准确标定相机的响应曲线。图 2-6 表示 Nikon 相机 CCD 响应曲线。

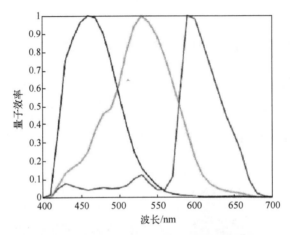

图 2-6　Nikon 相机的光谱灵敏度响应曲线

以上的相机成像过程只是一个定性的描述，还需要将相机成像过程定量化表示。因此，需要通过对图像形成的过程定量建模。图像的形成过程需要 3 个因素，即场景光源、场景物体表面的光谱反射比和成像设备（如相机等），将成像过程数学化，可以得到下式，即

$$p_i = \int_\omega E(\lambda) S(\lambda) q_i(\lambda) \mathrm{d}\lambda + n \quad i \in \{R, G, B\} \tag{2-1}$$

式中　ω——400~700nm 的可见光谱；

$E(\lambda)$——相机接收到的可见光谱的光源信息；

$S(\lambda)$——场景目标表面的光谱反射比；

$q_i(\lambda)$——相机传感器第 i 个通道的光谱灵敏度。

由于所有的颜色都是由红（R）、绿（G）、蓝（B）三原色按照一定的比例混合而成，基于这个原理，相机接收颜色信号的传感器分为 3 个通道，分别接收红、绿、蓝 3 种颜色，对于 RGB 三通道彩色数码相机，p_i 表示相机第 i 个通道的相机响应。n 表示相

机噪声。因此，相机响应是通过代表光源的函数、代表场景表面的光谱反射比函数和相机传感器响应，即光谱灵敏度函数的乘积求积分得到。目前式（2-1）被广泛用于相机的数学建模中，即很多相机光谱灵敏度估计算法都是基于式（2-1）[17]。

然而上述函数形式难以积分计算。需要将式（2-1）离散化处理，即

$$p_i = \sum_{l=1}^{m} E(\lambda_l) S(\lambda_l) q_i(\lambda_l) + n \tag{2-2}$$

式中：m 表示将 400~700nm 的可见光谱取 m 个样本，比如以 10nm 为间隔取样可以得到 $m=31$ 个样本。光源、场景目标表面光谱反射比都是以 10nm 为间隔取样，得到的相机光谱灵敏度也是 31 维的。这样就可以将连续问题离散化，在一定程度上简化了问题。

$$p_i = ESq_i + n \tag{2-3}$$

式中：$E = \mathrm{diag}(E(\lambda_1), E(\lambda_2), \cdots, E(\lambda_m))$，其中 $\mathrm{diag}(g)$ 表示将矢量转化对角矩阵；$q_i = [q_i(\lambda_1), q_i(\lambda_2), \cdots, q_i(\lambda_m)]$。

假设有已知 l 组场景目标表面光谱反射比数据，并且 400~700nm 的波长之间以 10nm 为间隔取样和场景光源信息。为了方便后续表述，将反射比与光源的乘积得到的矩阵定义为颜色刺激矩阵，这样式（2-3）可以化为颜色刺激矩阵 C 与相机光谱灵敏度乘积的形式，即

$$p_i = Cq_i + n \tag{2-4}$$

通过上面一系列变换，就可以以矩阵乘积的形式简单地表示整个相机成像过程。相机成像过程最重要的是光源，光源照射到物体表面，物体表面反射出的光被相机接收得到关于物体颜色信息，再将颜色信息转化成图像。在相机接收颜色信号的过程中，由于相机本身存在噪声、颜色校正等问题会使人眼看到的场景目标表面的颜色和相机成像得到的颜色会有色差存在。为了能够高度还原场景目标表面的颜色，并且与人眼看到的颜色一致，衍生出了一系列关于优化光谱灵敏度的估计算法。

2.3 可见光探测技术的应用

一直以来，可见光探测都是目标探测领域的研究重点，近年来更是随着可见光探测器件加工制造技术的迅速发展而引起研究人员的更多关注，大量的成像探测、光谱探测技术应运而生。

2.3.1 高光谱成像技术的应用

2.3.1.1 高光谱遥感

高光谱遥感是通过高光谱传感器探测物体反射的电磁波而获得地物目标的空间和频谱数据。高光谱遥感的出现使许多使用宽波段无法探查到的物体，更加容易被探测到[18]。

在仪器性能方面，民用高光谱成像仪主要通过扩大幅宽提高灵敏度等措施来满足地球科学等应用需求；军用高光谱成像仪将在空间分辨率谱段覆盖和信息实时处理能力方面进一步发展。根据现有能力和水平，国内发展空间分辨率 30m 左右幅宽大于 60km 的

航天高光谱成像系统的条件已经基本具备，这样的技术指标已经能够满足环境监测、农林估产等需求，并具有一定的先进性。

2.3.1.2 农业监测

对农作物、森林植被、洋河水体等目标进行无人机高光谱数据采集分析监测。

2.3.1.3 食品安全

高光谱成像技术融合了传统的成像和光谱技术的优点，可以同时获取被检测物体的空间信息和光谱信息，因此该技术既可以像检测物体的外部品质，又可以像光谱技术一样检测物体的内部品质和品质安全。目前，已经有大量的基于高光谱成像技术用于检测水果和蔬菜的品质与安全。

2.3.1.4 医学诊断

高光谱成像是一个新兴的、非破坏性的、先进的光学技术，它具有光谱和成像的双重功能，这种双重功能使高光谱成像能够同时提供实验对象的化学和物理特征，并具有良好的空间分辨率。高光谱成像作为一种特殊光学诊断技术，具有成像系统多样化、研究对象广泛化、临床诊断实用化和分析方法功能化等特征，具有原位实时活体诊断疾病（特别是肿瘤）的潜力，临床应用前景广阔，值得深入研究。

2.3.1.5 流水线工业分类质检

通过机器学习算法，根据不同的应用场景，利用参考样品进行训练，以交互的方式得到监督分类模型后，上传到模型库中，便能利用已有模型对流水线上的产品进行快速分类，具有广泛的适用性和通用性。

2.3.2 偏振成像技术的应用

2.3.2.1 军事领域应用

根据偏振原理可知，不同的目标物有着不同的偏振特性，通过偏振特性可以更好地把水下的人造目标从自然背景中区分出来，减少自然背景噪声的影响。在军事上通过偏振成像技术不仅可以有效地对敌人的潜艇、水雷进行探查，而且可以用于打捞、搜救等工作。

2.3.2.2 民用领域应用

1）医学诊断

使用偏振成像技术可以检测生物组织的偏振特征，然后通过对比和分析，可以得知生物组织是否产生病变。例如，将偏振光谱成像探测应用于黑痣癌变的检测中，能快速、准确地检测出癌变的黑痣。

2）海洋环境监测

星载的偏振光谱成像仪，可以有效地识别海水、冰川和陆地，同时可以得到更准确的海岸线轮廓。星载的遥感仪器在对地目标的观测中，由于水面的强反射可能会对遥感仪造成损害，因此可以通过使用偏振技术减弱强反射。而且有的研究已经表明，通过偏振成像技术能够检测出海水是否被污染（如石油泄漏）、云雾粒径大小、海面上的云雾状况、海平面高度以及海水辐射状况等。

3）航空遥感与大气探测

航空遥感是指以飞机、气球和飞艇等为平台搭载传感器在空中进行探测的技术。通过使用航空遥感可以扩大偏振成像光谱仪的探测视场，增大观察角。在遥感平台上搭建偏振成像设备，利用偏振原理可以区分与识别不同的地形和地貌。偏振光谱探测器可以探测不同云层的偏振态，通过分析偏振图像可知道云层的高度、大气气溶胶粒子的大小、云的种类、大气中的烟尘雾霾状况以及云层中的含水量状况等。

4）探测空间碎片

由于近几十年太空探索技术的不断进步，产生的太空垃圾逐渐增多，如损毁的卫星残骸、外壳小的元器件等，严重威胁航天器的运行安全，对太空的探索带来了诸多不便。通过利用偏振光谱成像探测技术，并结合多元特征融合等识别技术，可以实现对空间碎片的高效探测。偏振成像技术不仅在国防领域，而且在民用领域也得到了广泛应用。为进一步提高识别与探测目标物体的精度和准确性，在偏振技术中往往需要结合成像特性定标与校正技术、图像融合技术和图像重构技术等。

2.3.3 双目测距技术的应用

1）航空航天、无人机避障

华盛顿大学与美国微软公司合作为火星卫星"探测者"号研制了宽基线立体视觉系统，使"探测者"号能够在火星上对地形进行精确的定位和导航；"嫦娥"2号搭载的"玉兔"号也配备了双目立体相机进行避障。大疆精灵无人机配备2对以上的双目相机，辅助无人机更快、更好地识别周围场景，便于它的飞行与避障。

2）工业非接触式检测

高温环境下大型铸件在热处理过程中（上千摄氏度）尺寸的测量，对中型或大型尺寸的物体尤其有用。

3）手机拍照、三维重建

手机拍照：获得物体的距离信息、虚化背景，可以实现更好的景深效果。一些虚拟现实（VR）产品都会用到双目视觉技术。双目立体视觉技术特别适用于三维重构，即确定某任意物体的三维形状。可以用来实现三维物体质量检测，也可用来确定三维物体的位置。

4）高级辅助驾驶

日本汽车厂商于1989年开始对立体摄像头（双目摄像头）技术进行研究，并于1999年把该技术应用到量产车的ADA系统上。2008年5月，搭载第一代EyeSight系统的"力狮"正式上市。目前，该系统的装车量已经超过了100万辆。

2.4 可见光探测技术的发展趋势和未来展望

可见光探测可以把人眼能够看见的景物真实地再现出来。成像的优点是直观、清晰且易于判读，图像中包含大量有用信息。但是人眼可见的波段在大气中衰减严重，导致使用可见光的探测设备作用距离有限，而且可见光探测成像效果极易受到云、雾、雨、雪的影响。最关键的是在夜间环境光源较弱的情况下，利用可见光几乎无法成像。受制于以上缺点，可见光探测系统现在正朝着更加综合的方向发展。

2.4.1 可见光多模融合

可见光结合多种频段探测，利用不同频段电磁波的特点互相取长补短，从而达到更好的探测、效果。下面列举几种可见光探测与其他体制融合的发展趋势。

（1）可见光与红外融合。红外探测具有显著的热效应，可以很好地弥补可见光探测在云、雾、雨、雪条件下成像困难的问题。而可见光成像作为红外的补充可以提高最终成像的清晰度和辨识度。

（2）可见光与 X 射线融合。可见光成像效果好但是穿透能力差，X 射线成像可以获得待测物体内部清晰的组织结构但无法对物体边缘精准成像。将这两种体制融合可以得到结构清晰、边缘准确的图像。

（3）可见光与激光融合。激光波束小、单色性好且具有很强的相干性。激光雷达照射目标可以测距，通过持续对目标在各个角度上进行照射，并且结合高精度惯导数据，可以得到目标的三维数据。与传统相机拍摄的照片不同，激光雷达得到的数据是由点组成的，这些点一般包含位置信息、光强、回波数等信息，这些点组成的数据称为点云。点云图可以呈现物体的结构，但是不能获得物体的色彩和纹理。加入工作在可见光频段的测绘相机，可以为激光雷达获取的点云数据添加色彩及纹理信息，得到真彩色点。这样可以实现对目标场景的快速建模。2020 年 10 月 14 日大疆公司发布了 DJIL1 激光可见光融合解决方案，该方案由 Livox 激光雷达、测绘相机、高精度惯导、三轴云台等模块组成，形成了一体化的航测解决方案。

2.4.2 可见光通信

可见光的本质仍然是电磁波，因此可见光也具有传播信息的能力。可见光通信技术绿色低碳，可以实现近乎零耗能的通信，还可以有效地避免无线电通信电磁信号的泄露等弱点，快速构建抗干扰、抗截获的安全信息空间。在这方面我国已经提前布局走在了世界前列，2015 年 12 月，经中国工信部测试认证，中国的"可见光通信系统关键技术研究"获得重大突破，实时通信速率提高到 50Gb/s，展现了我国在可见光领域的先发实力。

2.4.3 可见光定位导航

传统的卫星定位技术无法应用于室内环境，而 WiFi、蓝牙等室内无线射频定位技术存在精度不高、易受电磁干扰等问题。室内往往都存在人造的可见光源，可见光定位就是一种新兴的利用发光二极管（LED）照明灯光传输位置从而支持用户实现室内高精度定位的技术，具有"定位照明两用"、无电磁干扰、不需要额外布线和安装定位设备等优势。

第3章 红外探测技术

红外现象发现至今，红外技术经过了很多重大发展。从最早人们开始认识到红外线的存在，到将红外特性应用于军事领域；从用热电偶测量月球红外辐射，到用红外热像仪进行生命迹象的搜索，人们对红外特性的认识越来越深入，红外技术的发展也越来越成熟。

红外线因其光谱位置位于可见光谱红色光以外，所以被称为红外线。红外线与可见光不同，它是一种人眼看不见的光线。但这种光和其他电磁波谱一样，也是一种客观存在的物质。只有通过特殊的装置才可以观察到。如图 3-1 所示，在电磁波谱中红外光谱区主要集中在波长范围为 $0.76\sim1000\mu m$ 的区域内。红外线和可见光、无线电波一样，在真空中的传播速度也是光速。在红外技术中，人们一般将红外辐射分为 4 个区域，即近红外（波长 $\lambda=0.76\sim3\mu m$）、中红外（$\lambda=3\sim6\mu m$）、远红外（$\lambda=6\sim15\mu m$）和极远红外（$\lambda=15\sim1000\mu m$）。这里所谓的远或近，是指红外光谱在电磁波谱中距离可见光光谱的远或近，靠近可见光光谱的称为近红外区。

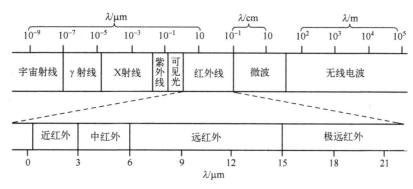

图 3-1 红外波段

红外辐射是一种电磁辐射，它既具有与可见光相似的特性，又具有粒子性，对红外辐射主要有以下几点认识。

(1) 红外辐射是一种电磁波，经典的电磁理论在这个领域是适用的。

(2) 红外辐射是不能直接被肉眼感知的光，所以通常都需要借助红外探测系统光电转换后形成图像。

(3) 红外辐射是热辐射，任何温度在绝对零度以上的物质都会向外辐射包括红外在内的全谱段信号。

(4) 对红外辐射的研究属于光学范畴，其理论基础是工程光学和物理光学。

红外探测技术是以红外目标监测系统为载体，利用被检测目标与背景之间红外辐射的差异实现目标检测和识别。实际使用中通过深入研究各种物质、不同目标和背景的红外辐射特性，实现对目标及周围环境的探测与识别，提供清晰的红外图像。相比于其他主动式探测技术，红外探测技术具有隐蔽性好、全天候工作以及抗干扰能力强等优势，目前已在不同的领域得到广泛应用，可以对传统探测手段进行有效补充甚至完全替代。红外探测技术在民用领域，广泛应用于火灾预警、气体泄漏检测、医学特征识别、农业生产等方面；在军事领域，广泛应用于侦察、预警、制导等方面。

3.1 红外探测的发展历程

红外探测的起源可追溯到1800年，在约翰·弗雷德里克·威廉·赫歇尔（John Frederik William Herschel）用棱镜折射不可见光线的实验中，用单色仪发现在可见光折射出的红色射线以外的位置，辐射热效应反而最为明显，赫歇尔称之为"热射线"。红外辐射现象为红外探测技术的实践应用提供了物理学基础，任何高于绝对零度的物体都会产生一定的红外辐射，且这些红外辐射受到物体内部构造的影响，在辐射率和辐射特征上有很大的不同，通过红外探测器捕捉目标物体与背景在红外辐射上的差异，可以进行目标识别。同时，红外探测技术依赖于红外探测器，红外探测器引领并制约着红外探测技术的发展。

从20世纪开始，红外探测技术真正获得实际应用。因为红外探测具有环境适应性好、隐蔽性好、抗干扰能力强、能在一定程度上识别伪装目标且设备体积小、重量轻、功耗低等特点，首先受到军事部门的关注，它提供了在黑暗中观察、侦测军事目标自身辐射及进行保密通信的可能性。第一次世界大战期间，一些实验性红外装置，如信号闪烁器、搜索装置等投入实际战争应用中。虽然这些红外装置没有投入批量生产，但它已显示出红外技术的军用潜力。第二次世界大战前夕，德国首先研制出红外显像管，并在战场上应用。战争期间，德国一直全力投入对红外设备的研究。同时，美国也大力研究各种红外装置，如红外辐射源、窄带滤光片、红外探测器、红外望远镜、测辐射热计等。第二次世界大战以后，苏联也开始重视红外技术的研究，并大力发展。

20世纪50年代以后，随着现代红外探测技术的进步，现代红外探测系统逐渐成型，并在军事领域获得广泛应用。美国研制的响尾蛇导弹上的寻的器制导装置和U-2飞机上的红外照相机代表着当时军用红外技术的最高发展水平。因军事需要发展起来的前视红外装置（FLIR）获得了军界重视。机载前视红外装置能在1500m上空探测到人、小型车辆和隐蔽目标，在20000m高空能分辨出汽车，特别是能对水下40m深处的潜艇进行探测。在海湾战争中，红外热成像技术在军事上的作用和威力得到充分展示。夜视装备的普遍性应用是这场战争的最大特点之一。从战争开始到最终结束，大部分战斗都是在夜间进行。在战斗中投入的夜视装备之多、性能之好，是历次战争无法比拟的。美军每辆坦克、每个重要武器都配有夜视瞄准具，仅美军第二十四机械化步兵师就装备了上千套夜视仪。除了地面部队、海军陆战队广泛装备了夜视装置外，美国的F-117隐身战斗轰炸机、"阿帕奇"直升机、F-15E战斗机，英国的"旋风"GRI对地攻击机、飞机发射的红外制导弹等都装有先进的热成像夜视装备。正因为多国部队在夜视和光电装备方面的优势，他们在整个战争期间取得了绝对的主动权，仅在10天内就毁坏伊军坦克650辆、装甲车500辆。

20世纪70年代以后,红外技术又逐步向民用部门转化。红外加热和干燥技术广泛应用于工业、农业、医学、交通等各个行业和部门;红外测距和红外探测也被应用到无人驾驶中;红外测温、红外理疗、红外检测、红外报警、红外遥感、红外防伪更是各个行业争相选用的先进技术。由于这些新技术的采用,使测量精度、产品质量、工作效率及自动化程度大大提高。

目前红外技术作为一种高技术,与其他探测技术并驾齐驱,在军事上占有举足轻重的地位。红外成像、红外侦察、红外跟踪、红外制导、红外预警、红外对抗等技术,在现代战争中是非常重要的战术战略手段。

3.2 红外探测基本理论

红外辐射是自然界中最普遍、最基本的热辐射,因此有必要对红外辐射的基本理论进行深入研究。

3.2.1 红外辐射基本理论

自然界的物质都在不停地发射和吸收电磁波,物体因自身的温度而向外辐射能量称为热辐射。根据经典电磁理论,热辐射产生的本质原因是物质内部带电粒子的运动和旋转。本小节将介绍与辐射相关的基本概念和基本定律,它是红外探测技术的理论基础。

3.2.1.1 与辐射相关的基本概念

在研究红外辐射的相关基础理论、衡量红外探测器的性能或评价红外系统的指标时,需要对辐射进行定量描述。随着辐射理论的发展,形成了一门以物理测量的客观物理量为基础的研究电磁辐射测量的科学——辐射度学。在讨论辐射规律前,先介绍有关辐射度学的基本概念。

1)辐射能

根据经典电磁理论,物质内部的带电粒子运动或旋转会发射或吸收电磁波,形成振动的电磁场,以振动电磁场的形式在空间传播能量,称电磁辐射能。辐射能用符号 Q 表示,单位为 J(焦耳)。辐射能 Q 是对辐射的一个总能量描述。

2)辐射功率

辐射功率是指整个辐射源在单位时间内向整个空间发射的辐射能。用符号 P 表示,有时也称为辐通量 ϕ,其单位为 W(瓦),数学表达式为

$$P = \lim_{\Delta t \to 0}\left(\frac{\Delta Q}{\Delta t}\right) = \frac{\partial Q}{\partial t} \quad (\text{W}) \tag{3-1}$$

3)辐出度

辐出度是指辐射源在其表面某点处的微面元 dA 向半球空间发射的辐射功率 dP,则 dP 与 dA 之比就是辐射源在该点处的辐射出射度,简称辐出度。它表征辐射源表面所发射的辐射功率 P 沿表面的分布情况,是辐射源单位表面积上向空间发射的辐射功率,用符号 M 表示。其数学表达式为

$$M = \lim_{\Delta A \to 0}\left(\frac{\Delta P}{\Delta A}\right) = \frac{\partial P}{\partial A} = \frac{dP}{dA} \quad (\text{W/cm}^2) \tag{3-2}$$

式中 A——辐射源的发射面积。

4) 辐射强度

对于点源而言，辐射强度是在给定方向的立体角 $d\Omega$ 内，辐射功率 dP 除以该立体角，是点源某个方向上一定空间内辐射功率 P 的度量，以符号 I 表示，单位为 W/sr（瓦每球面度）。数学表达式为

$$I = \lim_{\Delta\Omega=0}\frac{\Delta P}{\Delta \Omega}=\frac{\partial P}{\partial \Omega} \tag{3-3}$$

式中 Ω——空间立体角（sr）。

5) 辐射亮度

辐射亮度用来描述面辐射源辐射功率在空间的分布情况，在面辐射源 A_S 某点处取一微小面积元 ΔS，该面积元向半球空间发射辐射功率 ΔP，因而在与该面元 ΔS 的法线成 θ 角方向上取一微小立体角 $\Delta \Omega$ 内发射的辐射功率为 $\Delta(\Delta P) = \Delta^2 P$，在 θ 方向上所观测到的辐射源表面积为 $\Delta A_\theta = \Delta A_S \cdot \cos\theta$，定义面辐射源 A_S 上某点在 θ 方向上的辐射亮度 L 为

$$L = \lim_{\substack{\Delta A_\theta \to 0 \\ \Delta \Omega \to 0}} \frac{\Delta^2 P}{\Delta A_\theta \Delta \Omega}=\frac{\partial^2 P}{\partial A_\theta \partial \Omega}=\frac{\partial^2 P}{\partial A_S \partial \Omega \cos\theta} \tag{3-4}$$

辐射亮度 L 的单位为 W/(sr·m²)（瓦每球面度平方米）。辐射亮度表征扩展源在某方向上单位投影面积向单位立体角内发射的辐射功率，即辐射源单位面积上的辐射强度为

$$L = \frac{\partial\left(\frac{\partial P}{\partial \Omega}\right)}{\partial A_\theta}=\frac{\partial I}{\partial A_\theta} \tag{3-5}$$

6) 辐照度

辐照度是指被照射物体表面单位面积上接收到的辐射功率。设被照射表面上某位置 X 处附近的小面积 ΔA 接收到的辐射功率为 ΔP，则辐射度数学表达式为

$$E = \lim\left(\frac{\Delta P}{\Delta A}\right)\bigg|_{\Delta A \to 0}=\frac{\partial P}{\partial A} \quad (\text{W/cm}^2) \tag{3-6}$$

7) 光谱辐射量

在红外辐射测量时，通常只关注物体在某一特定谱段内的辐射能量，而通常用于辐射测量的传感器也只能对特定谱段内的辐射能量产生响应。光谱辐射量就是在一段很窄的波长范围内测量的辐射量。

光谱辐射通量 P_λ 表示辐射源在一定波长上每单位波长间隔内的辐射通量。其表达式为

$$P_\lambda = \lim_{\Delta\lambda \to 0}\frac{\Delta P}{\Delta \lambda}=\frac{\partial P}{\partial \lambda} \tag{3-7}$$

3.2.1.2 辐射定律

本小节将在初步认识红外辐射基本性质和度量标准的基础上，从辐射能量的产生、分布和传递几个方面介绍红外辐射遵循的基本定律，所介绍的基本定律在整个电磁辐射波谱范围内都是适用的。

1) 普朗克辐射定律

经典物理中，维恩公式在短波段与实验符合得较好；瑞利-金斯公式在长波段与实

验曲线相吻合。德国物理学家普朗克（M. Planck）从这两个公式中得到启发，依据熵对能量二阶导数的两个极限值（分别由维恩公式和瑞利-金斯公式确定）内推，并用经典的玻耳兹曼统计取代了能量按自由度均分原理，得出一个能够在全波段范围内很好反映实验结果的普朗克公式，即

$$M_B(\lambda, T) = \frac{c_1}{\lambda^5} \cdot \frac{1}{e^{c_2/(\lambda T)} - 1} \tag{3-8}$$

式中：$c_1 = 2\pi hc^2 = 3.7415 \times 10^8 \text{W} \cdot \mu\text{m}^4 \cdot \text{m}^{-2}$；

$c_2 = hc/k_B = 1.438 \times 10^{-2} \mu\text{m} \cdot \text{K}$，$h$ 称为普朗克常量，$h = 6.63 \times 10^{-34} \text{J} \cdot \text{s}$。

图 3-2 中给出了由普朗克公式得到的 $M_B(\lambda, T)$-λ 曲线。

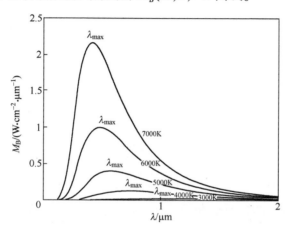

图 3-2 普朗克曲线

在长波段，由于 λ 较大，$\exp\left(\dfrac{hc}{\lambda k_B T}\right) \approx 1 + \dfrac{hc}{\lambda k_B T}\exp\left(\dfrac{hc}{\lambda k_B}\right)$，则普朗克公式转化为瑞利-金斯公式。在短波段，由于 λ 很小，因此可以忽略普朗克公式分母中的 1，则普朗克公式可以转化为维恩公式。

然而普朗克尝试经典物理中所有的理论和方法推导这个公式均以失败告终，为此，普朗克引入能量子假设：对于频率为 ν[①] 的谐振子，其辐射能量是不连续的，只能取最小能量 $h\nu$ 的整数倍，即

$$\epsilon_n = nh\nu \tag{3-9}$$

式中 n——量子数，$n=1$ 时的能量 $\epsilon = h\nu$ 称为能量子；

h——作用量子，它是最基本的自然常量之一，体现了微观世界的基本特征。

2) 维恩位移定律

1893 年，维恩由经典电磁学和热力学理论得到了能谱峰值对应的波长 λ_m 与黑体温度 T 的维恩位移定律，即

$$\lambda_m T = a = 2897 \mu\text{m} \cdot \text{K} \tag{3-10}$$

维恩位移定理指出，当提高温度 T 时，M_λ 的峰值向 λ 减小的方向移动，如图 3-3

[①] 在量子力学中，一般习惯用 ν 表示频率；在电磁场中，一般习惯用 f 表示频率。本书各章节遵循该习惯。

所示。为了确定 M_λ 的峰值在 λ 处的值，在普朗克公式中，令 $dM/d\lambda=0$，则可得 $\lambda_m T = a = 2897\mu m \cdot K$，其中 a 是常数。这表明，辐射度 M_λ 的峰值对应的波长 λ_m 与 T 成反比。维恩位移定律表明，黑体辐射能力 $M_B(\lambda, T)$ 的最大值所对应的波长 λ_m 与温度 T 成反比，随温度 T 的升高，波长 λ_m 就向短波方向移动。这就是定律中"位移"的物理意义。

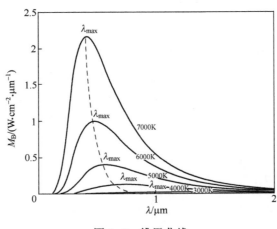

图 3-3　维恩曲线

根据维恩位移定理可以计算出不同物体辐射的峰值波长，辐射体的辐射度的大致分布是合理选择探测器的依据，将 $\lambda_m T$ 代入普朗克公式，则可以求出黑体光谱辐射度的峰值，即

$$M_{\lambda \max} = BT^5 \tag{3-11}$$

式中

$$B = c_1 a^{-5} (e^{c_2/u} - 1)^{-1} = 1.2867 \times 10^{-11}$$

式 (3-11) 称为维恩最大辐射度定律。

维恩位移定理说明的物理意义是，当温度提高以后，物体所发出的辐射能大部分 (M_λ 曲线下的面积) 来自于频率较高、波长较短的波段。

3) 斯忒藩-玻耳兹曼定律

斯忒藩-玻耳兹曼定律揭示了辐射度随温度的增加而迅速增加的变化规律。1879年，斯忒藩 (J. Stefan) 从实验总结出一条黑体辐射度与温度关系的经验公式。1884年，玻耳兹曼把热力学和麦克斯韦电磁理论综合起来，从理论上也导出了相同的结果，该公式所反映的黑体辐射规律称为斯忒藩-玻耳兹曼定律，即

$$M_B(T) = \sigma T^4 \tag{3-12}$$

式中　M_B——黑体总辐射度；

σ——斯忒藩-玻耳兹曼常量，$\sigma = 5.670 \times 10^{-8} W \cdot m^{-2} \cdot K^{-4}$。

将普朗克公式的波长从零到无穷大进行积分可推导出斯忒藩-玻耳兹曼定律，也可以得到整个波长上的辐射度 (全辐射度)，即

$$M_B(T) = \int_0^\infty M_B(\lambda \cdot T) d\lambda = \sigma T^4 \tag{3-13}$$

式 (3-13) 表明，黑体辐射的总能量与波长是无关的，仅与绝对温度的 4 次方成

正比，即黑体的温度有很小的变化时，就会引起其辐射度 M 很大的变化。

4) 朗伯余弦定律

前面介绍的 3 个基本定律描述了辐射能量产生的基本定律，揭示辐射能量在光谱上的分布规律。朗伯余弦定律将揭示辐射能够在空间上的分布规律。

红外辐射源往往不是定向辐射的，且通常其辐射能在空间上也不是均匀分布的，这就给辐射能量的计算带来了很大的困难。为了简化辐射能量计算的难度，在工程上往往采取一定的近似，引入了一种理想的漫射体，其辐射能量在半球空间均匀分布，辐射亮度 N 是一个与方向无关的常数，这种理想的漫射体称为朗伯漫射体。

根据上述推导，可以得出朗伯漫射体的辐射强度与辐射亮度满足下式，即

$$dJ = N\cos\theta dA \propto \cos\theta \tag{3-14}$$

即朗伯漫射体的单位表面积向空间某一方向 θ 单位立体角内辐射的辐射功率和该方向与表面法线夹角的余弦成正比，这就是朗伯余弦定律。朗伯漫射体仅是一个理想模型，它要求在半球空间的辐射都是均匀的。事实上，许多辐射源只是在一定的空间范围内满足朗伯漫射特性。

3.2.2 经典物理大厦的崩塌

在 19 世纪末，经典物理学理论已经发展到相当完备的阶段，力学、热力学、电磁学及光学都已经建立了完整的理论体系，在应用上也取得了巨大成果，其主要标志是物体运动速度远小于光速情况下严格遵守牛顿力学；电磁场传播中遵守麦克斯韦方程组；光传播现象遵守光的波动理论；热现象则有热力学和统计物理理论。

在当时看来，物理学的发展似乎已达到了巅峰。1900 年，英国著名物理学家开尔文在题为"在热和光的动力理论上空的 19 世纪乌云"演讲中，把迈克尔逊所做的以太漂移实验的零结果比作经典物理学晴空中的第一朵乌云，把与"紫外灾难"相联系的能量均分定理比作第二朵乌云。他满怀信心地预言："对于在 19 世纪最后 1/4 时期内遮蔽了热和光的动力理论上空的这两朵乌云，人们在 20 世纪就可以使其消散。"当时普遍认为在已经基本建成的科学大厦中，后辈物理学家只要做一些零碎的修补工作就行了。然而，正当物理学界沉浸在满足的欢乐中时，在实验上陆续出现了一系列重大发现，如固体比热容、黑体辐射、光电效应、原子结构等。这些新现象都涉及物质内部的微观过程，用已经建立起来的经典理论解释显得苍白无力。特别是关于黑体辐射的实验规律，运用经典理论得出的瑞利-金斯公式，虽然在低频部分与实验结果符合得比较好，但是随着频率的增加，辐射能量单调地增加，在高频部分趋于无穷大，即在紫色一端发散。这一情况被埃伦菲斯特称为"紫外灾难"。对迈克尔逊-莫雷实验所得出的"零结果"更是令人费解。实验结果表明，根本不存在以太漂移。这引起了物理学家的震惊，反映出经典物理学面临着严峻的挑战。这两件事被当时物理学界称为在物理学晴朗天空的远处还有两朵小小的、令人不安的乌云。

在 20 世纪之交的年代里，物理学处于新旧交替的阶段。这个时期，是物理学发展史上不平凡的时期。20 世纪初，新现象、新理论如雨后春笋般不断涌现，物理学界思想异常活跃，堪称物理学的黄金时代。这些新现象与经典理论之间的矛盾，迫使人们冲破原有理论的框架，摆脱经典理论的束缚，在微观、超大尺度探测理论方面探索新的规

律，建立新的理论体系。历史发展表明，19世纪末物理学界上空的那两朵乌云最终由量子论和相对论的诞生而拨开了。

3.2.3 黑体辐射理论对量子理论发展的影响

在经典力学体系中，能量的吸收和释放是连续的，物质可以吸收任意大小的能量。维恩公式、瑞利-金斯公式等黑体辐射定律的发现，使经典物理体系面临前所未有的挑战。1900年才华横溢而又保守谨慎的德国物理学家普朗克（Max Planck，1858—1947）为解决黑体辐射问题，大胆地提出了一个革命性的思想：电磁振荡只能以"量子"的形式发生，量子的能量E和频率ν之间有一确定的关系，即$E=h\nu$，h为一自然的基本常数。普朗克假定黑体以$h\nu$为能量单位不连续地发射和吸收频率为ν的辐射，而不是经典理论所要求的那样可以连续地发射和吸收能量。在1900年底，用一个能量不连续的谐振子假设，按照玻耳兹曼的统计方法，推出了黑体辐射公式，普朗克解决了黑体辐射问题并提出能量子假说。1926年薛定谔在普朗克的量子理论体系上建立了量子理论的基本方程，即薛定谔方程，从而开辟了量子力学的伊始。

普朗克的能量子概念，是近代物理学中最重要的概念之一，在物理学发展史上具有划时代的意义。自从17世纪以来，"一切自然过程都是连续的"这条原理，似乎被认为是天经地义的。莱布尼兹和牛顿创立的无限小数量的演算，微积分学的基本精神正体现了这一点；而普朗克的新思想与经典理论相违背，它冲破了经典物理传统观念对人们的长期束缚，这就为人们建立新的概念、探索新的理论开拓了一条新路。在这个假设的启发下，许多微观现象得到了正确解释，并在此基础上建立起一个比较完整的，并成为近代物理学重要支柱之一的量子理论体系。量子力学中的光量子假说为激光的世界打开了一扇崭新的大门，从美国休斯顿实验室用红宝石发射出了世界上的第一束激光以来，激光成为继原子能、计算机、半导体之后，人类的又一重大发明。激光探测技术作为现代探测技术中的重要技术手段，将在本书第4章进行详细介绍。

3.2.4 红外探测器的技术发展

由于红外辐射是不可见的，要探测它的存在、测量它的强弱，首先就必须把它转换成某种可以测量的物理量，而红外探测器就是完成这样的任务：把红外辐射信号转换成可以测量的其他物理量。

在红外辐射最初发现之后的30多年里，由于缺乏灵敏的探测器件，人们对红外辐射的认知一直比较肤浅。1821年，Thomas Johann Seebeck发现了热电效果；此后不久，1829年，Leopoldo Nobili创建了第一个热电偶；1835年，Nobili与Macedo Nio Melloni建造了一个由多个热电偶组成的热电堆，并使用其建造了一个简易的探测系统，可以感应到10m内的人。1878年，Samuel Pierpont Langley发明了第一个辐射热计/热敏电阻。这种辐射-热探测器对温度差异非常敏感，达到了万分之一摄氏度，这使深入研究红外光谱中的太阳辐照度成为可能。正是这些早期的红外探测器所获得的定量测量数据，人们才逐渐确立了红外辐射的基本规律，进而带动了红外探测技术的发展。

1917年，美国人Case研制出第一支硫化铊光电导红外探测器，为现代红外探测器的发展指出了方向。第二次世界大战期间，德国军队敏锐地看到红外探测技术在军事领域的应用前景，秘密研制了硫化铅（PbS）光电导型红外探测器，这是第一代红外探测器的代表，它对约 3μm 的红外波长敏感。第二次世界大战后半导体技术的发展进一步推动了红外技术的进步，先后出现了 PbTe、InSb、HgCdTe、Si 掺杂、PtSi 等探测器。早期研制的红外探测器存在波长单一、量子效率低、工作温度低等问题，大大限制了红外探测器的应用。1959 年英国 Lawson 发明碲镉汞（HgCdTe）三元红外探测器，红外探测器由此呈现出蓬勃发展的局面。到 20 世纪 60 年代末，三元化合物单元红外探索器基本成熟，其探测率已经接近理论极限水平。这刺激了红外探测器寻找其他的发展方向。继 20 世纪 70 年代出现多元线列红外探测器之后，80 年代英国又研制出一种新颖的扫积型碲镉汞红外探测器（SPRITE 探测器），它可以将探测功能和信号延迟、叠加及电子处理功能合为一体。到 20 世纪 90 年代，真正符合第二代红外探测器标准的产品逐渐正式推出。例如，Xenics 开发的短波红外 InGaAs 探测器，其光谱范围分别为 0.4～1.7μm、0.9～1.7μm、1.0～2.2μm 和 1.0～2.5μm。近年来，红外焦平面阵列（FPA）技术的研究已成为各国的发展重点，这也是第三代红外探测器的发展方向。第三代 FPA 包含比第二代多几个数量级的像素元素以及更优越的片上特性，可在芯片上封装成千上万个探测器，同时又能在焦平面上进行信号处理，因此可用它制成凝视型红外系统。目前，美国、法国、德国、英国等已经研制出各种规格的扫描型和凝视型焦平面阵列，如法国 SOFRADIR 公司与 CEA-LETI 合作开发的 1280×1024 元碲镉汞中波红外探测器，可满足超高的分辨率和一定的经济性；美国的硅衬底碲镉汞红外探测器是当前公开文献报道中性能最好的，美军已将其广泛应用于飞机预警、导弹警戒和天基红外（导弹预警卫星）系统（SBIRS）中。至今，红外探测技器已经进入第四代，第四代红外探测系统相比于前几代增添了新的特性，如美国陆军项目中通过开发适用于大幅面、小像素、高性能冷却双频红外焦平面阵列（IRFPA）的 3DROIC 架构来推进当前的红外技术。现在红外探测器技术已发展到相当高的水平，近、中、远红外单元探测器的性能已达到或接近背景限的理论水平。

3.2.5 红外成像基本原理

在红外探测器发展的基础上，红外热成像技术一直是红外探测技术最活跃的领域。任何绝对温度高于 0K 的物体都发射红外光，由于人眼无法直接感受红外光，因此必须把目标的红外图像转变为可见光图像。能够把景物因温度和发射率不同而产生的红外辐射空间分布转换成视频图像的技术，统称为红外成像技术。实现这个过程的红外热成像的设备称为红外热成像系统，目前主要有两种典型的红外成像方式——红外光机扫描成像和红外凝视成像。

3.2.5.1 红外光机扫描成像

红外成像系统通常由光学系统、扫描机构、红外探测器（制冷器）、信号处理系统、输出显示器及同步机构等构成，如图 3-4 所示。其中，把空间图像转化为按时序变化的电信号的过程就称为扫描。

光机扫描热成像的原理如图 3-5 所示，其工作过程如下：

（1）单元探测器与景物空间单元区域一一对应。

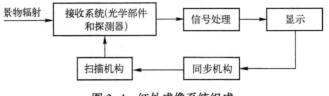

图 3-4　红外成像系统组成

（2）光机扫描部件做俯仰和方位的偏转，即图中镜面摆动反射，单元探测器所对应的景物空间区域也在俯仰和方位上"移动"，可见光机扫描偏转角的大小决定了扫描空间观察范围。

（3）探测器经过每一个像素点时，完成光电转换，形成潜像，同时电荷积累，经放大后输出与该点辐射度成比例的电流。

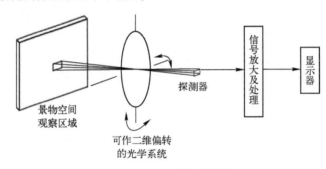

图 3-5　光机扫描热成像原理

光机扫描成像系统的特点：探测器相对总视场只有较小的接收范围，由光学部件做机械运动来实现对景物空间的分角度探测。为提高效能，常将多个探测器并联或串联起来使用，形成了并扫或串扫两种基本模式。

红外扫描系统对目标进行扫描时，具有周期性，成像的过程与 3.2.5.2 小节红外凝视系统成像过程有很大不同，主要体现在扫描系统所成的一幅图像远比凝视系统的一幅图像大得多，而且为了合成这样大的图像，采用了一种线扫的形式，即成像是以一条 N 元（N 为图像列数）线阵为基本单元，当系统以等时间间隔扫过空间相邻几个区域范围时，会将探测到的目标成像到某个列，行的位置则要根据这个区域扫过的顺序来确定。

3.2.5.2　红外凝视成像

用红外探测器阵列覆盖所要求的俯仰和水平视场的成像方式，叫作红外凝视成像。凝视型的红外成像系统可以完全省掉光机扫描结构。根据使用探测器工作原理的不同，主要分为电子扫描和固体自扫描两种成像方式。

各种电子摄像管类的探测器，如光导摄像管、热释电摄像管等，均可采用电子扫描成像系统；而固体自扫描则是将光电变换、光电信号存储和扫描输出 3 个组成部分集成于一个半导体器件内。下面以图 3-6 为例进行说明，使用热释电探测器制作的靶面成像装置，其工作过程如下：

（1）景物空间的整个观察区域全部成像在像管的靶面上。

(2) 图像信号通过电子束检出，只有电子束触及的那一小单元区域才有信号输出。

(3) 偏转线圈控制电子束在靶面上扫描，这样便能依次摄取整个观察区域的图像信号。

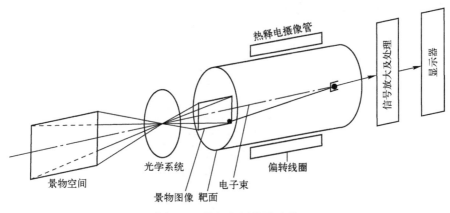

图 3-6　热释电摄像管成像

电子扫描成像系统的接收系统虽然能全部观察到整个景物图像，但要通过电子束扫描去分割景物，所以称为电子束扫描成像。

红外凝视系统对目标进行观测时，是按照一定的时间间隔也就是帧频进行快速连续地照相，其结果就是在映射到理想成像面上的平面轨迹上等时间间隔地取值，形成平面数据。

3.3　红外光学系统

红外光学系统本质上是一个光学-电子系统。它的基本功能是将接收到的红外辐射转换成为电信号，并转换成感兴趣的量。例如，通过测定物体的红外辐射大小，确定物体的温度等。红外探测系统核心是红外探测器，红外探测器引领并制约着红外探测技术的发展。

3.3.1　红外光学系统的基本概念

红外光学系统是包括景物红外辐射、大气传输以及红外仪器的整体。红外光学系统的研究内容为分析计算景物的红外辐射特征量以及这些量在大气中传输时的衰减状况；根据使用要求设计适用的红外仪器。其中红外仪器最基本的功能是接收景物的红外辐射，测定其辐射量大小以及景物的空间方位，进而计算出景物的辐射特征；探测能力和探测精度是红外仪器的两个基本特性，它们由仪器的结构参数决定，同时也受仪器外部及内部的噪声和干扰制约。红外仪器的基本结构如图 3-7 所示。红外仪器取得景物方位信息的方式有两种：一种是调制工作方式；另一种是扫描工作方式。框图中的环节 M 为调制器或扫描器。若红外装置采用调制工作方式，则环节 M 为调制器；若红外装置采用扫描方式工作，则环节 M 为扫描器。调制器的作用是调制景物的红外辐射，以确定被测景物的空间方位，调制器还配合取得基准信号，以便送到信号处理系统作为确定景物空间方位的基准；扫描器用来对景物空间进行扫描，扩大观察范围及对景物空间进行分割，进而确定景物的空间坐标或摄取景物图像，同时扫描器也向信号处理系统提供基准信号及扫描空间位置同步信号以作信号处理的基准及协调显示。红外探测器一般都是用于测角，无法给出距离的精确信息。

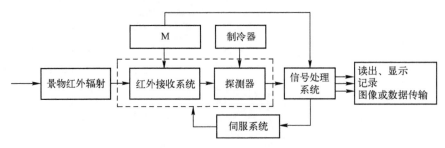

图 3-7　红外仪器组成框图

3.3.2　典型红外光学系统

红外光学系统有多种分类方法。按功能，可分为测辐射热计、红外光谱仪、搜索系统、跟踪系统、测距系统、警戒系统、通信系统、热成像系统和非成像系统等；按工作方式，可分为主动系统和被动系统、单元系统和多元系统、光点扫描系统和调制盘扫描系统、成像系统和非成像系统等；按应用领域，可分为军用系统和民用系统等。

红外光学系统在工业、农业、交通、科学研究、国防等部门应用十分广泛，主要应用于搜索、探测和跟踪等任务中。

3.3.2.1　红外搜索系统

搜索系统是以确定的规律对一定空域进行扫描以探测目标的系统。当搜索系统在搜索空域内发现目标后，即给出一定形式的信号，标示出发现目标。搜索系统经常与跟踪系统组合在一起而成为搜索跟踪系统，要求系统在搜索过程中发现目标以后，能很快地从搜索状态转换成跟踪状态，这一状态转换过程又称为截获。搜索系统就扫描运动来说，与方位探测系统中的扫描系统完全相同，但搜索系统要求瞬时视场比较大，测量精度可以低些。

图 3-8 是一般的红外搜索跟踪装置的组成框图，其中虚线框内为搜索系统，点画线框内为跟踪系统。搜索系统由搜索信号发生器、状态转换机构、放大器、测角机构和执行机构组成；跟踪系统由方位探测器、信号处理器、状态转换机构、放大器和执行机构组成。图中的方位探测器和信号处理器一起组成方位探测系统，该方位探测系统可以是调制盘系统、十字叉系统或扫描系统。

状态转换机构最初处于搜索状态，搜索信号发生器发出搜索指令送到执行机构，带动方位探测系统进行扫描。测角元件输出与执行机构转角成比例的信号，该信号与搜索指令相比较，比较后的差值去控制执行机构，执行机构的运转规律随着搜索指令而变化。

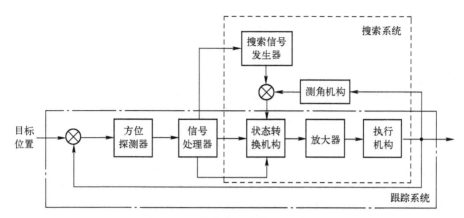

图 3-8 红外搜索跟踪装置组成框图

3.3.2.2 红外探测系统

探测系统是用来探测目标并测量目标的某些特征量的系统。

根据功用及使用的要求不同,探测系统大致可以分为 5 类:①辐射计,用来测量目标的辐射量,如辐射能通量、辐射强度、辐射亮度及发射率等;②光谱辐射计,用来测量目标辐射量的光谱分布;③红外测温仪,测量辐射体的温度;④方位仪,测量目标在空间的方位;⑤报警器,用来警戒一定的空间范围,当目标进入这个范围内时,系统发出报警信号(灯或警钟)。其他如气体分析仪、水分测定器、油污分析器等都是利用红外光谱或辐射量的分析做成的仪器,基本上可归于①和②类。森林探火、火车热轴检测基本上属于测温仪。

光学系统、探测器及信号放大器是探测系统最基本的组成部分。光学系统所汇聚的辐射能,通过探测器转换成为电信号,放大器把电信号进一步放大。在此基础上,若把辐射能进行一定的调制,加上环境温度补偿电路及线性化电路等,即可以做成测温仪。若把光学系统所会聚的辐射能进行位置编码,使目标辐射能中包含目标的位置信息,这样由探测器输出的电信号中也就包含了目标的位置信息,再通过方位信号处理电路进一步处理,即可得到表示目标方位的误差信号,这便是方位探测系统的基本工作原理。

不同类型的红外探测系统,它们在结构组成、工作原理等方面都有很多相同之处,往往在一种探测系统的基础上,增加某些元器(部)件,扩展信号处理电路的某些功能后,便可以得到另一种类型的探测系统。因此,只要深入理解某些有代表性的探测系统的工作原理,就不难理解其他类型的探测系统。

3.3.2.3 红外跟踪系统

跟踪系统用来对运动目标进行跟踪。当目标运动时,便出现了目标相对于系统测量基准的偏离量,系统测量元件测量出目标的相对偏离量,并输出相应的误差信号送入跟踪机构,跟踪机构便驱动系统的测量元件向目标方向运动,消除其相对偏离量,使测量基准对准目标,从而实现对目标的跟踪。

红外跟踪系统包括方位探测系统和跟踪机构两大部分。方位探测系统由光学系统、调制盘(或扫描元件)、探测器和信号处理电路 4 部分组成。有时把方位探测系统（除信号处理电路外）与跟踪机构组成的测量头统称为位标器。根据方位探测系统的类型不同，跟踪系统又可分为调制盘跟踪系统、十字叉跟踪系统和扫描跟踪系统。

跟踪系统的结构形式需根据系统的基本要求确定，主要有跟踪角速度及角加速度、跟踪范围、跟踪精度和系统误差特性。例如：要求跟踪角速度大的系统，要求跟踪机构输出功率也大，往往采用电动机作跟踪机构；要求跟踪精度高的系统，往往采用无盲区的调制盘或十字叉探测系统。

3.3.3 红外探测器

红外探测器是红外探测系统中的核心元件。从本质上而言，红外探测器在红外探测的整个环节中相当于一个能量转换器。任何温度高于绝对零度的物体都会产生辐射，红外探测器的主要任务就是测定红外辐射的强弱，并将之转化为其他形式的能量形式，方便后续的应用。在多数情况下，红外探测器都是将红外辐射能转化为电能，或者其他形式的可测量物理量，如电压、电流或者所用探测材料的一些物理属性。随着科技的进步，半导体材料、工艺技术和器件得到不断发展，目前已经出现诸多结构新颖、灵敏度高、响应快、品种繁多的红外探测器。

3.3.3.1 红外探测器分类

红外传感器是将红外辐射能转化为电能的一种光敏器件，通常被称为红外探测器，红外探测器的性能依赖于制备它的材料，所用材料越优良，红外探测器性能越好。如图 3-9 所示，根据不同的分类方式，可将红外探测器划分为不同种类。根据不同探测机理，可分为热探测器和光子探测器；根据不同的工作温度，可将红外探测器分为低温探测器、中温探测器和室温探测器；根据不同的结构和用途，可将红外探测器分为单元探测器、多元阵列探测器和成像探测器；根据不同响应波长范围，可分为近红外探测器、中红外探测器和远红外探测器。

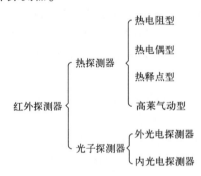

图 3-9 红外探测器按探测机理分类

1) 热探测器

热探测器是指探测器受到红外辐射之后，其敏感元件会随之产生温度变化，可以根据测量传感器的温度变化，获得红外辐射强度信息。根据产生热量变化的方式不同，热探测器可以分为热敏电阻、热电偶、热释电探测器及气体探测器 4 种。

（1）热敏电阻。热敏电阻在受到红外辐射之后，其温度会发生变化，进而改变电阻值。一般情况下，热敏电阻的阻值变化量与所吸收的红外辐射成正比关系，利用热敏电阻作为敏感元件所制成的热探测器就是利用这一性质，通过测量热敏电阻的阻值获得测量环境下红外辐射的辐射强度。

（2）热电偶。将两种不同的金属或半导体细丝（也可以是薄膜结构）连成一个封闭环，当其中一个接头受热引起温度变化后，会在两个接头之间形成温差，这时环内就会因为两头的温差产生电动势，这一现象称为温差电现象。利用温差电现象制成的温感元件被称为温差电偶（热电偶）。根据已知的温差变化引起电动势强弱规律，通过测量产生的电动势大小获得红外辐射强度，就是热电偶制成红外传感器的机理。事实上，由于半导体材料制成的热电偶相比利用金属制成的热电偶具有灵敏度高、快速响应等优点，半导体热电偶的适用范围更加广泛，常被用来作为红外辐射的接收元件。将若干个热电偶串联在一起则称为热电堆。

（3）热释电探测器。某些晶体如三甘肽 TGS、钽酸锂 $LiTaO_3$、铌酸锶钡 $Sr_{1-x}Ba_xNb_2O_6$ 等，受到红外辐射温度升高，在某一晶轴方向上能够产生电压，而产生的电压大小与受到的红外辐射功率成正比。因此，可以通过测量产生电压的大小获得被测环境下的红外辐射强度，热释电探测器就是利用这一原理制成的。

（4）气体探测器。由于自然界的物质普遍存在热胀冷缩的性质，而气体受温度变化所引起的体积变化最为明显。因此，在保证收置气体的容器封闭且容积固定的情况下，气体吸收红外辐射引起气体温度发生变化，从而导致容器内压强变化，而压强的变化量与气体吸收的红外辐射功率成正比，因此可以通过测量容器内的压强变化获得测量环境下的红外辐射强度。利用气体的这一性质所制成的红外探测器也就称为气体探测器。高莱管是最为常用的一种气体探测器。

除了上述 4 种常见的热探测器外，还有一些利用金属丝的热膨胀、液体薄膜的蒸发等物理现象所制成的热传感器，这里不再详细介绍。

热探测器是依据辐射产生的热效应，热效应响应只依赖于吸收的辐射功率，与辐射的光谱分布无关。理论上，热探测器对一切波长的红外辐射都具有相同的响应，但是实际上对不同波长的红外辐射响应往往是不同的，这是因为热探测器敏感面的吸收率可能在某一光谱区间较低。此外，热探测器响应速度的快慢决定于热探测器热容量的大小和热迁移的快慢。减少热容量，增加热迁移，可以加快器件的响应速度。

2）光子探测器

与热探测器受红外辐射会产生温度变化不同，光子探测器（通常为半导体材料）受到红外辐射之后，其自身的电子状态发生改变，材料的电学性质会发生变化，从而引起电学现象，这些吸收红外辐射之后产生的电学性质变化引起的电学现象统称为光子效应。随着红外辐射强度的不同，可以通过测量传感器产生光子效应所引起的电学属性变化，获得红外辐射强度信息。根据敏感元件产生电学现象的机理不同，光子探测器可以分为光电子发射探测器、光电导探测器、光伏探测器及光磁电探测器 4 种。

（1）光电子发射探测器。当光照射在某些金属、金属氧化物和半导体材料表面时，如果光子所具有的能量 $h\nu$ 足够大，就有可能使材料被照射的表面发射电子，这种现象称为光电子发射。利用光电子发射制成的器件称为光电子发射器件，如光电管和光电倍增管。其中光电倍增管的时间常数非常短（响应非常快），只有几毫微秒，因而在激光通信中，常采用特制的光电倍增管作为探测元件。大部分光电子发射器件只对可见光起作用，而用于红外区域的光电阴极有 S-1(Ag-O-Cs)光电阴极、S-20(Na-K-Cs-Sb)光电阴极。S-1 的光电阴极响应长波限为 1.2μm，属于近红外光电阴极；S-20 的光电阴极响应长波限为 0.87μm，基本上属于可见光的光电阴极。

（2）光电导探测器。半导体材料在吸收能量足够大的光子后，有些电子和空穴能从原来不导电的束缚状态转变到导电的自由状态，使材料的导体电导率增大，这种现象称为光电导效应。利用半导体光电导效应制成的红外探测器叫作光电导探测器（简称 PC 器件）。目前，它是种类最多、应用最广的一类光子探测器。光电导探测器可分为单晶型和多晶薄膜型两类。单晶型的光电导器件可再分为本征型和掺杂型两种。本征型主要有适用于 3~5μm 区间的 InSb、8~14μm 的 HgCd(77K)和 PbSnTe(77K)，掺杂型主要有适用于 8~14μm 区间的 Ge:Hg(38K)以及长波限分别为 30μm 的 Ge:Cu(4K)、Ge:Cd(4K)和 7μm 的 Ge:Au(60K)。薄膜型的光电导器件较少，常见的有适用于 1~3μm 近红外波段的 PbS 和适用于 3~5μm 中红外波段的 PbSe。

（3）光伏探测器。在半导体的 P-N 结（P-I-N 结或金属半导体接触区）及其附近在吸收能量足够大的光子之后，能够释放少数载流子（自由电子和空穴）。它们在结区外靠扩散进入结区，在结区中则受到结内静电场作用，电子漂移到 N 区，空穴漂移到 P 区。于是当 N 区和 P 区处于开路状态时，两端会产生电压，这种现象叫作光伏效应。利用光伏效应制成的红外探测器称为光伏探测器（简称 PV 器件）。常见的室温下对 1~3.8μm 波段有响应的 InSb，对 3~5μm 波段有响应的 InSb(77K)，对 8~14μm 波段有响应的 HgCdTe(77K)和 PbSnTe(77K)。如果在 P-N 结或 P-I-N 结上加一个反向偏压，当结区域吸收了能量足够大的光子后，反向电流就会增加，这种情况类似于光电导现象，但实际上它是光伏效应引起的，这实际上就是半导体光电二极管，常见的有硅光电二极管。

（4）光磁电探测器。半导体表面吸收光子后，产生的电子-空穴对要向体内扩散，在扩散过程中，因受到横向磁场的作用，电子、空穴各偏向一侧，因而产生电位差，这种现象称为光磁电效应。利用光磁电效应制成的探测器称为光磁电探测器（简称 PEM 器件）。目前制成的光磁电探测器主要有 InSb、InAs 和 HgTe 等。光磁电探测器实际应用很少。因为对于大部分的半导体，不论在温室还是在低温下工作，这一效应的本质使它的响应率比光电导探测器的响应率低，光谱响应特性与同类光电导或光伏探测器相似，但由于工作时必须加入磁场，使用不便。

光电子发射属于外光电效应，光电导、光生伏特和光磁电 3 种属于内光电效应。光子探测器能否产生光子效应，决定于光子的能量。入射光子能量大于本征半导体的禁带宽度 E_g（或杂质半导体的杂质电离能 E_d 或 E_a）就能激发出光生载流子。入射光子的最大波长（也就是探测器的长波限）与半导体的禁带宽度 E_g 关系为

$$h\nu_{\min} = \frac{hc}{\lambda_c} \geq E_g \tag{3-15}$$

$$\lambda_c \leq \frac{hc}{E_g} = \frac{1.24}{E_g} \quad (\mu m) \tag{3-16}$$

式中 λ_c——光子探测器的截止波长；
　　c——光在真空中的传播速度；
　　h——普朗克常数；
　　E_g——半导体的禁带宽度（eV）。

3.3.3.2 红外探测器的主要性能参数

红外探测器的性能好坏可以用一些性能参数来表示，这些参数又称为红外探测器的性能参数。除了探测器的性能参数外，还需要加上其他总成部分的参数，就可以确定整个红外探测系统的性能指标。讨论红外探测器的性能参数还需要首先考虑其工作条件。

1) 主要工作条件

红外探测器的性能参数与工作条件有关，探测器的工作条件主要有以下几个方面。

（1）输入辐射的光谱分布。很多探测器对不同波长红外辐射的响应是不一样的，因此在描述探测器的性能参数时一般需要给出入射辐射的光谱分布。如果入射辐射是黑体辐射，则需要给出黑体的温度；如果入射是单色光源，则需要给出单色光的波长。如果入射辐射通过了相当距离的大气层和光学系统，则需要考虑大气和光学系统所造成的影响；如果入射辐射经过调制，一般需要要给出调制频率分布，当放大器通频带很窄时只需给出调制的基频与幅值。

（2）工作温度。很多探测器（特别是半导体红外探测器），其输出信号、噪声和器件电阻等参数信息都与工作温度具有紧密的关系，因此在描述探测器的性能参数时给出工作温度十分必要。目前常见的工作温度有室温（296K 或 300K）、干冰（升华）温度（194.6K）、液氧沸点（90K）、液氮沸点（77.3K）、液氖沸点（27.2K）、液氢沸点（20.4K）以及液氦沸点（4.2K）。

（3）电路的频率范围。由于探测器的响应频率与探测器的频率有关，探测器的噪声与频率、噪声等效带宽有关，所以在描述探测器的性能时应给出探测器的工作频率和放大器的噪声等效带宽。

（4）光敏面积及形状。器件的信号和噪声都与光敏面的形状和大小有关，不同光敏面积和形状的同一类探测器的性能指标（如探测率等）存在明显的差异，所以必须注明探测器光敏面的面积和形状。

（5）探测器的偏置条件。光电探测器的响应率和噪声，在一定直流偏压范围内随着偏压呈线性变化，但是当偏压超出这一线性范围时，响应度随偏压的增加缓慢增加，而噪声则随着偏压的增加迅速增大。因而在说明探测器性能时，有必要给出其偏置条件。

（6）特殊工作条件。对于某些特殊的探测器，其性能参数还与特殊的工作条件有关。如薄膜探测器非密封工作要注明湿度，以光子噪声为主要噪声的探测器要给出视场立体角和背景温度，对非线性响应（入射辐射产生的信号与入射辐射功率不成线性关系）的探测器要注明入射辐射功率。

2) 主要性能指标

探测器的性能指标可分为实际指标与参考指标两种。实际指标是指对每个实际探测器直接测量出来的指标；参考指标则是对某类探测器折合到标准条件时的指标值。下面列举的探测器指标中,除了探测率 D 外,都是实际性能指标,即它们都是针对个别探测器而言的。D 则是参考性能指标,它是对某类探测器而言的。必须指出,在论述探测器的性能指标时,还必须包括若干有关测定这些指标的条件。

(1) 响应率。探测器的信号输出均方根电压 U_s(或均方根电流 I_s)与入射辐射功率均方根值 P 之比称为探测器的响应率,也就是投射到探测器上的单位均方根辐射功率所产生的均方根信号(电压或电流),称为电压响应率 R_v(或电流响应率 R_i),即

$$R_v = \frac{U_s}{P} \quad \text{或} \quad R_i = \frac{I_s}{P} \tag{3-17}$$

式中:R_v 的单位为 $V \cdot W^{-1}$;R_i 的单位为 $A \cdot W^{-1}$。响应率表征探测器对辐射响应的灵敏度。

(2) 噪声电压。探测器具有噪声,噪声和响应率是决定探测器性能的两个重要参数。噪声与放大器的噪声等效带宽的平方根成正比。为了便于比较探测器噪声的大小,常采用单位带宽的噪声 $U_n = U_N/\Delta f^{1/2}$。

(3) 噪声等效功率。入射到探测器上经正弦调制的辐射功率 P 所产生的均方根电压 U_s 正好等于探测器的均方根噪声电压 U_N 时,这个辐射功率称为噪声等效功率,以 NEP(或 P_N)表示,即

$$\text{NEP} = P\frac{U_N}{U_s} = \frac{U_N}{R_v} \tag{3-18}$$

按上述定义,NEP 的单位为 W。也有将 NEP 定义为入射到探测器上经正弦调制的辐射功率 P 所产生的电压 U_s 正好等于探测器单位带宽的均方根噪声电压 $U_N/\Delta f^{1/2}$ 时,这时的辐射功率被称为噪声等效功率,即

$$\text{NEP} = P\frac{U_N/\Delta f^{1/2}}{U_s} = \frac{U_N/\Delta f^{1/2}}{R_v} \tag{3-19}$$

(4) 探测率。引入探测率 D,它定义为 NEP 的倒数,即

$$D = \frac{1}{\text{NEP}} = \frac{U_s}{PU_N} \tag{3-20}$$

探测率 D 表示辐照在探测器上的单位辐射功率所获得的信噪比。这样,探测率 D 越大,表示探测器的性能越好,在对探测器的性能进行相互比较时,用探测率 D 比用 NEP 更合适些。NEP 的单位为 W^{-1}。黑体探测率用 D^* 表示。

(5) 光谱响应。功率相等的不同波长的辐射照在探测器上所产生的信号电压 U_s 与辐射波长 λ 的关系叫作探测器的光谱响应(等能量光谱响应)。

光子探测器的光谱响应,有等量子光谱响应和等能量光谱响应两种。

图 3-10 是光子探测器和热探测器的理想光谱响应曲线。从图中可以看出,光子探测器对辐射的吸收是有选择的(图 3-10 的曲线 A),所以称光子探测器为选择性探测器;热探测器对所有波长的辐射都吸收(图 3-10 的曲线 B),因此称热探测器为无选择性探测器。实际的光子探测器的等能量光谱响应曲线(图 3-11)与理想的光谱响应曲线有差异。

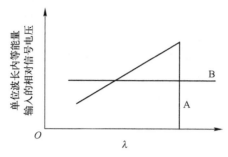

图 3-10　光子探测器和热探测器的理想光谱响应曲线

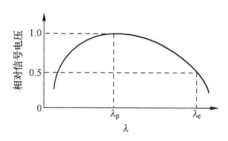

图 3-11　光子探测器的实际光谱响应曲线

（6）响应时间。探测器的响应时间（也称时间常数）表示探测器对交变辐射响应的快慢。如图 3-12 所示，这个上升或下降的快慢反映了探测器对辐射响应的速度。

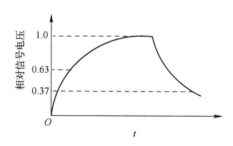

图 3-12　探测器对辐射的响应

探测器受辐照的输出信号遵从指数上升规律。即在某一时刻以恒定的辐射照射探测器，其输出信号 U_s 按下式表示的指数关系上升到某一恒定值 U_0，即

$$U_s = U_0(1-e^{-t/\tau}) \tag{3-21}$$

式中　τ——响应时间（时间常数）。

当 $t=\tau$ 时，$U_s = U_0(1-e^{-t/\tau}) = 0.63 U_0$。

除去辐照后输出信号随时间下降，即

$$U_s = U_0 e^{-t/\tau} \tag{3-22}$$

当 $t=\tau$ 时，$U_s = U_0/e = 0.37 U_0$。

（7）频率响应。探测器的响应率随调制频率变化的关系称为探测器的频率响应。大多数探测器，响应率 R 随频率的变化（图 3-13）如同一个低通滤波器，可表示为

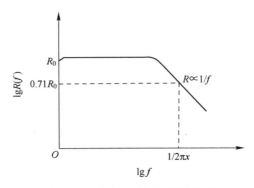

图 3-13 响应率的频率依赖关系

$$R(f) = \frac{R_0}{(1+4\pi^2 f^2 \tau^2)^{1/2}} \qquad (3-23)$$

式中　R_0——低频时的响应率；

$R(f)$——频率为 f 时的响应率。

3.3.3.3　红外探测器的使用和选择

红外探测器是红外系统的主要部件。依照前面所述，一般将红外探测器分为热探测器和光子探测器。定性来说，热探测器是依靠敏感材料受到红外发射而改变温度，并随着温度变化产生相应的物理变化，通过获得材料物理变化的参数信息获得红外辐射强度。而光子探测器则是由于材料的敏感面受到红外照射后电子态发生改变引起光子效应，通过测定这些光子效应的强弱测定红外辐射强度。

基于光电效应的光子探测器，在受到特定频率的红外线辐射后能够瞬时产生光电子，一般系统响应时间为纳秒级；基于热电效应的热探测器，在受到红外辐射后需要升温过程，响应时间为毫秒级，两类探测器在响应时间上相差多个量级。同时，光电效应的激发只需要特定频率辐射，对辐射强度没有要求；热电效应则只在辐射达到一定强度后才能产生可以准确测量的材料物理性质变化，因此制冷在探测率、噪声等效温差等反应灵敏度的指标上同样大幅优于非制冷。

两类探测器应用不同的敏感材料，对应不同工作温度，因此光子型探测器也称为制冷型探测器，热探测器则称为非制冷型探测器。基于不同的物理原理，近年来两类探测器都发展出了多种性能各异的敏感材料。光子探测器的各类敏感材料中，碲镉汞应用最广泛，量子阱（QWIP）、量子点、超晶格材料近年来也都在快速发展。上述敏感材料一般工作于低温环境，如适用于中波段的碲镉汞材料有效工作温度为 200K（-73℃），当探测器制冷到 77K 时，该材料的响应波段才能延伸到 3~5μm，只有接近绝对零度光谱效应才能超过 8μm，因此光子型探测器需要配置制冷器，也称其为制冷型探测器。而制冷器的应用也决定了制冷型探测器的体积大、功耗大、寿命短。在热探测器的敏感材料中，氧化钒和非晶硅应用最广泛。

制冷型探测器由于敏感材料成本高、使用波段窄、制冷系统成本高等原因，使用成本大幅高于非制冷型探测器。制冷型探测器的主要敏感材料如碲镉汞和新型量子材料在制备过程中难以生长、成品率低，导致价格高于非制冷型探测器的常用敏感材料。制冷型不同材料稳定可测的光电效应只集中在部分波段内，导致普通制冷型适用波段较窄，不同波段的探测任务需要使用多个制冷型探测器或是价格更为昂贵的多波段制冷型探测器。非制冷型探测器的响应是温升变化，与频率无关，因此单一热探测器能够基本覆盖完整红外波段，完成各波段探测任务。制冷型探测器的制冷器要求快速制冷、性能稳定、可靠性高，因此制造成本相对较为高昂。

两者的性能比较如下：

（1）热探测器一般在室温下工作，不需要制冷；大多数光子探测器必须工作在低温条件下才具有优良的性能。工作于 $1\sim3\mu m$ 波段的 PbS 探测器主要在室温下工作，但适当降低工作温度，性能会相应提高，在干冰温度下工作性能最好。

（2）热探测器对各种波长的红外辐射均有响应，是无选择性探测器；光子探测器只对短于或等于截止波长红外辐射才有响应，是有选择性的探测器。

（3）热探测器的响应率比光子探测器的响应率低 1~2 个数量级，响应时间比光子探测器长得多。

为了使红外系统具有优良的性能，对红外探测器的一般要求是：①要有尽可能高的探测率，以便提高系统灵敏度，保证达到所要求的探测距离；②工作波段最好与被测目标温度（热辐射波段）相匹配，以便接收尽可能多的红外辐射能；③为了使系统小型轻便化，探测元件的制冷要求不能高，最好能采用常温探测元件；④探测器工作频率要尽可能高，以便适应系统对高速目标的检测；⑤探测器本身的阻抗须与前置放大器相匹配。

在具体选用探测器时要依据以下原则：①根据目标辐射光谱范围来选取探测器的响应波段；②根据系统温度分辨率的要求来确定探测器的探测率和响应率；③根据系统扫描速率的要求来确定探测器响应时间；④根据系统空间分辨率的要求和光学系统焦距来确定探测器的接收面积。

3.3.3.4 红外传感器 CCD 和 CMOS 的优缺点

通常红外焦平面阵列（IRFPA）的读出电路（readout integrated circuit，ROIC）和信号处理电路集成在同一硅片上，常用的两种工艺为 CCD 和 CMOS。

CCD 成像器的特点是，有着非常高的集成性，图片的读取速度也很快，但是它噪声比较大，再加上 CCD 图像传感器的集成度比较高，内部各元件的距离很近，所以会相互干扰，对相机的成像质量造成一定的影响。

面阵 CCD 成像器件包括帧转移、隔列转移和帧行转移等结构，如图 3-14 所示，由纵横矩阵排列而成，每个成像单元由光敏元和相应移位寄存器组成。当光敏元将光信号转换为电信号存于势阱中时，由移位寄存器向输出端按位转移，经输出电路电荷/电压转换并放大输出信号。

CMOS 成像器件将光敏元、放大器、A/D 转换器（ADC）、存储器及数字信号处理器等全都集成在一个硅片上，如图 3-15 所示。每个 CMOS 成像单元都有自己的缓冲放大器，可以被单独选址和读出，这一点和 CCD 的信号读出方式截然不同。

CMOS 成像器的特点是体积小、重量轻，使用时的功耗较小，性能比较稳定，寿命也比较长，有很好的抗冲激和抗震动效果。而且其灵敏度较高，噪声较小，反应速度也很快，对图像处理后，图像的变形量较小，不会出现残相。CMOS 的结构比较简单，它比 CCD 的反应更加快、更加省电，生产成本较低，适合大规模的集成生产，很多低档入门级相机都会选择 CMOS 芯片。普通的 CMOS 的分辨率和成像效果是比较差的，但高端一些的 CMOS 的成像效果并不会比 CCD 低多少。

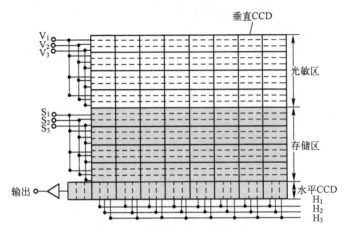

图 3-14　CCD 帧转移结构示意图

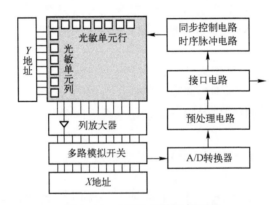

图 3-15　CMOS 成像器件原理

CCD 的优势在于成像质量比 CMOS 好；但缺点也很明显，它的工艺太过复杂，能够掌握其技术的厂商少之又少，所以价格较高，尤其是一些大型 CCD 元件，价格非常昂贵。

与其他电磁波波段探测相比，红外探测有以下优点：环境适应性优于可见光，尤其是在夜间和恶劣天气下的工作能力强；隐蔽性好，一般都是被动接收目标的信号（被动式），比雷达和激光探测安全且保密性强，不易被干扰；由于是利用目标和背景之间的温差和发射率差形成的红外辐射特性进行探测，因而识别伪装目标的能力优于可见光；与雷达系统相比，红外系统的体积小、重量轻、功耗低。缺点：容易受各种热源干扰；被动红外穿透力差，人体的红外辐射容易被遮挡，不易被报警器接收；易受射频辐射的干扰；环境温度和人体温度接近时，探测和灵敏度明显下降，有时造成短时失灵。红外探测与可见光探测，两者都可以被动接收信号，安全保密性强，但是探测距离有限，对于较远目标很难识别。

3.3.3.5 目前主流红外探测器产品

根据焦平面阵列工作单元光电转换过程中应用物理原理的不同，红外探测器可分为光子探测器和热探测器。根据探测器是否需要制冷，分为制冷型探测器和非制冷型探测器，非制冷探测器目前主要是非晶硅和氧化钒探测器，制冷型探测器主要包括碲镉汞三元化合物、量子阱红外光探测器、Ⅱ类超晶格等。

对几种常用的光子型焦平面红外探测器介绍如表 3-1 所列。

表 3-1 几种常用的光子型焦平面红外探测器比较

常见探测器	优 点	缺 点
HgCdTe 探测器	本征吸收、带隙可调、高探测率、高量子效率、高响应速率、低功耗、低暗电流	HgCdTe 薄膜均匀性差，带来探测率和探测波长的不确定性，缺陷密度较高，成品率较低，机械强度较差，衬底昂贵且面积小
Ⅱ类超晶格探测器 InAs/InGaSb	本征吸收、较大的带隙调节范围、高探测率、可吸收正入射光、高吸收系数、高量子效率	分子束外延生长工艺技术不够成熟、暗电流较高、衬底价格较高且质量不如 GaAs 材料
量子阱红外探测器 GaAs/AlGaAs	带隙可调、大面积均匀性好、成熟的Ⅲ/Ⅴ族半导体工艺、高成品率、低成本、高响应速率、抗辐射	非本征吸收、量子效率低、暗电流较高、不吸收正入射光
量子点红外探测器 InAs/GaAsQDs	响应垂直入射，工作温度高，响应光谱可调，暗电流低	量子点均匀性难以保证、量子效率低、吸收区域薄

国外焦平面红外探测器的生产厂商主要分布在美国、英国、法国、德国、日本及以色列等国，比较典型的公司有美国 Raythen 公司、美国 NorthropGrumman 公司、法国 Sofradir 公司等。表 3-2 列出了目前国外典型的焦平面红外探测器性能指标。美国 Raythen 公司已研制出双波段 HgCdTe 红外焦平面阵列探测器，以升级第三代现有地基和机载战术系统。有关非制冷型探测器，Raythen 正在与美国国防部高级研究计划局、陆军夜视和电子传感器局合作研发 2048×1536 非制冷焦平面阵列。

表 3-2 国外公司典型的焦平面红外探测器性能指标

探测材料	阵列规模	像素尺寸/μm	光谱范围/μm	操作温度/K
VO_x	640×480	28×28	8~14	300
InGaAs	650×512	25×25	0.4~1.7	300
Si：As	2048×2048	18×18	5~28	7.8
Si：AsBIB	320×240	50×50	2~28	4~10
InSb	1024×1024	15×15	3~5	77
HgCdTe	4096×4096	15×15 10×10	1.0~5.4	37
HgCdTe	1280×1024	15×15	3.4~7.8	77~100
HgCdTe	640×512	15×15	8~9	40
HgCdTe	640×512	16×16	8~10	90

国内研制焦平面红外探测器主要研究机构有上海技术物理研究所、昆明物理研究所、国防科技大学、南京理工大学等单位。焦平面红外探测器产业化发展迅速，国内已有多家企业具有生产制冷型或非制冷型焦平面红外探测器的能力，其所生产的典型产品指标如表3-3所列。近年来，国内已建有具有自主知识产权的8英寸$0.25\mu m$非制冷红外探测器生产线，新型氧化钒800×600高分辨力非制冷焦平面红外探测器及Ⅱ类超晶格红外探测器短波、中波和长波产品均已面世。总体来看，国产焦平面红外探测器的制造能力正在迅速提高，不仅实现了从衬底、外延、芯片、封装到制冷机的自主设计和研发，也实现了从材料到组件的全国产化。

表3-3 国内焦平面红外探测器典型产品指标

探测器类型	材料	阵列规模	像元间距/μm	光谱范围/μm	噪声等效温差
非制冷型	非晶硅	640×480	25	8~14	≤60mK($F/1$, 50Hz, 300K)
	非晶硅	400×300	25	8~14	≤40mK($F/1$, 50Hz, 300K)
	氧化钒	400×300	17	8~14	≤60mK($F/1$, 50Hz, 300K)
制冷型	碲镉汞	640×512	15	3.7~4.8	≤18mK($F/2$, $T_1=20℃$, $T_2=35℃$)
	Ⅱ类超晶格	320×256	30	3.7~4.8	≤13mK($F/2$, $T_1=20℃$, $T_2=35℃$)
	Ⅱ类超晶格	320×256	15	7.4~10.5	≤25mK($F/2$, $T_1=20℃$, $T_2=35℃$)

3.4 红外探测技术的应用

红外探测技术是研究红外辐射的产生、传输、转换探测及应用的一种高新技术，经过几十年的发展，红外探测技术已经渗透到日常生活的方方面面[19]。

3.4.1 红外技术在军事上的应用

3.4.1.1 红外侦察

红外侦察设备大致可以分为地（水）面、空中和空间3类，产品主要包括红外照相机、红外扫描仪、红外望远镜、红外热像仪和主动式红外成像系统等。

第二次世界大战中，军用侦察机采用红外假彩色照相取得了明显的侦察效果。但红外胶片仅能敏感$0.9\mu m$以下的红外辐射，且保存困难。20世纪60年代以来，红外侦察设备主要采用红外扫描照相机，以后又采用热像仪。红外扫描照相机是一种将目标和背景图像通过光机扫描-光电-电光转换后，使其照在可见光胶片上成像的设备。20世纪60年代，这类设备的角分辨率仅为0.5mrad（在1000m高空可区分开0.5m的间距）。20世纪80年代初多数采用点源探测系统，迎头探测飞机的距离为20km，尾追约100km；观测主动段战略导弹的距离大于1000km，红外跟踪头与经纬仪和激光雷达配合，可用于靶场测量。

地面红外侦察设备有红外热像仪和主动式红外夜视仪两种,而潜艇一般采用红外潜望镜,该类潜望镜具有伸出水面迅速扫描一周,收回后再显示观察的功能;水面舰船可借助红外探测跟踪系统,监视敌方飞机和舰船的入侵。

照相侦察卫星携带红外成像设备可获得更多地面目标的情报信息,能识别伪装目标并在夜间对地面的军事行动进行监视,如图 3-16 所示。导弹预警卫星利用红外探测器可探测到导弹发射时发动机尾焰的红外辐射,并发出警报为拦截来袭导弹提供一定的预警时间。美国由于国防支援计划系统在性能上难以满足日益增长的弹道导弹防御需求,于 1995 年提出发展天基红外系统,如图 3-17 所示。天基红外系统的基本目标是完善对战略弹道导弹的预警能力,扩展对战术弹道导弹的预警能力,目前,天基红外系统由 4 颗地球静止轨道(GEO)卫星和 4 颗高地球轨道(HEO)卫星载荷组成,洛克希德·马丁公司正在制造第 5 颗和第 6 颗 GEO 卫星。GEO 卫星主要用于探测和发现处于助推段的弹道导弹,提供导弹发射及主动段的非成像红外数据并预测导弹落区。HEO 卫星载荷将系统的预警覆盖范围扩展到地球南、北两极。天基红外系统卫星搭载双色高速扫描型红外探测器和高分辨率凝视传感器,能够穿透大气层,在导弹刚一点火就探测到其发射,可对目标进行精确跟踪,定位精度约 1km,可在导弹发射后 10~20s 内将预警信息传给预警指挥控制中心。

图 3-16　红外视场下的坦克图像

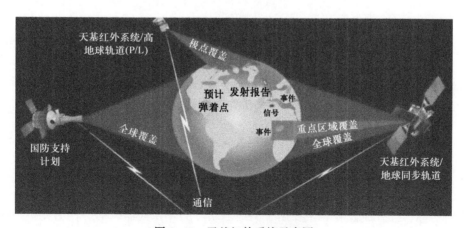

图 3-17　天基红外系统示意图

空中侦察是指利用有人或无人驾驶的侦察机（含直升机）挂载红外相机、红外扫描装置等设备对敌方军队及其活动、阵地、地形等情况进行侦察与监视，如图3-18所示。为应对搭载红外瞄准系统的防空系统，越来越多的空中资产或战斗单位使用导弹预警系统（MWS）、照明弹和定向红外对抗措施（DIRCM）的组合来保卫自己。

图3-18 搭载红外相机的直升机

3.4.1.2 红外制导

20世纪50年代中期，美、英、法等国相继研制成功响尾蛇、火光和马特拉等第一代红外制导的空空战术导弹。导弹的红外导引头采用非制冷硫化铅探测器，工作波段为1~3μm。它只能对敌机作尾追攻击，易受阳光干扰。随着红外技术的发展，红外制导系统日益完善。20世纪60年代以后，在3个大气窗口都相继有了可供实用的红外系统，攻击方式从尾追发展到全向攻击，制导方式也有了全红外制导（点源制导和成像制导）和复合制导（红外/电视、红外/无线电指令、红外/雷达）。

1) 红外点源制导

红外点源制导是把目标视为一个点源红外辐射体，使用红外接收设备接收目标红外辐射，经聚焦和光电转换，解析出导弹飞行控制信号，制导导弹飞向目标，主要应用于空空和地空导弹。如图3-19所示，美国"响尾蛇"（SideWinder）系列空空导弹即为这种制导体制的典型代表，几十年来在提高制导精度和灵敏度、加强抗干扰能力、扩大攻击目标范围等方面不断研究改进，在多次空战中创造了令人瞩目的战绩，现在空战中仍在应用。红外点源寻的制导，设备简单、造价低，但是灵敏度低、精度差、易受干扰。

2) 红外成像制导

红外成像制导是红外成像设备接收由于目标体表面温度分布及与背景的差异而形成目标体的热图。信息处理器对目标热图进行处理与分析，给出导弹飞行控制信号，控制导弹飞向目标，红外成像制导主要用于高级自动寻的导弹武器。第一代为光机扫描红外成像制导，是使用单元或多元阵列红外探测器通过二维或一维的光机扫描成像，其代表武器型号为美国投资32亿美元研制的"小牛"（Mavcrik）AGM-65D空地反坦克导弹和 AGM-65F 反舰导弹，如图 3-20 所示。第二代红外成像制导称为凝视型红外成像制导技术，是用高性能的焦面阵（FPA）红外探测器组成的红外成像器对目标凝视成像。美国的反坦克导弹，即坦克破坏者（TankBrcaker）采用 64×64 元焦面阵长波红外凝视成像制导。美国海军最新装备的 AGM-84"斯拉姆"（SLAM）空射巡航导弹末端采用红外凝视成像制导。从技术发展和应用效能等角度看，凝视红外成像制导无疑将是今后精确制导武器重要的技术发展方向。

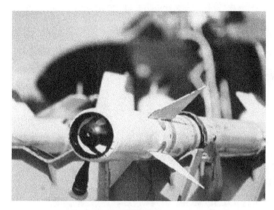 

图 3-19 "响尾蛇"导弹弹头　　　　　图 3-20 "小牛"空地反坦克导弹

3.4.1.3 红外对抗

应用红外对抗技术可使对方红外探测和识别系统的功能大大下降，甚至不起作用。对抗措施可归结为规避和欺骗两类。规避是利用伪装器材，将军事设施、武器装备等隐蔽起来，使对方探测不到己方的红外辐射源。伪装器材主要有红外伪装网和防红外涂料，20 世纪 80 年代初期，它们仅能在 $1\sim3\mu m$ 波段起作用，仅能对付某些红外照相机和扫描仪，但对红外热像仪却无能为力。欺骗是用与自身红外辐射波长相似但更强烈的辐射源，诱开对方的红外探测系统，这种主动对抗装置有红外诱饵和干扰机。前者如曳光弹、燃油箱等，后者是一种加调制的强红外源，如图 3-21 所示。它们多装在飞机和军舰上，用以引开来袭的红外制导导弹。这种主动对抗装置，直到 20 世纪 80 年代中期还难以对付在 $8\sim12\mu m$ 波段工作的红外系统。为抵消红外对抗技术的作用，现代红外系统又采取了反对抗措施，如采用双色技术和多模跟踪技术等。

图 3-21 飞行器放出大量假目标进行红外对抗

3.4.2 红外技术在民用上的应用

3.4.2.1 医药领域

红外辐射在理疗中被广泛采用,常用来治疗如关节炎、腰肌劳损、扭伤等疾病。其作用机理主要是红外辐射的热效应,红外辐射可穿透人体浅表部位(约几毫米甚至1cm有余),促进血液循环,加快新陈代谢;利用热辐射光谱可以对医学样本进行光谱分析并分析样本中的元素成分;利用红外技术还可以对人体进行红外热像图成像,通过观察热像图可以完成对某些疾病的诊断,目前热像图主要用于乳腺癌的诊断,在其他疾病诊断方面也有了突破性的研究;利用红外激光治疗技术在肿瘤切割、碎石、止血等疾病的治疗上取得了良好的疗效,而且避免了常规手术给病人带来的痛苦,也缩短了治疗时间。图3-22所示为红外偏振光治疗仪。

3.4.2.2 农业领域

红外技术在农业上的应用主要是近红外(NIR)技术,NIR作为一种分析手段,可以测定有机物以及部分无机物。这些物质分子中化学键结合的各种基团(如C=C、N=C、O=C、O=H、N=H)的伸缩、振动、弯曲等运动都有它固定的振动频率。当分子受到红外线照射时,被激发产生共振,同时光的能量一部分被吸收,测量其吸收光,可以得到极为复杂的图谱,这种图谱表示被测物质的特征。不同物质在近红外区域有丰富的吸收光谱,每种成分都有特定的吸收特征,这就为近红外光谱定量分析提供了基础。但由于每一物质有许多近红外吸收带,某一成分的吸收会与其他成分的吸收发生重组,因此当测定某一复杂物质,如豆饼中的粗蛋白质时,在所选择的近红外光谱区会受到水、纤维、油吸收的干扰。

图3-22 红外偏振光治疗仪

近红外分析技术的最早应用可追溯到1939年,真正用于农产品实用分析技术是20世纪60年代的KarlNorris。由于光学、计算机数据处理技术、化学光度理论和方法等各种科学技术的不断发展,以及新型NIR仪器的不断出现和软件版本的不断翻新,近红外分析技术研究内容不断增多,测定的成分越来越多;范围不断拓宽到谷物产品、食品、饲料、油脂工业等领域。此外。NIR还应用在农产品特征检测中,包括果实损伤检测、果实识别以及植物生长信息测定等方面。

3.4.2.3 工业领域

红外技术在隧道岩溶探测与预测中的应用,对于隧道的岩溶探测,特别是在隧道的工作面,目前还没有有效的方法。传统的探地雷达方法耗时长,而且探测距离短、精度低。考虑到地质灾害的主要来源是水,在隧道中引入了红外探测技术。岩层会向外辐射红外线。同时,岩层内部的地质信息以红外辐射场强度变化的形式传递。

在安防领域,红外探测技术得到深化发展。一旦入侵者进入探测区域内,红外探测器就能检测并感知人体的存在或移动,再通过微处理器处理并发出报警信息。红外探测器可用在需要防护的围墙、草坪、室内和其他空间区域。它使用和安装方便,能够和其他探测器结合使用,安全性、可靠性、经济性好,是目前民防产品的主要选择。

如图 3-23 所示，在森林防火领域，我国普遍采用"人防+技防"手段，红外探测技术得到长足进步。在国内景区、森林火灾报警装置中，红外火灾探测器是火灾报警系统的重要部件和传感机构。倘若发生火灾，火灾的特征物理量，如温度、烟雾、气体和辐射强度，被转换成电信号，并且报警信号将被立即发送到火灾监控中心。

图 3-23　红外热成像技术在森林防火监控中的应用

3.5　红外探测技术的应用前景和未来展望

随着红外技术的高速发展，红外仪器在最小可探测辐照度、定位跟踪精度、抗干扰能力和智能化能力方面要求越来越高。探测器技术也不断迭代进步：从单元发展到多个线性阵列，再到区域阵列；从信号调制机制发展到扫描机制；从单视场发展到可变视场；从简单信息发展到多信息融合处理，这些都已经成为红外探测技术的最新发展趋势。

3.5.1　红外探测高分辨化

高分辨率是未来红外探测技术的主导发展趋势，高分辨率的红外辐射探测可以有效提高对目标判断的准确性，这种形式的红外探测技术的发展对军事领域的发展意义深远。一般情况下，通过超分辨率技术、变焦距光学系统以及新型焦平面阵列这 3 种技术的叠加应用，可达到提升红外探测器分辨率的目的。其中，变焦距光学系统的应用较为广泛，借助变焦距系统的实践应用，可以根据实际需要实现对红外成像大小、远近的调整，具有较强的灵活性和实用性。

3.5.2　红外探测多光谱化

当前的红外探测技术虽然应用广泛，但是也十分容易受到激光的干扰，影响红外探测器的工作效率和质量，而多光谱技术的实践应用显然可以对激光干扰起到有效的抵抗作用。因此，科研人员在不断提升红外探测技术水平的同时，积极适应当前红外探测技术多光谱化的发展趋势。未来提高红外导引头的光谱分辨率有两种途径：一是采用能够同时输出多光谱图像数据的焦平面阵列探测器,目前比较成熟的是双色面阵红外探测器;二是采用能够分时输出多光谱图像数据的宽光谱探测器+谱段选择器。红外焦平面阵列技术已由单像元单色发展到双色,并向三色、四色的方向发展。同时采用雷达、红外、紫外、激光等技术的综合型复合光电探测器系统,并不断拓展其响应频谱范围,降低虚警率和提高多传感器数据融合能力,才能满足未来行业发展的需要[20]。

3.5.3 红外探测低成本化

红外探测技术在很大程度上依赖于红外探测器。传统的红外探测器价格高昂,使它们难以推广到民用领域。低成本、高质量成为红外探测技术发展的重要导向之一,实现低成本化是大势所趋。

3.5.4 红外探测新技术

目前,各种红外伪装及对抗红外探测技术的发展,推动红外偏振探测等新技术在快速发展当中。自然界的电磁波在偏振度上有许多不同之处,相比于自然物体,人造物体具有较高的偏振度,这种发现为红外偏振探测新技术的进一步发展和完善提供了可行性,从而推动红外偏振探测技术的发展。

红外探测新技术发展的另一个焦点就是与红外焦平面相关的光电物理新效应。例如,以碲镉汞材料为主要研究对象的窄带半导体物理已获得很好的发展,直接支撑了以碲镉汞为代表的红外焦平面技术;而基于半导体微结构、纳米结构的工程物理也正在快速发展,有力地推进了以量子阱探测器及其他量子器件为代表的新一类焦平面技术的发展;以光电物理为基础的新型红外探测应用材料与物理研究也在近年变得十分活跃。

第4章 激光探测技术

激光具有高亮度、高方向性、高单色性、高相干性等优越的特性,使激光探测成为近程目标探测的主要手段之一,近年来在军用和民用领域都受到了广泛青睐。激光探测技术因其自身特性,抗干扰能力良好,可以与无线电探测技术形成互补,已成为现代探测系统中的重要技术手段之一。

4.1 激光探测技术发展历程

自1960年美国人Maiman发明世界上第一台红宝石激光器以来,科学家们就开始对脉冲激光进行研究[21]。20世纪70年代初,美军开始装备部队的0.694μm红宝石激光测距机是最早问世的军用激光雷达。由于其工作波长属于红色可见光,极易暴露目标,加上效率低、体积和重量大、耗电多、对人眼极不安全等缺点,很快便被Nd:YAG激光测距机取代。1976年美国陆军电子司令部和RCA公司采用Nd:YAG激光器成功研制了AN/GVS-5激光测距机,激光波长为1.06μm,脉冲宽度为5000μs,脉冲能量为10mJ,作用距离为200~10000m,测距精度为10m。由于其成本低、体积小、重量轻等优点,20世纪70年代末到80年代中,Nd:YAG激光测距机进入大批量生产和广泛应用阶段,目前美军装备量已扩大到陆、海、空三军。Nd:YAG激光测距机主要缺点:对人的眼睛损伤较大,全天候测距能力低,兼容性差等。1976年挪威也研制出LP7Nd:YAG激光测距样机,1978年装备于军队,脉冲宽度为10000μs,光脉冲能量为5mJ,作用距离为200~9000m,测距精度为10m。

20世纪80年代,美国针对Nd:YAG激光测距机的缺点,发展了新一代安全CO_2激光测距机,工作波长是10.6μm。目前,世界上战术性能先进的主战坦克,已经装备了CO_2激光测距机。如美国的M1A1/M1A2、韩国的88式、英国的"挑战者"2等。同时,各国纷纷开展1.5μm波长新一代人眼安全的脉冲激光雷达研究工作。1.5μm激光波长具有以下优势:位于人眼最安全的波段;处于1.5~1.8μm的大气窗口,对烟、雾穿透能力强;目标与背景有较高的对比度,在相同条件下作用距离更远;对应于室温工作的Ge和InGaAs探测器的探测灵敏区,无须低温制冷。由于对人眼安全的强烈需求,使其备受军方青睐,迅速发展。自1994年以来,美国BIGSKY公司、Litton公司以及以色列光电工业公司等,先后研制出1.57μm人眼安全OPO测距机,具有代表性的是美国空军EGLIN公司研制的EiM10脉冲激光雷达,其主要性能为重复率30Hz、脉宽10.9ns、单脉冲能量35mJ。

20世纪80年代后期,随着激光二极管(LD)技术的日益成熟,开始应用于中、短程激光测距雷达中,它具有体积小和质量小、结构简单、使用方便、对人眼安全和造价低等一系列优点。国外自90年代就开始大力发展LD激光测距,目前LD激光测距在中、远程激光测距方面有取代 YAG 激光测距的趋势。1996 年美国 Bushnell 公司推出测距能力为 400 码、小型省电、轻便低价、对人眼安全的 LD 激光测距机，被评为 1997 年世界 100 项重要科技成果之一。1998 年美国 Tasco 公司研制出测距能力为 800m 的摄像机型 LaserSiteLD 测距机。1995 年以来，国际上对人眼安全的半导体激光测距技术发展十分迅速，已开展了波长在 800~900nm 范围内、峰值功率 10W、脉冲宽度 20~50ns、重复频率 10kHz、测量距离 10m~1km 无合作目标的激光测距机研究。美国林肯实验室和海军空战中心为其战区导弹防御系统研制的"门警"系统（gatekeeper）也采用了 IRST 加激光雷达的体制。其激光雷达采用 Nd:YAG 激光抽运的 KTP 光参量振荡器作辐射源，工作波长 $1.571\mu m$，脉冲能量 600mJ，脉宽 10ns，光束发散角 $20\mu rad$。直接探测方式，作用距离 100~1000km，测距精度为 1m，跟踪精度 $5\mu rad$。目前该系统正在试用，拟将其装备于 E-2C、S-3 和 E-3 预警机。2003 年 1 月美国发射了世界上首颗激光测高仪试验卫星，上面装载了地理科学激光测高系统（GLAS）。该项目由 Texas 州立大学牵头，联合美国国家航空航天局（NASA）和其他工业伙伴共同研发。地理科学激光测高系统的激光器为二极管抽运 Nd:YAG 调 Q 激光器，激光脉宽为 5ns，脉冲能量在 1064nm 为 75mJ、532nm 为 32mJ，光束发散角为 $110\mu rad$，接收望远镜孔径为 100cm，探测器为硅雪崩光电二极管，轨道高度为 598km，地面上的光斑半径为 66m，沿轨道激光光斑间隔为 170m。

国内脉冲激光雷达的研究始于 20 世纪 80 年代，经过几十年的发展，已取得了长足的进步。1998 年研制的 Nd:YAG 激光测距机，单脉冲输出能量 2~3mJ，脉宽 7.5ns，发散角为 0.68mrad，探测器采用 $800\mu m$ 的 Si-APD 器件，工作频率 16.2Hz，在 3km 的能见度下，实现了 3.39km 的测距，最大测程为 4.7km（5km 能见度）。1999 年，国内报道了工程型人眼"安全"CO_2 激光测距机，以小型封离式 TEA CO_2 激光器为光源。其单脉冲输出能量 30mJ，激光半峰全宽（FWHM）50ns，激光束散角 0.72mrad，接收视场 1mrad，测程范围 150m~7.4km，测距误差为 ±5m。

近几十年来，世界各国对于激光雷达技术在军事领域的研究不断深入，使激光雷达的发展理论日趋成熟，在军事上已用于弹道导弹防御、精密跟踪、制导、靶场测量、火控、振动遥测、侦察、水下探测等领域。国外从 20 世纪 90 年代开始大规模应用激光雷达技术，目前已渗透至测绘、文化产业、工业设计、能源、交通等多个领域，国内在测绘、文物保护等领域应用较多，其他领域处于科研、探索阶段。

4.2 激光探测基本原理

4.2.1 激光的基本概念

1) 电子跃迁

量子理论出现之前，人们认为电子是围着原子核乱飞的。虽然序数高的原子拥有更多电子，序数低的电子少。但是后来为了解释波粒二象性，薛定谔提出了薛定谔方程，引入了波函数。然后人们发现电子只能出现在特定的位置，也就是轨道原子核外电子只能在特定轨道上转动，即分离轨道。电子在不同轨道运动时，对应原子所处的状态也不同，原子的能量值也不同，即能级。分离轨道与能级之间——对应，电子在最内层轨道转动时，离原子最近，受原子束缚最强，这时电子也处于最稳定的状态，称为基态。基态外的电子所处状态称为激发态。电子跃迁就是指低能级的电子吸收光子超过了所在轨道的能级，而跳跃到离原子核更远的轨道上，但这样的电子不稳定，容易辐射光子而回落到原来的轨道，这部分放出的能量就表现为荧光。在两个能级间跃迁时吸收或辐射的光子频率由能量差决定，即

$$E_m - E_n = h\nu \tag{4-1}$$

式中　h——普朗克常数；
　　　ν——频率。

2）受激辐射

"发光"实际上就是电子从高能级往低能级跃迁回到基态辐射出来的。然而电子在从高能级回落到基态的过程中会因为回落的顺序不一样、相位不一致、偏振态不一样，导致发出的光并非激光，而是普通光（非相干光）。

1917年爱因斯坦从理论上指出，除自发辐射外，处于高能级 E_2 上的粒子还可以另一方式跃迁到较低能级。他指出，当频率 $\nu = (E_2 - E_1)/h$ 的光子入射时，也会引发粒子以一定的概率，迅速地从能级 E_2 跃迁到能级 E_1，同时辐射一群频率、相位、偏振态以及传播方向都相同的光子，这个过程称为受激辐射。大量原子处在稳定基态 E_1 上，当有一个频率 $\nu = (E_2 - E_1)/h$ 的光子入射，从而激励 E_1 上原子跃迁到 E_2 上，又从 E_2 回落到 E_1，产生受激辐射，将得到一群特征完全相同的光子。这种在受激辐射过程中产生并被放大的光就是激光。

激光：原子中的电子吸收能量后从低能级跃迁到高能级，再从高能级回落到低能级的时候，所释放的能量以光子的形式放出。被引诱（激发）出来的光子束（激光），其中的光子光学特性高度一致。原子受激辐射的光，名为激光。激光比普通光源单色性、方向性好，亮度更高。

3）粒子数反转

一般情况下，电子处于基态较多，而激发态较少，因此吸收光子多，辐射光子少，因此很难得到自然激光。为获取激光，必须实现粒子数反转。通过外界的热激励、化学激励、电激励，不断地把处于基态的电子激发到高能级，这个过程称为抽运。在保证外界激励高强度和高效率的情况下，才能保证高能级的粒子数大于低能级的粒子数，实现粒子数反转。

4）光学谐振腔

实现了粒子数反转后就能产生光放大。谐振腔的作用是选择频率一定、方向一致的光作最优先放大，而把其他频率和方向的光加以抑制。如图4-1所示，凡不沿谐振腔轴线运动的光子均很快逸出腔外，与激活介质不再接触。沿轴线运动的光子将在腔内继续前进，并经两反射镜的反射不断往返运行产生振荡，运行时不断与受激粒子相遇而产生受激辐射，沿轴线运行的光子将不断增殖，在腔内形成传播方向一致、频率和相位相同的强光束，这就是激光。为把激光引出腔外，可把一面反射镜做成部分透射的，透射部分成为可利用的激光，反射部分留在腔内继续增殖光子。光学谐振腔的作用有：①提供反馈能量；②选择光波的方向和频率。谐振腔内可能

存在的频率和方向称为本征模,按频率区分的称纵模,按方向区分的称横模。两反射镜的曲率半径和间距(腔长)决定了谐振腔对本征模的限制情况。不同类型的谐振腔有不同的模式结构和限模特性。

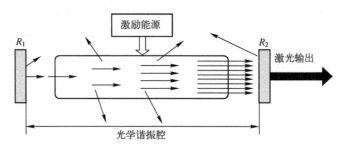

图 4-1 光学谐振腔的组成

4.2.2 激光探测方式

脉冲激光探测技术主要分为两大类,即相干探测和直接探测。两种探测方式各有优、缺点,在脉冲激光雷达中都得到广泛应用。

4.2.2.1 相干探测技术

相干探测响应光辐射的相干场,能够给出光波的振幅、频率和相位等信息。相干探测技术主要有 3 种方案,即零差探测法、补偿零差探测法和外差探测法。在零差探测法中,本振光和信号光的频率相同,混频后输出的差频频率为 $\omega_{IF}=\omega_L-\omega_S=0$,但是输出的振幅和相位含有信号光振幅和相位信息,亦即光混频器输出的中频电流振幅和相位信息都随信号光的振幅和相位信息而变化,其原理如图 4-2 所示。发射的光束在回程上与激光器发出的激光光束相混合,其时间比发射的激光要滞后 $2R/c$,故若激光源的输出为连续波激光,可采用零差探测方式。脉冲激光不适合这类探测,其理由是脉冲激光要保证足够的距离分辨率,脉冲宽度必须远小于 $2R/c$。当接收机接收到返回光束时,发射脉冲已经停止,已没有可供相干探测的本机振荡辐射光了。对于某些应用,激光雷达必须区分目标是前进还是后退。补偿零差探测法可以做出这样的分辨,如图 4-3 所示。补偿零差探测法同样多用于连续波激光雷达,不适合于脉冲激光雷达。

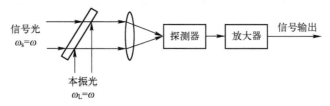

图 4-2 零差探测原理

外差探测法原理如图 4-4 所示,其本机振荡器是与发射激光器分开的,信号光的频率和本振光的频率不同。较零差工作方式有以下优点:发射激光器可以是连续波的,也可以是脉冲的;另外,频率补偿可以用一个外部频移器或两种激光器间的一个固定频率差来提供。外差探测法具有以下优点：有利于微弱光信号探测，可获得振幅、频率、相位信息，具有良好的滤波性能和较高的转换增益。但是外差探测法的空间准直要求苛刻，波长越短，空间准直要求就越苛刻。另外，还要求信号光和本振光具有高度的单色性和频率稳定性。如果频率漂移不能限制在一定范围内，则外差探测法的性能就会变坏。所以，在外差探测法中，需要采取专门的措施稳定信号光和本振光的频率。在光频波段要达到这样的光频稳定度非常困难，这也是外差探测法比零差探测法更为复杂的一个重要原因。

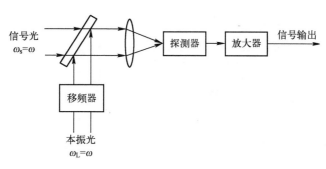

图 4-3　补偿零差探测原理

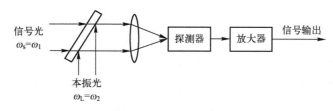

图 4-4　外差探测原理

4.2.2.2　直接探测技术

与相干探测技术相比，直接探测技术是一种简单、实用的探测方法，易于实现，可靠性高，成本较低，因而得到广泛的应用。直接探测系统原理如图 4-5 所示。直接探测技术只能得到信号光的振幅信息，无法得到信号的频率信息和相位信息。直接探测法不能改善信号的输入信噪比，与外差探测法相比，这是它的弱点。但它对于不是十分微弱的光信号探测则是很适宜的方法。为了提高直接探测技术的接收灵敏度，提高作用距离，在单脉冲直接探测的基础上提出了多脉冲探测技术，为微弱信号探测开辟了一条新的途径。多脉冲激光探测技术是在一个工作周期内发射出一列光脉冲，每一次探测处理的过程都由一个相对较大的系统时钟控制，保持发射、接收的同步性。在每一个系统周期内，每个脉冲序列中的每一个脉冲都对同一目标进行测量，相应回波中的每一个脉冲延迟都是相同的，具有相同的脉冲强度和距离信息。多脉冲激光探测系统通过积累回波信号提高信噪比，进而将淹没在噪声中的微弱信号检测出来。

图 4-5　直接探测原理

相对于单脉冲探测技术，多脉冲探测技术中信号处理要复杂很多。多脉冲探测技术处理分以下 3 步依次进行：脉冲串相关信号处理；波形匹配滤波；多帧信号检测相关处理。

直接探测方式的光电系统直接响应光辐射的强度，不涉及光辐射的相干性质，因此又称为非相干探测。直接探测和相干探测的性能比较见表 4-1。

表 4-1　直接探测与相干探测性能比较

探测方式	相干探测	直接探测
探测灵敏度	高	低
输出信噪比	高	低
可获得的信息	幅度、相位和频率	幅度
抑制杂散背景光	强	弱
系统结构	复杂	简单
对光源的要求	高	低
适用范围	强光和弱光探测	强光探测

虽然相干探测具有很多优点，有较高的输出信噪比和探测灵敏度、可获得的信息多、抑制杂散背景光能力强、有良好的滤波性能；但是实现起来是很复杂的。相干探测要求信号光与本振光要达到空间匹配条件，其次，还要求光源有稳定的振荡频率和偏振状态，才能获得较高的混频效率。而直接探测实现起来要简单得多，在短脉冲激光探测中具有更广泛的应用。

4.2.2.3　光子探测技术

当回波信号光功率小到 10^{-18} W（每秒 10 个光子）时，光信号呈现光的粒子性，这时就需要采用光子探测技术进行检测。光子探测技术是一种极微弱光电探测方法，是对单个光量子进行探测的高灵敏检测技术。该技术在高分辨率的光谱测量、非破坏物质分析、高速现象检测、生物发光、量子保密通信、激光测距和遥感等领域有着广泛的应用。由于光子探测技术在高技术领域的重要地位，已经成为各发达国家光电子学界重点研究的课题之一。光子探测原理如图 4-6 所示。光电探测器主要是雪崩光电二极管（APD）。在进行光子探测中，APD 常工作在盖革模式下，即工作电压高于其雪崩电压，在该模式下工作的 APD，其雪崩发生后不能自然停止，为了保证 APD 不被损坏，必须采取方法迅速淬灭雪崩，而且在淬灭完成后，还要使 APD 尽快恢复到等待状态，为探测下一个光子做好准备。所以光子探测器要采取相应的抑制技术来控制雪崩淬灭和 APD 两端电压恢复，常用的有被动抑制和主动抑制。上甄别器用于去除数量不多的大幅度噪声计数脉冲，下甄别器则用于去除数量非常多的小幅度噪声计数脉冲。上、下甄别器共同作用，使脉冲高度处于上、下甄别电平之间的有用信号光电子脉冲进入计数器。

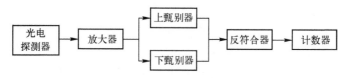

图 4-6 光子探测技术

4.2.3 激光测距原理

4.2.3.1 脉冲激光测距

1) 作用原理

脉冲式激光测距的原理是利用激光器发射出脉冲激光,当遇到合作目标时,会反射产生回波,由探测器接收到回波之后,进行处理得到激光的飞行时间来得到待测距离,由于激光在发射瞬间激光脉冲具有很大的瞬时功率,因此脉冲式激光器可以应用于远程测量,随着集成芯片和光路元器件的高速发展,脉冲式激光测距的精度也变得越来越高[22]。

脉冲激光测距系统由激光发射系统、光电接收系统、门控电路、计数器、控制和显示电路组成。光电接收系统部分还应加上干涉滤光片和小孔光阑,这主要是为了减少背景光的干扰。

由图 4-7 可知,首先当激光测距系统上电以后,控制电路会输出固定周期的脉冲信号,经过放大以后,送往激光驱动电路,这时窄脉冲激光器两端会形成偏置电压,窄脉冲激光器会发射出激光,此时计数器开始计数,发射出的激光在遇到待测目标之后,会反射回来,形成回波,经过光电探测器的接收、光电转换以及放大滤波比较之后,送往门电路处理后输出信号送往计数器使其停止计数,通过计数器所记载的时间,经过运算处理,将测距结果在显示单元显示出来。

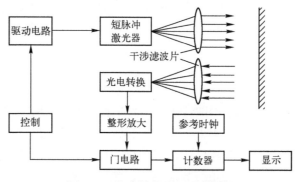

图 4-7 脉冲激光测距原理框图

设待测距离为 D,激光的飞行时间为 t,光速 $c \approx 2.99 \times 10^8 \text{m/s}$,则待测距离可表示为

$$D = \frac{1}{2}ct \tag{4-2}$$

对式(4-2)两端进行微分,有

$$\Delta D = \frac{1}{2} c \Delta t \tag{4-3}$$

由式（4-3）可知，脉冲式激光测距的精度和测量时间的精度有着密切的关系。

脉冲式激光测距系统中的测量时间 t 是由系统内部的计数器进行计数而得到的，如图 4-8 所示。

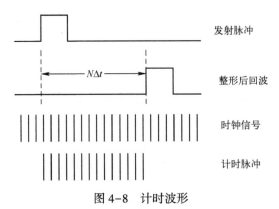

图 4-8 计时波形

令激光的飞行时间为 t，计数器总共记得 N 个脉冲，设在时间 t 内有 N 个时钟脉冲进入计数器，设计时晶振的频率为 f_0，则有

$$D = \frac{c}{2} NT = \frac{c}{2f_0} N = LN \tag{4-4}$$

式中 L——每一个计时脉冲所等效的测距距离，$L = c/2f_0$。

2）特点

脉冲式测距是通过测量激光脉冲的往返飞行时间来确定测量距离，相对于相位式测距来说，脉冲式激光测距具有测量距离远、瞬时功率高、抗干扰能力强等特点，当对测距精度要求不是很高的情况下，即使没有合作目标，也可以达到几公里的进程测距。目前，脉冲式激光测距广泛应用在月球探测、地形探测以及军事激光雷达等方面。

4.2.3.2 连续波激光测距

1）激光相位法测距

（1）作用原理。相位式激光测距如图 4-9 所示，通过发射连续波激光信号，并对激光进行幅度包络调制。激光发射器发射一束连续波正弦调制激光信号，由于待测距离与正弦激光信号在被测光路上往返一次的相位延迟成正比，只要测出在此路程中有多少整数周期长及其不足一个周期的正弦波的相位，便可以通过间接的方式确定调制激光在发射点与目标之间的往返时间，从而得出目标的距离，即

$$D = \frac{1}{2} \left(N\lambda + \frac{\Delta \varphi}{2\pi} \lambda \right) \tag{4-5}$$

式中 λ——正弦波波长；

$\Delta \varphi$——相位差；

N——整数个正弦波个数。

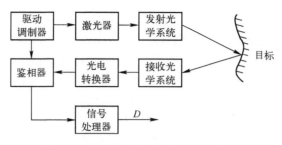

图 4-9　相位式激光测距作用原理框图

激光测距的实质是对光信息进行处理，单纯的发射、传播和接收激光信号没有任何意义。把光波作为载体，将信息加载到光载波上，使光的振幅、频率、相位等发生变化的过程，叫作光调制。由于激光的光波频率很高，直接进行延时和相位测量非常困难。因此，才用激光作为载波，把无线电波信号调制到激光波段上，经过包络调幅之后，信号振幅值随调制信号的大小做线性变化；接收的回波信号，其振幅变化的包络形状与调制信号的变化规律相同，其包络内的载波频率与激光的频率相同；对其进行检波鉴相，利用相位信息即可反推延迟和距离。

（2）特点。相位法激光测距虽然测量精度较高，却存在着测量精度与测量距离之间不可调和的矛盾。为了提高测量距离就需要采用多频测距的方法，但是多频测距使发射和接收电路设计更加复杂，数据处理量也大大增加，测距速度慢，系统设计复杂。为了解决相位法激光测距中测量距离与测量精度之间的矛盾，可以采用差频法、频率组合法等测量方法。

2）调频连续波激光测距

调频连续波激光测距是一种中近距离高精度测量技术。图 4-10 所示为调频连续波激光测距系统的工作原理框图，频率调制信号对可调谐激光器发射激光的光频进行线性调制，t_0 时刻激光器发射信号频率为 f_1，经过时间 τ 被目标反射返回测距系统，此时（$t_0+\tau$ 时刻）激光器发射信号频率变为 f_2。回波信号 f_1 与激光器发射信号 f_2 进行拍频得到频率为 f_2-f_1 的中频信号 IF，利用中频信号与激光传输时间之间的特定关系，便可以得到被测目标到探测器的距离。

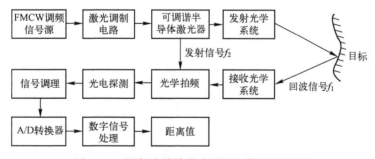

图 4-10　调频连续波激光测距工作原理框图

调频信号源通过产生周期为 T 的三角波调制信号，对可调谐激光器进行线性调制，发射激光光频按照调制周期规律变化，激光发射信号与目标返回信号拍频产生中频信号 IF。线性调频发射信号和目标返回信号频率随时间的变化曲线如图 4-11 所示，其中调频激光器发射的初始频率为 f_0，扫频带宽为 B，扫频周期为 T，目标返回信号由于传输路径相对于发射信号的延时为 τ，拍频后得到的中频信号 IF 频率为 f_{IF}。

相较于传统脉冲激光雷达，调频连续波激光雷达具有分辨率高、测量距离远、可实现多普勒测速、便于片上集成等优势。虽然调频连续波激光雷达仍然存在测量时间长、数据处理量较大等缺点，但是在遥感测绘、高精度三维成像、自动驾驶等领域已经展现出应用价值。

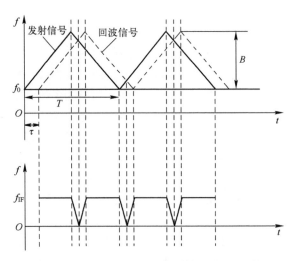

图 4-11 调频连续波激光测距拍频信号产生原理

4.2.4 激光测速原理

激光多普勒测速的理论基础是光的多普勒效应。其基本原理为：当光源与接收器之间有相对运动时，导致接收器接收的光波频率发生变化，而这个变化量与相对运动速度成一一对应关系。通过测量这个频率变化量，可以得到相对运动速度。如图 4-12 所示，利用光学多普勒效应进行速度测量需要经过两个过程。

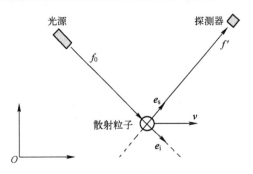

图 4-12 激光测速原理

过程 1 为光源发出激光，待测表面相对于光源以 $v\boldsymbol{e}_i$ 的速度运动，待测目标表面接收到的光波频率为

$$f_1 = f_0 \left(1 - \frac{v\boldsymbol{e}_i}{c}\right) \tag{4-6}$$

过程 2 为待测表面散射出频率为 f_1 的光波，探测器相对于待测表面以 $v\boldsymbol{e}_i$ 的速度运动，探测器接收到的光波频率为

$$f'=f_1\left(1-\frac{-v\boldsymbol{e}_s}{c}\right) \tag{4-7}$$

联立式 (4-6) 与式 (4-7)，可得探测器探测到的光波频率为

$$\begin{aligned}f'&=f_0\left(1-\frac{v\boldsymbol{e}_i}{c}\right)\left(1+\frac{v\boldsymbol{e}_s}{c}\right)=f_0\left(1+\frac{v\boldsymbol{e}_s}{c}-\frac{v\boldsymbol{e}_i}{c}-\frac{v\boldsymbol{e}_i}{c}\cdot\frac{v\boldsymbol{e}_s}{c}\right)\\&\approx f_0\left(1+\frac{v(\boldsymbol{e}_s-\boldsymbol{e}_i)}{c}\right)\end{aligned} \tag{4-8}$$

这个光波频率与光源频率的差为

$$f_D=f'-f_0=f_0\left(\frac{v(\boldsymbol{e}_s-\boldsymbol{e}_i)}{c}\right) \tag{4-9}$$

此即为多普勒频移，它与待测目标的速度成正比。

4.2.5 激光测角原理

与电磁波和可见光不同，激光由于其单色性及强指向性，可直接用于角度测量。下面介绍典型的四象限探测器具体的测角方法。

图 4-13 所示为激光反射回波在四象限探测器光敏面上的投影，投影偏离中心在 X（水平）、Y（俯仰）方向上分别有偏移量 x_0 和 y_0。

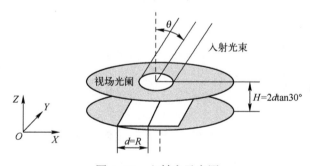

图 4-13 入射光示意图

实际上，通过光电二极管输出的每个象限的电压信号存在以下关系，即

$$u=E\eta S_i \tag{4-10}$$

式中　u——输出电压；

　　　E——光斑平均照度；

　　　η——光电子转换效率；

　　　S_i——光斑在各象限面积。

假设接收到的信号光斑能量在光敏面形成的弥散圆上均匀分布，入射光能量为常数，光敏面 4 个象限的特性平衡一致，那么各象限的输出信号与其受光照面积成正比，且接收到的背景光场（噪声）将相互抵消。传统信号处理中一般采用和差比幅式电路，以便对输出信号进行归一化处理。

$$\begin{cases} \mathrm{d}x = k_x \dfrac{[(S_1+S_4)-(S_2+S_3)]}{S} \\ \mathrm{d}y = k_y \dfrac{[(S_1+S_4)-(S_2+S_3)]}{S} \end{cases} \tag{4-11}$$

式中　S——光斑总面积；

　　　k_x，k_y——常数因子，和四象限探测器本身参数有关。

当目标与跟踪光轴在水平方向上有偏移时，x 不为零；同理，俯仰方向有偏移时，y 不为零。如图 4-13 所示，H 是视场光阑到光敏面的距离，$H=2d\tan30°$，俯仰角和偏转角分别为

$$\theta = \arctan\frac{\sqrt{x^2+y^2}}{H}, \quad \phi = \arctan\frac{x}{y} \tag{4-12}$$

4.2.6　激光成像原理

随着激光雷达技术的不断完善和发展，激光成像雷达的一系列优点在实际应用中得以显现。它具有较高的角度、速度、距离和图像分辨率，因此便于发现较小的飞行目标。它记录的是目标的三维本性，能提供目标的三维图像，同时还提供目标的距离、速度数据信息，工作不受天气、照度、昼夜的变化影响。激光雷达的成像质量好，图像稳定。这些优势使激光成像雷达在许多领域中都应用、发展起来。激光成像主要分为两种类型，即扫描式和非扫描式。

4.2.6.1　扫描式激光成像

1) 扫描成像原理

扫描型成像激光雷达的工作原理如图 4-14 所示，激光器发射激光束，经过扫描系统将激光束指向目标。对目标进行逐点扫描，再由探测器接收反射回来的光波信号，并将光信号转化为电信号，通过测得激光光束的往返时间可获得目标的距离信息。扫描成像激光雷达系统由激光发射单元、扫描单元、接收天线、光电探测器、放大及整形系统、三维成像显示系统等组成。成像原理将目标分为若干个点，探测每个像素点时，所有的激光能量都聚焦在该像素点上，通过电机带动扫描机构实现对目标逐点扫描，得到每个像素点的距离信息，结合方位信息，录入到软件中得出目标的三维图像。

2) 激光点云数据的成像处理

与其他三维模型表达方式相比，三维点云模型通常需要较多的点才能精确地描述一个复杂的三维对象。受扫描设备精度、采集对象的表面物理属性、现场环境的影响，三维激光扫描仪采集得到的点云不仅包含噪声，而且采样点密度分布不均匀，距离扫描设备越近的物体，采样点越密集；反之越稀疏。同时，被测物体与扫描设备间的角度差会进一步加剧采样点云的局部密度不均匀，从而导致物体特征丢失。数据处理主要步骤为点云数据的获取、点云数据的预处理。其中预处理包括数据的配准、去噪、精简、分割等。

（1）点云数据获取。点云数据获取方法主要运用光学原理进行数据的采样，它有激光三角形法、激光测距法等。其基本原理为激光二极管所发出的激光，经过透镜聚焦

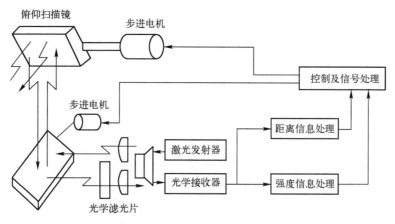

图 4-14 扫描式激光成像原理

投射到目标表面,被表面反射或漫射,反射或漫射的激光通过收集透镜聚焦,就成了位置测量器如摄像机上的小光点。采样头和目标之间的距离,可以根据反射光点的位置计算出来。

(2) 数据配准。点云数据配准,也称为点云数据拼接。由于激光扫描在单一视角下只能扫描到物体的一部分点云数据,不能覆盖整个空间对象。所以在为较大目标(如一个大型建筑物或者一棵大树)激光扫描时,需要从多方位不同视角扫描,也就是需要架设多个测站点,才能把目标扫描完整。每个测站点都会有其独立的坐标系,要获得完整的数据必须将所有测站点数据转换到同一坐标系下,这就需要点云拼接。点云拼接方法主要为标靶拼接、点云直接拼接以及控制点拼接 3 种方法。

① 标靶拼接是最简便的拼接方法,在数据扫描时,两站点之间的公共区域内放置至少 3 个标靶,在扫描物体对象同时扫描标靶点云数据,依次扫描完所有站点,最后利用不同站点相同的标靶数据进行点云配准。值得注意的是,每个标靶必须对应唯一的标靶号,同一标靶在不同测站中的标靶号也必须一致,才能正确完成各站点云数据配准。

② 利用点云直接拼接,在扫描物体对象的两个站之间要有一定的重叠度,一般要大于 30%,且要有较为明显的特征点,扫描完成后,寻找重叠区域的同名点进行点云拼接。此方法中重叠区域特征点的确定直接关系到配准结果的好坏,所以要求重叠部分清晰且有较多的特征点与特征线。

③ 控制点拼接是将三维激光扫描仪与定位系统相结合使用。首先确定公共区域的控制点,在对目标扫描的同时扫描控制点,用定位技术确定控制点的坐标,再以控制点为基准对点云数据配准。此方法的优点为配准结果精度高,缺点为过程相对复杂。

(3) 数据去噪。在利用三维激光扫描获取点云数据的过程中,会受到扫描设备、周围环境、人为扰动甚至扫描目标表面材质的影响,得到的数据或多或少存在噪声点,得到的数据不能正确地表达扫描目标的空间位置。噪声点主要分为 3 类:①第一类噪声点是由于目标物体表面材质或者光照环境导致反射信号较弱等情况下产生的噪声点;②第二类是由于在扫描的过程中,难免有人、车辆或者其他物体从仪器与扫描目标物体之间经过而产生的噪声点，这属于偶然噪声；③由于测量设备自身原因，如扫描仪精度、相机分辨率等由测量系统引起的系统误差和随机误差。

数据去噪的方法可根据不同的情况分为不同的方式，分别为基于有序点云数据的去噪和基于散乱点云的去噪。基于有序点云数据用平滑滤波去噪法，目前数据平滑滤波主要采取的是高斯滤波、均值滤波及中值滤波。高斯滤波属于线性平滑滤波，是对指定区域内的数据加权平均，可以去除高频信息，其优点是能够在保证去噪质量的前提下保留点云数据特征信息。均值滤波也叫作平均滤波，也是一种较为典型的线性滤波。其原理是选择一定范围内的点求取其平均值来代替其原本的数据点。优点是算法简单易行，缺点是去噪的效果较为平均，且不能很好地保留点云的特征细节。中值滤波属于非线性平滑滤波，其原理是对某点数据相邻的3个或3个以上的数据求中值，求取后的结果取代其原始值，其优点在于对毛刺噪声的去除有很好的效果，而且也能很好地保护数据边缘特征信息。基于散乱点云数据去噪常用的方法有拉普拉斯去噪方法、平均曲率流方法、双边滤波算法等。对于拉普拉斯算法，虽然能够很好地保证模型的细节特征，但是还会残存有噪声点。而双边滤波算法虽然能够很好地去除噪声点，但是不能够很好地保留住模型的细节特征。平均曲率是依赖于曲率估计，对于模型简单噪声点较少的数据去噪效果较好，而对于复杂且噪声点多的数据，其计算速度慢且去噪效果较差。

（4）数据精简。数据精简就是在精度允许下减少点云数据的数据量，提取有效信息。一般分为两种，即去除冗余和抽稀简化。冗余数据是指在数据配准之后，其重复区域的数据，这部分数据的数据量大，多为无用数据，对建模的速度及质量有很大影响，对于这部分数据要予以去除。抽稀简化是指扫描的数据密度过大、数量过多，其中一部分数据对于后期建模用处不大，所以在满足一定精度以及保持被测物体几何特征的前提下，对数据进行精简，以提高数据的操作运算速度、建模效率及模型精度。抽稀简化最常用的方法是采样法，即按照一定规则对点云数据采样，保留采样点，忽略其他点。此方法的优点是简单易行、简化速度快。其缺点是简化后的点云数据分布比较均匀，无法针对边缘特征的数据点充分保留。

（5）数据分割。对于比较复杂的扫描对象，如果直接利用所有点云数据建模，其过程是十分困难的，会使拟合算法难度增大，三维模型的数学表达式也会变得很复杂。所以，对于复杂对象建模之前需要将点云数据分割，分别建模完成后再组合，就是建模过程中"先分割后拼接"的思想，把复杂数据简单化，把庞大数据细分化。

数据分割的主要方法有3种，即基于边的分割方法、基于面的分割方法和基于聚类的分割方法。基于边的分割方法需要先寻找出特征线。特征线也就是特征点所连成的线，目前最常用的提取特征点的方法为基于曲率和法矢量的提取方法，通常认为曲率或者法矢量突变的点为特征点，如拐点或者角点。提取出特征线之后，再对特征线围成的区域进行分割。基于面的方法是一个不断迭代的过程，找到具有相同曲面性质的点，将属于同一基本几何特征的点集分割到同一区域，再确定这些点所属的曲面，最后由相邻的曲面决定曲面间的边界。基于聚类的方法就是将相似的几何特征参数数据点分类，可根据高斯曲率和平均曲率来求出其几何特征再聚类，最后根据所属类来分割。

4.2.6.2 非扫描式激光成像

非扫描激光成像雷达是新型激光雷达，传统的激光雷达三维图像的解调处理相当麻烦，且无法对动态目标进行解调处理，而非扫描激光雷达摆脱了对扫描设备的依赖，提高了探测精度、速度，成本低、可靠性高，可以应用于更多领域。

如图4-15所示，非扫描激光雷达主要由发射和接收两部分组成，发射部分主要有振荡器和调制器，接收部分主要有像增强器、焦平面阵列、处理计算机及显示器。发射部分采取激光连续光源，由振荡器发出正弦连续波，经调制器增益调节，调制后的信号控制激光器的激光发射，通过光学系统射向大气，遇到目标障碍物之后反射回来一部分反射光由光学接收系统接收，在像增强器里和激光光源同频调制，投射到焦平面阵列上，焦平面阵列使光信号转换成电信号，送到计算机进行处理，最后由显示器显示成像结果。

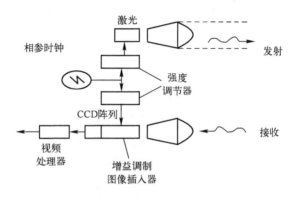

图4-15 非扫描激光成像系统

焦平面阵列是非扫描激光雷达成像的核心器件，它主要由雪崩二极管阵列和读出电路阵列组成。焦平面阵列的非扫描脉冲激光雷达工作原理是激光照明器发出大发散角、高功率的激光束，经过激光整形之后照射整个目标，返回的部分信号经过接收光学系统最后聚焦投射到焦平面组件的光敏面上，读出的信息由集成电路处理得到每个光敏阵元对应的目标距离和强度信号，再经过信号处理器处理得到目标图像。

4.2.7 激光探测中的抗干扰措施

激光探测的使用还将面临各种干扰源，如阳光、云雾、海（地）杂波等都会影响激光探测的效率及精准度，尤其是在军事领域，敌方干扰甚至可能导致系统功能的失效，本章主要分析激光探测中的各种干扰源，并提出相应的抗干扰措施。

4.2.7.1 干扰源

从干扰源的来源来看，干扰源主要分为环境干扰及有源干扰。环境干扰主要可以分为自然环境以及战场环境干扰，主要包括阳光、云雾、雨雪、地杂波等反射与散射。有源干扰主要是指激光干扰以及敌方烟雾弹干扰，激光干扰是指被攻击方通过发射激光波束的手段来干扰攻击方激光制导系统，从而引偏攻击方的制导武器，使其在被攻击目标的安全距离以外引爆[23]。

1) 阳光干扰

目前半导体激光器的波长范围普遍在 840~900nm 内，另外 1060nm 波长的 YAG 激光器也有使用，而地球所能接收的阳光辐射中，300~2400nm 的光波占据了 95% 以上的能量，覆盖了激光探测器的响应范围，使太阳辐射干扰成为可能。

直射阳光、晴空散射阳光或亮云反射阳光进入激光引信接收机光学视场，在硅光探测器上会响应散粒噪声，尤以直射阳光进入接收机光学视场最为严重，可使信噪比明显下降，导致探测概率下降、虚警概率增加。

2) 云雾干扰

云雾干扰主要表现在云雾中的悬浮粒子会给激光脉冲传输带来吸收和散射效应。如图 4-16 所示，若激光探测区域存在云雾，在激光直接照射的部分区域将形成后向散射，随后还会存在二次散射或多次散射现象，经过多次散射，会扩展到未被直接照射的相邻区域，会给激光探测带来较大的干扰，主要表现在激光探测器的响应电平及响应脉宽上。

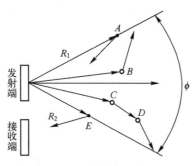

图 4-16 云雾干扰示意图

当激光脉冲较宽时，由粒子和粒子后向散射回来的脉冲回波在某段时间内都能到达探测器，部分重叠在一起，造成探测器响应电平提高。对同样浓度的云雾来说，脉冲宽度大，探测器响应强；脉冲宽度窄，探测器响应就弱些。

3) 雨雪干扰

和云雾类似，雨雪对激光的传输也有衰减和后向散射。较云雾来说，雨雪对激光脉冲的散射光强主要分布在前向和后向较小角度内，且后向散射能量较小。激光波束入射雨滴时透射率随雨滴半径和密度的增大而减小，进而降低信噪比。雨雪的后向散射也会带来脉冲展宽现象。脉冲信号的峰值能量会随着降雨率的增大而逐渐减小，脉冲的宽度和延迟也随之增大。接收的回波信号由于雨滴的后向散射产生变形，下降沿较平滑而且时间变长。在相同降雨率条件下，激光脉冲传输的距离越长，其峰值能量的衰减越严重，脉冲信号的展宽和延迟也越大。

4) 地（海）杂波干扰

当探测目标为低空、超低空、近地掠海飞行的武装直升机或巡航导弹等目标时，会给激光近炸引信带来地杂波干扰。地表植被、各种地面材质、地物都会有反射，以及白天地球表面对阳光的反射和夜晚对月光、星光的反射，其次还有地球本身的热辐射。反射系数会随着探测激光的入射角度和物体材质的不同而不同，入射角度越接近 90°，反射系数越大。

海面是极其复杂的反射体,它的反射可以看作许多统计独立的单元反射体各自反射回波的矢量、相位的合成,合成波服从正态分布。

4.2.7.2 抗干扰措施

1) 抗阳光干扰

抗阳光干扰主要有窄带滤光片、双视场探测、抗噪声时间门等方法。

(1) 窄带滤光片。通过在接收光学窗口增加窄带滤光片,可简单、有效地滤除绝大部分频带的阳光进入探测器。在接收端加上窄带滤波片控制进入窗口的波形,滤波带宽一般为 50~100nm,可在不影响激光脉冲收发的情况下极大地压制阳光噪声功率。

(2) 抗随机时间噪声门。阳光干扰信号是一种随机的白噪声信号,当阳光干扰达到接收单元内比较器的阈值时,就会造成干扰。可以引入抗随机噪声时间门抗干扰。对于目标来说,激光回波比较稳定。以激光发射的重频脉冲作为时间基准,则回波在时间上是固定区域。在这段时间之外的回波,可以认为是由阳光干扰信号引起的。这样在目标回波时间段外,即阳光干扰时间段之内增加一个时间门,当这个时间门内有超过比较器阈值的信号时,系统即可判定出现了强烈的阳光干扰,把当前接收周期的所有信号当作无效值抛弃,原理如图 4-17 所示。

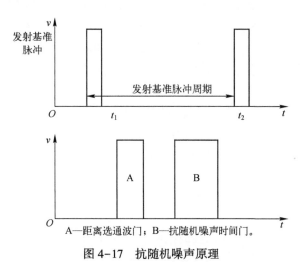

图 4-17 抗随机噪声原理

(3) 双视场探测。阳光相对激光探测视场具备单值性,阳光辐射在同一时刻不能同时进入两个接收视场通道,只能瞬间对单视场产生干扰。同时,由于太阳距离地球极远,阳光干扰还具备缓慢性特征。针对阳光入射角的单值性、缓慢性基本特征可采用双视场探测完全消除阳光干扰。

双视场原理如图 4-18 所示,假设相邻两个探测光路之间的空白角为 α,两个视场之间的夹角为 β,探测器自转角速度为 ω,如果两个探测视场之间的空白视角足够大,则阳光不会同时干扰两路的信号。ω 和 α 需要满足以下条件,即

$$\alpha = \beta - \frac{\theta_1}{2} - \frac{\theta_2}{2} > \omega \cdot \Delta t \tag{4-13}$$

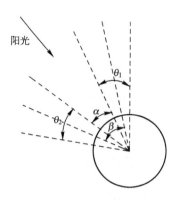

图 4-18 双视场原理

假设双视场的发射及接收窗口分布对称，则 $\theta_1 = \theta_2 = \theta$，代入式（4-13），可以得到

$$\beta - \theta > \omega \cdot \Delta t \tag{4-14}$$

2) 抗云雾烟、地杂波干扰

(1) 窄发射脉冲。云雾烟、地杂波对激光具有扩展性，且其回波具有叠加效应，采用窄发射脉冲，可使进入云雾烟内部的激光后向反射回来的能量不能和云雾烟表层激光后向反射的能量进行叠加，探测窗口接收机所收到的回波功率会变小，云雾烟后向散射引起的响应脉冲幅值也会相应变低，因此窄发射脉冲可以用来减轻或消除云烟干扰信号。

(2) 抗干扰距离门。和抗阳光干扰的方法类似，可以在非直接照射目标返回区外，即扩展区建立一个抗干扰距离门，设定合适的比较阈值，观察其结果，如果有大于阈值的点出现在抗干扰距离门内，就认为本周期的探测受到较为严重的干扰而丢弃处理结果，等待下一周期的探测。

(3) 脉宽测量技术。云雾烟对激光后向反射形成回波的脉冲宽度，一般都要大于目标回波的脉冲宽度，特别是较厚的云雾烟，激光无法穿透，形成的回波脉冲较宽，这样通过测量回波脉冲宽度就可以减轻或消除云雾烟干扰。另外，云雾烟干扰形成的回波是通过激光后向散射形成的，因此云雾烟反射脉冲的上升沿是比较缓慢的。而目标的反射脉冲回波信号能量一般较强，脉冲的上升沿较陡，因此判断反射脉冲的上升沿就可以判断出目标，消除云雾烟干扰。

(4) 多视场探测技术。云雾烟等大气中的悬浮粒子是处于不断运动、扩展中的，边界不会有严格的限定。当激光探测设备进入浓密的云雾烟区时，周围都存在云雾烟的悬浮粒子，这样在各个探测窗口的接收器都会接收到云雾烟后向散射信号，当这些信号的幅值超过比较器的阈值电压时，在各个探测器上都会出现回波信号，因而在各路探测窗口中就会同时收到回波信号。可以在信号处理电路中加入这样一组逻辑：当每路探测窗口都同时收到回波脉冲时，就把这个发射基准周期内的所有脉冲都判为无效脉冲，而等待下一个周期的判别，同时输出云雾烟报警信号。

4.3 激光探测系统组成与设计

激光探测系统的组成结构如图 4-19 所示，主要包括发射激光子系统、接收激光子系统和信号处理模块。发射激光子系统主要是为探测系统提供激光能量，为了使发射的激光达到最优的激励光源效果，采用了脉冲序列调制方法控制激光器发光的原理。同时，为了提高探测距离，在激光出射的终端加上汇聚光学镜头；接收激光子系统是检测目标反射回波信息的核心部件，为了有效地获得目标反射回来的回波能量，在接收探测器件的前端也加入了入射光学镜头，经过光学镜头的汇聚，将尽可能多的目标反射回来的回波信号汇聚到接收探测器件的光敏面元上。经过电流/电压转换电路将探测器输出的微弱电流信号转换为微弱的电压信号，再经过放大、信号处理电路完成对目标的识别。信号处理模块的主要作用是将激光测距、测速、成像的算法理论结合硬件电路完成对目标的探测识别。

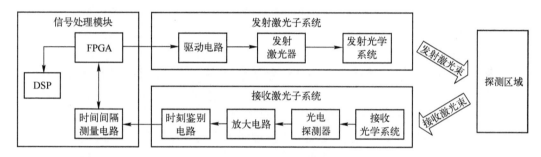

图 4-19 激光探测系统的组成结构

4.3.1 发射激光子系统

发射激光子系统主要由驱动电路、发射激光器及发射光学镜头组成，该子系统的主要功能是产生并发射激光束进行目标区域的探测。

4.3.1.1 驱动电路

驱动电路的作用是把信号处理模块传输的脉冲电压信号转换成脉冲电流信号，用来产生足够的电流驱动激光器正常工作。驱动电路本质上是一个开关电路，核心结构是一个储能电容和开关管，具体结构如图 4-20 所示。

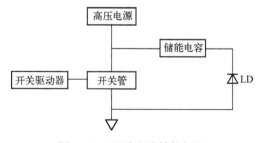

图 4-20 驱动电路结构框图

从图 4-20 中可以发现，激光驱动电路包括高压电源、开关驱动器、开关管和储能电容 4 个部分，电路各组件的功能和选型标准如下。

(1) 高压电源用于恒定输出直流高压。

(2) 开关驱动器用于把信号处理模块输出的激光发射信号进行电压转换，转换成更适合驱动开关管的驱动信号。转换后的驱动信号应具有较大的输出电流，能够快速对开关管的输入电容充电，使其快速打开。为了保证驱动信号中的大电流，驱动器的输出电阻应尽可能小。

(3) 开关管用于控制储能电容的充电和放电。

(4) 储能电容用于在开关管导通时，产生大电流促使激光器发光。

4.3.1.2 发射激光器

作为一种主动非接触式的探测系统，辐射源的质量好坏很大程度上决定了整个系统的探测性能。对于扫描式脉冲激光雷达而言，其辐射源为脉冲式激光，光束质量的好坏取决于激光器的性能参数。因此，综合考虑价格、结构及性能等选择一款合适的激光器对整个探测系统的设计至关重要。目前常用的激光器主要有半导体激光器、光纤激光器、固体激光器。

1) 半导体激光器

如图 4-21 所示，半导体激光器以电作为泵浦源，以半导体材料作为增益介质，通过电光转换实现激光的激射，最后将多束激光耦合进光纤以实现高功率激光的输出。半导体材料通常采用掺杂 III ~ V 族化合物，如砷化镓（GaAs）、磷化铟（InP）、氮化镓（GaN）等。GaAs 和 InP 材料可以实现红光波段激光激射、GaN 可以覆盖比较宽的波长范围，实现红光和蓝绿紫波段的激光激射。半导体激光器与其他激光器相比，具有电/光转换效率高（超过 50%）、工作寿命长（超过 10×10^4 h）、能够直接电调制、易于集成、体积小、结构紧凑等优点。

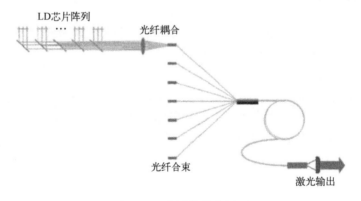

图 4-21　半导体激光原理

图 4-22 所示为 OSRAM 公司的 SPLLL90-3 型半导体激光器的实物与内部电路，这款半导体激光管主要特性为：激光波长符合人眼安全等级（激光等级 class1），具有高发射功率，脉冲宽度可达纳秒级，内部集成高速 MOS 管和充放电电容，可工作于高速模式下，利于小体积集成化等。

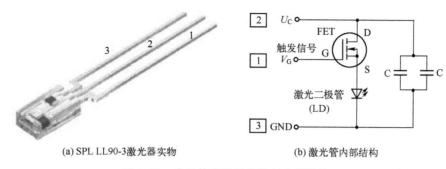

(a) SPL LL90-3激光器实物　　　　(b) 激光管内部结构

图 4-22　半导体激光器实物与内部结构

从上面的激光管内部结构图可以看出，内部集成的 MOSFET 作为超高速开关来决定电容充放电：触发信号为低电平时，即 MOSFET 关断状态，充电电压 U_C 为电容持续充电，只有当触发信号为高电平时（5V），电容开始放电，能量迅速通过导通的 MOS 管流经内部激光二极管（LD），从而产生脉冲激光。

2）光纤激光器

目前开发的光纤激光器主要采用掺稀土元素的光纤作为增益介质。光纤激光器工作原理是泵浦光通过反射镜1（或光栅1）入射到掺杂光纤中，吸收光子能量的稀土离子会发生能级跃迁，实现"粒子数反转"，反转后的粒子经弛豫后会以辐射形式再从激发态跃迁回到基态，同时将能量以光子形式释放，通过反射镜2（或光栅2）输出激光，如图 4-23 所示。

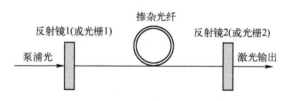

图 4-23　光纤激光器的基本构成

光纤激光器具有高平均功率、柔性传输、结构简单、维护运营成本低等特点，在工业界得到了非常广泛的实际应用。连续光纤激光器被广泛应用于厚金属材料的切割、焊接等宏观加工领域；脉冲光纤激光器则主要用于固体激光器的种子源。

3）固体激光器

固体激光器以掺入具有能产生受激辐射作用的金属离子的晶体基质为增益介质。晶体基质主要包括人工晶体（如红宝石、钇铝石榴石等）、玻璃（主要是优质硅酸盐光学玻璃）两大类。固体激光器的主要结构包括泵浦源、种子源、放大模块（含增益介质）、频率变换模块（含非线性晶体）、调制模块（以实现脉冲激光）等部分。固体激光器泵浦源有氙灯、碘钨灯、半导体激光器等，目前常以半导体激光器为泵浦源，如图 4-24 所示。

相较于脉冲型光纤激光器，固体激光器是实现超强超快脉冲激光的主要激光器类型，可通过倍频晶体将红外光转换为绿光、紫外光及深紫外光等短波长激光并输出，热效应较低，能量利用效率高。固体激光器具有短波长（紫外、深紫外）、短脉宽（皮秒级、纳秒级）、高峰值功率的特点，能够实现"冷加工"，可以应用于加工精度小于

20μm 的高精度微加工场景（加工精度可达纳米级），如薄性、脆性等金属和非金属材料的打孔、切割等。

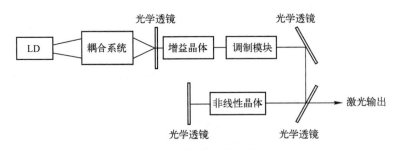

图 4-24　固体激光器结构组成

4.3.1.3　发射光学系统

激光作为高斯光束具有一定的发散角。由于本系统作用距离较远，激光器自身几个毫弧度的发散角，在目标处就会形成较大光斑。因此，需要通过辅助光学系统对激光光束加以准直，提高激光雷达系统的能量利用率以及探测精度。以半导体激光器为例，半导体激光器由于其特殊的内部结构，其输出光在远场方向上所形成的光斑一般是比较复杂的椭圆形光斑。一般可以用超高斯分布模型来近似地分析这种椭圆形高斯光束，输出光束的光强分布公式可以表示为

$$I(\theta_x, \theta_y) = I_0 \exp\left(-2\left(\left(\frac{\theta_x}{\alpha_x}\right)^2 + \left(\frac{\theta_y}{\alpha_y}\right)^2\right)\right) \tag{4-15}$$

式中　α_x, α_y——垂直于方向（侧向）和平行方向（横向）上的远场发散角；

θ_x, θ_y——实际发射光束侧向和横向的发散角度。

目前使用的大多数激光准直系统结构复杂、成本高昂，不利于扫描式激光雷达的集成化、小型化，而利用单球面透镜进行光学准直，虽然结构简单，发散角可以压缩到 1mrad 以下，但是单透镜只能准直一个方向上的光束，而且存在严重的球差、像散等问题，不利于回波信号的接收，影响激光探测精度。而采用非球面透镜进行光学准直，可以减小像差问题，但是非球面透镜价格昂贵。

4.3.2　接收激光子系统

回波接收模块是将目标反射回来的光信号转换成电信号，它包括接收光学系统、光电探测器、放大电路和时刻鉴别电路 4 个结构。

4.3.2.1　接收光学系统

接收光学系统主要是将待测物表面反射回来的微弱光信号有效聚焦到光电探测器件的光敏面上，抑制背景噪声信号，提高系统测量范围和探测灵敏度。为保证所设计的接收光学系统实际应用效果，需要考虑以下光学透镜的设计原则。

（1）根据探测系统所发射光源激光波长，选择对这一波长透过率较好的透镜材料。

（2）选择尽量大的透镜通光口径以及相对孔径，以便接收到更多的回波信号能量，提高系统探测灵敏度。

(3)基于系统设计的小型化要求,镜片的体积、厚度等参数应满足系统整体结构要求。

(4)结合最远作用距离以及发射光学系统准直后的光斑大小,接收光学系统的视场角(FOV)应满足可以接收到最远距离处反射信号的要求。

下面对相关光学参数进行计算,为了将回波光线有效聚焦到探测器件的光敏面上,通常将雪崩二极管置于接收透镜的焦平面上,根据 APD 有效接收面的直径 d 以及视场角大小,可以计算出透镜的焦距 f。图4-25所示为接收光学系统聚焦示意图。

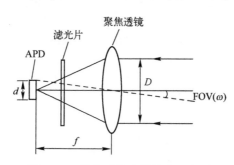

图4-25 接收系统光学聚焦示意图

从图4-25可知,接收视场角和探测器接收面直径 d 的关系为

$$\tan\omega = \frac{d}{2f} \tag{4-16}$$

当 ω 很小时,式(4-16)可以变换为

$$f = \frac{d}{2\omega} \tag{4-17}$$

(5)根据发射光学系统发散角得到远场光斑后,进而确定接收系统视场角,根据式(4-17)就可以得到接收聚焦透镜的焦距。为了接收到更多的回波光信号,需要尽可能大的通光孔径。

4.3.2.2 光电探测器

光电探测器主要作用是将目标反射回来的光信号转换成电流信号,目前主要的光电探测器件有光电导型、光生电流型及光生伏特型器件。其中光电导器件具有非常宽的光谱响应,典型器件为光敏电阻,其上升和下降时间较大;光生电流型探测器利用外光电效应制成,具有很高的增益和低噪声等特点,典型器件为光电倍增管(PMT);光生伏特型器件种类繁多,应用比较广泛,其工作原理是光生伏特效应,具有响应速度快、探测灵敏度高、低噪声等特点,典型的器件有 PIN 光电二极管、雪崩二极管(APD)等。在进行探测时,由于多种因素导致经过待测物表面反射的回波信号极其微弱,同时对于光电探测器件的响应速度、探测灵敏度及增益都有较高的要求。PIN 管和雪崩二极管两者以其体积小、灵敏度高的特点一般应用于小型、便携式测距系统中。区别在于 PIN 二极管内部没有倍增效应,相对于具有内部增益的雪崩二极管,虽然暗电流较小,但是其响应速度以及信噪比相对较小。图4-26所示为 AD500-9 二极管和高压电源模块。

(a) AD500-9二极管实物　　　　　　(b) 高压电源模块实物

图 4-26　AD500-9 二极管以及高压电源模块

雪崩二极管由于其高速度、高灵敏度、高量子效率，被广泛应用于各类仪器设备和空间领域。对于雪崩光电二极管的选型，一般遵循以下基本原则。

（1）确保系统探测的波长范围被覆盖到。
（2）满足光学系统中所需的最小探测器尺寸。
（3）满足系统电子频率带宽的需要，带宽过大将降低系统信噪比（SNR）。

4.3.2.3　放大电路

1) 前置放大电路

前置放大器的基本功能是放大光电传感器输出的微弱电信号，使后面主放大器能够进行二次放大，从而得到幅值足够大的处理信号。作为一种用来完成传感器与后续电路性能匹配的部件，前置放大器的设计对系统的探测距离和精度都有重要影响。

前置放大器实际上是一个低噪声、高速电流/电压转换电路。其作用是将光电二极管产生的光电流 I_{IN}，转换为与之成线性关系的电压输出 U_O。其工作原理如图 4-27 所示。

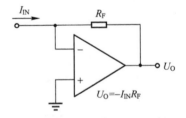

图 4-27　前置放大器原理

对前置放大器的主要技术参数有以下要求。

（1）反馈增益。从提高系统作用距离上看，放大器增益越高越好。但由于接收系统对放大器带宽有较高的要求，同时对放大器本身的噪声也有一定限制，因此放大器增益要根据实际情况适当选择。

（2）响应带宽。一般地，前沿很陡的脉冲信号经过前置放大器后其前沿将变缓，该变缓程度取决于放大器带宽。对激光接收系统而言，前置放大器的带宽应与光电探测器输出的脉冲信号前沿相匹配。

（3）输入与输出阻抗。输入阻抗应不小于光电探测器的负载电阻。输出阻抗应与后续放大电路的输入阻抗相匹配。

（4）噪声电平。在激光探测中，对于前置放大器最重要的性能要求是低噪声。这是因为对于远距离探测，进入接收视场的光能功率非常微弱，在系统要求的探测距离范围内，放大器的热噪声会成为影响探测的主要限制因素。

下面介绍一种典型的低噪声前置放大器——基于跨阻放大器的前置放大电路。图 4-28 所示为基于德州仪器公司 ONET2611TA 跨阻放大器的 APD 信号前置放大电路。

ONET2611TA 由一级跨阻放大器、一级电压放大器、一路电流型逻辑输出缓冲器和一个偏移消除电路组成。同时,自带接收信号强度指示器(RSSI)。该器件基于 3.3V 单电源供电,能够在 2.5GHz 带宽响应下,提供 4×10^3 的微分跨阻增益。因此,非常适合作为 APD 的电流信号前置放大接收器。

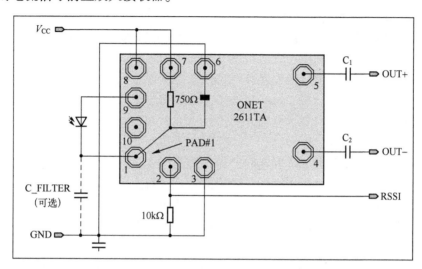

图 4-28　ONET2611TA 跨阻放大器的 APD 信号前置放大电路

由于具有紧凑的尺寸设计（1030μm×654μm）,此类跨阻放大器可以被直接内置于 APD 接收头内部,如图 4-29 所示。

图 4-29　跨阻放大器内置于 APD 接收头示意图

2) 主放大电路

前置放大电路在带宽合适的情况下增益不能过大,因此输出的电压脉冲信号幅值依然不满足时刻鉴别的幅度要求,需要利用主放大器对其进一步放大以达到时刻鉴别要求。实际探测中,障碍物的距离有可能不断发生变化,导致回波信号幅度随之产生变化,所以选择主放大器时,不仅需要考虑带宽,还要考虑是否具有大的输入动态范围,大的动态范围保证了放大电路输出信号的幅值稳定,最终实现计时终止时刻的准确鉴别。

对接收机主放大器的要求主要包括高增益、宽频带和增益可调整,一般前置放大器可提供 80dB 左右的增益,为把回波信号放大到伏量级,要求主放大器还要提供约 70dB

的增益。为保证多级串联系统的带宽达到30MHz，要求主放大器的频带大于30MHz，可见主放大器要求的增益带宽非常大，通常用一级放大难以达到要求，必须多级串联。为提高定距精度，需要对回波脉冲的幅值进行控制，这就要求主放大级的增益可以调整。

4.3.2.4 时刻鉴别电路设计

时刻鉴别电路用于把放大器电路输出的模拟信号转换成数字信号，作为计时的截止信号。目前普遍采用的时刻鉴别方法是前沿时刻鉴别法，它的特点在于电路结构简单和有较大的动态范围。但由于目标物漫反射和传输过程衰减的不确定性，回波激光会产生展宽和畸变，引入非固定误差，包括抖动误差和漂移误差。为了减小这些误差，目前可行的方案包括改变时刻前沿鉴别电路的阈值数量（从单阈值到双阈值）、引入放大回波的峰值信息和脉宽信息等。

单阈值时刻鉴别电路由一个固定阈值的比较器组成，当放大电路输出信号的幅度大于阈值，则阈值比较电路会产生一个正脉冲信号，作为计时系统的截止信号。阈值要大于回波接收模块噪声的峰峰值，以防止噪声触发截止信号，产生错误的测距信息。受回波激光的幅度和回波接收电路的带宽影响，单端阈值比较电路会产生较大的漂移误差。

为了尽量缩小电路面积和时刻鉴别电路引入的误差，电路采用专用芯片设计。以型号LT1711为例，它的原理和实物如图4-30所示，图（b）中框处是时刻鉴别电路，它的阈值是恒定不变的，通过电阻 R_1 和 R_2 对5V电源进行分压得到阈值。

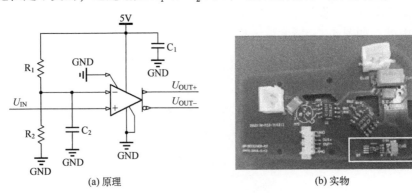

图 4-30　LT1711 实物与原理

通过单阈值和脉宽信息结合的方式，可以补偿由于放大信号幅度变化引起的几何漂移误差。

4.3.3　信号处理模块

信号处理模块包括时间间隔测量电路（TDC）、数字信号发送电路（FPGA）和信号控制电路（DSP）3部分，信号处理模块的结构示意如图4-31所示。

图4-31中：t_{start} 是使激光发射模块发射激光的控制信号，同时是TDC计时的起始信号；t_{stop} 是TDC计时的停止信号；EN是FPGA发送给TDC用于检查TDC工作状况的信号；$t_{distance}$ 和 t_m 分别是TDC测量的时间信号和回波脉宽信号，FPGA把它们打包传送给DSP。

第4章 激光探测技术

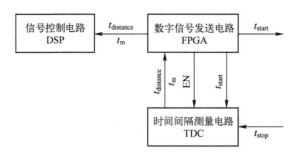

图 4-31 信号处理模块原理

1) 时间间隔测量电路

为了精确地测量计时，时间间隔测量电路（TDC）计时原理可以采用延时内插法。延时内插法是通过延时单元来精确计算 t_{start} 到 t_{stop} 所经过的时间，其中延时单元是采用 CMOS 有源门，这有利于进一步提高精度，TDC 的单次计时精度可达 50ps。时间间隔测量模块和数字信号发送电路集成在一个板子上，两片 TDC 可分别用于测量脉宽和收发延迟时间。

2) 数字信号发送电路

TDC 与外部电路的通信协议可以采用串行外围设备接口（SPI）协议。为了保证系统的实时性，应尽可能提升数字信号发送电路传输时间信号的速率，可选用晶振频率为 50MHz 的 FPGA 芯片作为数字信号发送电路的主芯片，如 Altera 公司生产的EP4CE10E22C8 等。

3) 信号控制电路

为了保证相关算法的处理效率，信号处理模块单独设置了信号控制电路（DSP）进行信号处理，而不是继续使用 FPGA。DSP 把 TDC 计算得到的时间信号（$t_{distance}$ 和 t_m）实时转换成高精度的距离信息。

4.3.4 激光扫描成像系统

激光扫描成像技术实现是由激光扫描测距获得目标物的距离信息，再经过图像处理软件生成三维影像。在激光扫描测距中，将待测目标区域划分为若干个测距点，对每个测距点进行激光测距，即在像空间对应了一个像素点。设定一个参考平面后，每个像素点均可获得一个相应的距离数据，这样一帧内的所有像素点共同描述了物体的凹凸信息，再通过图像处理，便得到待观测物体的三维空间图像。与传统的激光探测系统相比，激光成像系统增加了激光扫描单元与三维成像软件单元，其系统结构如图 4-32所示。

1) 激光扫描单元

激光成像雷达常见的扫描方式包括声光扫描、振镜扫描、电光扫描及旋转多面体扫描。无论采用哪种扫描方式，都是利用光学偏转器的原理。在选择扫描方式时，应综合考虑扫描的效率、视场及扫描单元的尺寸大小。振镜扫描作为一种最基础、最简单的扫描方式，具有扫描速度快、扫描方式灵活、负载轻、转动惯量小等优点。激光器发射的激光经发射光学系统后，首先照射到扫描振镜的反射镜，然后再反射到镜，经反射镜反射后作用到目标上，形成一个扫描点。可以通过控制振镜的两个镜片实现任何复杂目标的扫描探测。

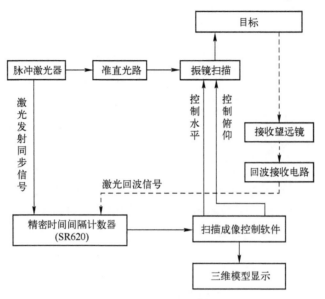

图 4-32 激光成像系统的结构

二维扫描振镜的工作原理：激光器发射的激光经发射光学系统后，首先照射到扫描振镜的反射镜，然后再反射到镜，经反射镜反射后作用到目标上，形成一个扫描点。可以通过控制振镜的两个镜片实现任何复杂目标的扫描探测。

2) 三维成像软件单元

三维数据显示及控制是系统和使用者的图形化接口，主要完成数据三维显示。三维显示及控制软件属于主软件中的一个模块，是软件系统的顶层，它实际上就是一个执行程序，实现对各种模块的调度，包括初始化模块及配置各个模块子系统，最后实现对各种数据的同时读取，以图像的形式显示出来。并能实现对数据存储，方便以后进行数据调用。其能对三维点云图像通过鼠标进行旋转、放大、缩小，实现对扫描物体进行全方位的观测。

4.4 激光探测技术的应用

4.4.1 激光探测技术在军事上的应用

近几十年来，世界各国对于激光探测技术在军事领域的研究不断深入，使激光探测技术日趋成熟，在军事上已用于弹道导弹防御、精密跟踪、制导、靶场测量、火控、振动遥测、侦察、水下探测等领域。

4.4.1.1 近炸引信上的应用

近炸引信（proximity fuse）是一种通过目标特性或环境特性感知到目标的存在、距离及方向，并对其产生作用的引信。配用于各种导弹、杀伤弹、破甲弹、杀伤/破甲两用弹等大口径炮弹时，近炸引信会使炮弹的综合效能得到明显提高、毁伤效能大幅度提升。近炸引信的起源可以追溯到 20 世纪 30 年代，但在 40 年代英国发展出主动式无线电引信后，才首次被装备应用于军事中。自此，近炸引信在现代弹药系统中得到广泛应用。近炸引信一般采用无线电体制，其基本原理是利用电磁波环境信息感知目标，并在相对目标的最佳爆炸点引爆战斗部。

近年来，随着战场环境的现代化和复杂化发展，对于近炸引信的性能需求也逐渐提高，如更为精准的目标定位和最佳引爆点和引爆方向的选择、配用于小口径弹药的引信、抗自然环境的有源或无源干扰能力、抗人为干扰能力、对打击目标的探测识别等。为了应对新要求和新挑战，各种不同技术和探测原理的近炸引信得到广泛的发展和应用，其中就包括激光近炸引信。

由于激光的良好单色性和方向性，激光近炸引信抗干扰性能好、保密性强；高亮度提高了近炸引信的灵敏度，使定位精度大大提高，是无线电近炸引信技术完备的补充手段。随着引信干扰实验研究的发展，现代战场中种类繁多的人为电磁干扰极大地威胁了无线电近炸引信的作战能力和生存能力。激光探测技术因其发射波束窄、接收视场有限的特点，使其不容易被敌军所接收，不易成为敌军引信干扰机的作用对象，同时增大了干扰机瞄准的难度；而且激光探测技术的发射波束旁瓣小，抵抗地（海）杂波的能力也相对较强。

近年来，随着国内外相关研究学者、军方对激光探测技术原理的实验研究以及半导体激光器技术和微电子信息技术的发展，激光近炸引信的接收部分如放大电路、处理电路及光电探测器等集成度大大提升，体积、成本和功耗得以大大降低；半导体激光器阈值电流显著减小，光电转化效率不断提高，配置不断简便，为激光引信的性能发展打下了坚实的基础。

俄罗斯和其他西方国家在多种型号的导弹上配用了激光近炸引信，如迫击炮弹、战术导弹、战略导弹、反舰导弹及反坦克导弹等，在常规弹药和各种对地对海对空导弹中都有大量产品投入使用。激光引信在反辐射攻击武器中的应用也逐渐受到军方的重视，如以色列的 Harpy、南非的 RAKI 反辐射无人机以及美国的 AGM-88 反辐射导弹等。美国航空航天管理局（NASA）针对半导体激光引信开启计划，意图借助飞行验证研究半导体激光器系统的应用，充分发挥半导体激光器安全性能好、可靠性高、轻量级和低成本的优点，提高作战效率。

4.4.1.2 空间监测激光雷达

激光雷达因其高精度、高分辨率、高自动化、高效率以及多重反射特性的优势，测量时可同时获取地面及其表面植被、电力线路等覆盖物的精确三维坐标，已成为重要的侦察手段。美国空军在毛伊岛空间监视站利用激光雷达的精密跟踪和高分辨率成像能力，进行远距离探测、跟踪和成像，核查轨道上的卫星。安装在毛伊岛的高性能 CO_2 激光雷达监视传感器系统（也称为野外激光雷达演示系统），是一台高功率、宽带、相干激光雷达。该激光雷达是按照 4 个阶段分步研制。第一阶段建造了实验室硬件，在毛伊岛组装了综合激光雷达系统，使用紧凑的脉冲相干 CO_2 振荡器、外差接收器、信号记录器与激光束定向器耦合，演示了卫星捕获、照明、回波信号探测和信号记录。然后，通过脱机处理，从回波信号中提取距离和距离速率数据，实现了距离-振幅成像。

第二阶段研制了改进的振荡器、接收器、处理器和光束定向器，并将其组合成最终的系统，使系统能力得到提升。第三阶段在发射机上增加了功率放大器（最后一个主要部件），使系统能力得到进一步提升。第四阶段系统可以提供高精度位置和速度跟踪。按照计划，这台激光雷达将能进行高精度位置和速度跟踪，并提供尺寸、形状和方位信息，并打算测量非美国航天器的尺寸、形状和去向。

4.4.1.3 激光雷达反隐身探测系统和电子对抗系统

对于隐身目标，微波雷达的工作方式是在金属物体上产生电磁场，而脉冲激光雷达能在物体表面产生反射图像。一般频率的激光大都易被二氧化碳、氧气和水吸收，难以在极远距离上聚焦，要想把激光探测系统用于反隐身，就必须提高其作用距离以及在恶劣环境下的使用效能。美国在弹道导弹防御计划中成功使用了相干多普勒激光雷达，用于飞机尾流的探测和成像。

激光雷达相比典型的毫米波雷达可以大大提高系统的角分辨能力，并使其在光电对抗与反对抗方面具有极其诱人的应用前景。激光雷达还是目前所能获得的带宽最窄的发射装置，在现代化战争中，具有良好的电子对抗潜力。美军在这一方面极为重视。

4.4.2 激光探测技术在民用上的应用

激光探测技术还与人们的生产生活息息相关。例如，在自然环境探测与利用中，激光探测技术在气象观测、海底地形观测、河流监控治理、风场观测等方面都有广泛的应用；对于科学技术研究，激光探测技术在导航定位领域、文物无损测量、材料探伤等方面发挥了重要作用；而对于与人类紧密相关的城市生活，激光探测技术在各类管线网络的建立和线路设计、城市交通安全、建立城市三维模型、城市管理水灾防治等都有广泛应用。

4.4.2.1 海洋探测

机载激光海洋探测能够对舰船不宜到达的海域进行快速、灵活、大面积的探测，被广泛运用于近海或沿岸大陆架海底地形测量和常规海道测量。利用激光探测技术进行海洋探测的科学活动首次开始于20世纪60年代。1963年，海洋探测专家发现，与大气类似，海水也存在透光窗口：波长在$0.47 \sim 0.58\mu m$范围内的蓝绿光在海水中的衰减系数最小，而其他波段的光在水中衰减系数较大。这一重要发现开启了人们利用激光技术进行海洋探测的大门。随后，科学家在1968年首次论证了利用机载蓝绿激光系统探测水下目标的可行性；1971年，美国海军研制出最早的机载激光海洋探测系统PLADS（pulsed light airborne depth sounder），并在直升机上进行了海洋实测实验。我国的机载激光海洋探测系统研制工作从80年代开始。华中科技大学于1996年首次研制并成功实验了机载激光海洋探测系统。该系统具有地形扫描和数据存储记录的功能，成功探测到海底$80 \sim 90m$深度的回波信号并完成地形探测。

4.4.2.2 矿资源探测

对于矿坑下不明采空区进行精确探测，从而开展后续的采空区安全处理工作，对于矿山安全生产尤为重要。以三维激光探测技术为基础的空区探测方法，现已取代最初的人工调查、物探、钻探等，成为矿坑下不明采空区精确探测的重要措施。钻孔式三维激光探测可以准确查明隐伏采空区的大小、埋深、形状、走向及边界等定量特征参数，且成本低、速度快、准确度高，使深凹露天采坑内隐伏空区的准确描绘、定量安全评价和科学治理成为可能。

4.4.2.3 大气探测

用于大气探测的激光雷达主要是以单波长或多波长散射激光雷达为主，地基、机载、星载等多种平台应用，技术比较成熟。单波长散射激光雷达可以用来探测大气气溶胶的光学特性，包括散射系数、消光系数等。而多波长激光雷达除了可以得到上述参数外，还常用于反演气溶胶的粒谱分布及不同波长的气溶胶消光系数，为研究激光在大气中的传输特性、大气湍流等提供科学依据。

1994年，搭载"发现"号航天飞机升空的LITE激光雷达是世界上第一台星载激光雷达，它采用355nm、532nm和1064nm 3个波长，在10天的飞行任务中，LITE共收集了45h的大气散射曲线数据，对层云、对流层和平流层的气溶胶、沙漠气溶胶、化学燃烧的烟雾等进行了初步探测。图4-33所示为LITE的外形。

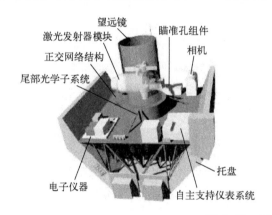

图4-33 LITE外形

激光雷达作为一种先进的大气和气象环境监测仪器，已经在大气探测和气象监测中广泛应用于大气温度、湿度、风速、能见度、云层高度、城市上空污染物浓度等测量。激光雷达具有更高的时空分辨率，激光波长为微米量级时，可以实现对微粒目标探测，能够对大气的垂直结构和成分构成进行有效分析。通过对相应波段激光在大气气溶胶粒子、分子和原子中发生米氏散射、瑞利散射、拉曼散射、荧光散射及共振色散等效应的数据进行反演，可以对大气污染、大气边界层、空气分子分析等方面的深入研究提供可靠的数据依据。此外，激光雷达利用激光的多普勒效应，可以测量激光在大气传播中产生的多普勒频移，能够反演和预测空间风速分布信息。

4.4.2.4 工程建模与测绘

1）地质测绘

激光雷达测量精度要优于传统测量方法，所提供的地面点云数据，可详细反映出所测地物的立体形态，实现三维建模，满足高精度影像的需要。例如，图4-34分别为2006年和2009年张家湾滑坡群的点云建模图，通过对比可以发现山体出现了细微的滑坡。同时，激光雷达真正实现了非接触式测量，减少了野外作业量，摆脱了数字摄影测量平台的限制，降低了地质测绘成本。

(a) 2006年　　　　　　　(b) 2009年

图 4-34　张家湾滑坡群建模图

2) 数字城市建模

激光雷达在城市场景中更能体现其数据采集密度大、分辨率高、不受阴影遮挡限制的优势。激光雷达数字地面模型（DEM）与地球数字系统（GIS）结合起来，可以将二维的数字城市"升级"为三维数字城市，更直观和真实地还原城市场景。因此，激光雷达被广泛应用于数字城市的三维建模、大型建筑物采样等大比例尺地物数据获取。利用点云数据对城市三维建模，可以进一步应用于道路、水电管网的立体化规划，以及通过专业软件对城市噪声分布、风场流向、热岛效应进行详细分析，以及城市灾害分析和抢险救灾指挥。

3) 文化古迹数字化

目前，国内外部分文物保护单位为完善文物古迹的研究、修缮、传播手段，开始应用激光雷达采集文物古迹的三维数据，建立相关数据库，辅以计算机技术，实现珍贵文物的三维虚拟再现。图 4-35 所示为使用高精度测量激光雷达虚拟还原的恐龙骨骼化石三维模型。与实物文物的不可再生性不同，数字文物可以无限共享，更具传播意义；高精度的文物三维信息也使文物的修复和仿制工作变得更加容易。

图 4-35　恐龙骨骼化石三维模型

4.5　激光探测技术的发展趋势和未来展望

激光探测技术作为先进的探测方法，目前仍在迅猛发展之中，具有广阔的应用前景，并呈现以下发展趋势。

（1）地基-机载-星载互补，实现载荷平台一体化。

利用地基激光雷达构建地面监测网络系统，结合机载激光雷达和星载激光雷达构建空基测量系统和卫星遥感系统，利用空中和卫星平台有效范围覆盖大的特点，提升大尺度监测能力，精确测量被测目标的全方位连续实时立体化信息，建设地面监测-航空测量-卫星遥感的天空地载荷一体化监测系统。

（2）多种遥感方式相结合，实现探测手段复合化。

激光主动遥感与微波遥感、红外遥感之间相比各有优势。微波波束的发散角大，激光发散角小，因此，激光的精度和角分辨率高，而微波的搜索能力强；微波雷达对电磁干扰敏感，在探测地空目标时，回波信号可能被地面的杂波所淹没，而激光雷达抗电磁干扰能力强，它们之间存在着互补性，激光高度计就可以和微波SAR配合在一起使用。未来的预警系统倾向于激光主动遥感和红外系统组合使用，先用红外系统大面积搜索，一旦发现可疑目标则通知激光雷达跟踪、测速、测距，如夜晚没有光源照明，热红外成像如果和激光主动遥感相配合则可以很好地解决这一问题。

（3）单台遥感设备技术更新，实现探测功能综合化。

激光探测技术的重点突破关键技术有激光器、探测器及探测数据处理技术和反演及其应用。激光器是激光遥感技术的核心及关键技术。此外，激光雷达单台设备只测一个参数的情况在将来会越来越少，往往是共用光源与光学系统，尽量从散射和反射回波中获得更多信息，形成带有一定综合性的遥感设备。2001年发射的ICESAT卫星上的GLAS激光雷达，是NASA为测量海冰而设计的主动传感器，主要测量两极地区的冰层，建立高精度的陆地数字高程，同时获得全球尺度的云和气溶胶的垂直剖面，还能进行海洋表层和海洋次表层测量。2005年，德国科学家Andreas等提出了四维综合性激光大气雷达，同时用Mie散射测气溶胶、拉曼散射测温度以及差分吸收测水汽。

第 5 章 电磁波探测技术

电磁波探测是当前应用最为广泛的探测手段，一般是利用 300MHz~3000GHz 的电磁波对目标实现非接触式测距、测速、测角和成像等。根据自身是否需要发射电磁信号，电磁波探测主要分为两大类，即主动探测系统（有源系统）和被动探测系统（无源系统）。其中，主动探测系统主要是指各类有源雷达，而被动探测系统则包括各类无源雷达、电子侦察装备及射电天文望远镜等。需要说明的是，被动探测系统是通过其他目标辐射的电磁信号实现目标探测的，其本身不需要发射电磁波。与常规主动探测系统相比，被动探测系统中没有发射机，而其他的组成部件及探测方法大体相同。本章围绕电磁波主动和被动两种探测模式主要介绍有源雷达和射电天文望远镜两类设备。

5.1 电磁波探测技术发展历程

与声波、光波探测相比，电磁波探测技术出现较晚。18 世纪初，人类才逐步出现电磁学研究。18 世纪末至 19 世纪，电磁学理论研究进入飞速发展阶段，科学家相继提出库仑定律、欧姆定律、安培定律及法拉第电磁感应定律。1873 年，麦克斯韦完成了电磁理论的经典著作《电磁学通论》，建立了著名的麦克斯韦方程组，以非常优美、简洁的数学语言概括了全部电磁现象。麦克斯韦方程组的建立就标志着完整的电磁学理论体系的建立，《电磁学通论》的科学价值可以与牛顿的《自然哲学的数学原理》相媲美。此后，人类也逐步进入了电气时代和信息时代，电磁学的研究发展逐渐由理论研究进入到实用阶段，在此基础上逐渐发展出通信（利用电磁波通信）、雷达（利用电磁波探测）、卫星导航定位（利用电磁波定位）三大应用领域，其中雷达是电磁波技术的重要应用领域之一。

5.1.1 雷达技术发展历程

雷达是英文 Radar 的音译，源于 radio detection and ranging 的缩写，原意是"无线电探测和测距"，即用无线电方法发现目标并测定它们在空间的位置。因此，雷达也称为"无线电定位"。随着技术的发展，雷达不仅可以测量目标的距离、方位和仰角，还可以测量目标的速度，以及从回波中获取更多有关目标的信息[24-25]。

雷达的基本概念形成于 20 世纪初。但是直到第二次世界大战前后，雷达才得到迅速发展。早在 20 世纪初，欧美一些科学家已经发现电磁波被物体反射的现象。1922 年意大利 G·马可尼发表了无线电波可能检测物体的论文。美国海军实验室发现用双基地连续波雷达能发现在其间通过的船只。1925 年美国开始研制能测距的脉冲调制雷达，并首先用它来测量电离层的高度。20 世纪 30 年代初，欧美一些国家开始研制探测飞机的脉冲调制雷达。1936 年，美国研制出作用距离达 40km、分辨率为 457m 探测飞机的脉冲雷达。1938年英国在邻近法国的本土海岸线上布设了一条观测敌方飞机的早期报警雷达链。

在第二次世界大战期间，由于军事上的迫切需要，雷达获得广泛的应用和发展。20世纪50年代末以来，随着航空和航天技术的飞速发展，飞机、导弹、人造卫星及宇宙飞船普遍采用雷达作为探测和控制手段，尤其是在60年代研制的反洲际弹道导弹系统，对雷达提出了高精度、远距离、高分辨率及多目标测量等要求。随着一系列关键性问题的解决，雷达进入蓬勃发展的新阶段。在微波高功率晶体管试制成功后，研制成功了主振放大式的高功率、高稳定度雷达发射机，并可用于控制脉冲形状及信号相参雷达体系；脉冲多普勒雷达的研制成功，使雷达能测量目标的位置和相对运动速度，并具有良好的抑制地物干扰等能力；许多低噪声器件，如低噪声行波管、量子放大器、隧道二极管放大器等的应用，使雷达接收机灵敏度大为提高，增大了雷达作用距离；数字电路的广泛应用以及计算机与雷达的配合使用，使雷达的结构组成和设计发生根本性的变化；脉冲压缩技术和相控阵雷达的研制成功使雷达性能大为提高，测角精度从1密位以上提高到0.05密位以下，测距误差提高到5m左右；雷达的工作波长从短波扩展至毫米波、红外线和紫外线领域，微波全息雷达、毫米波雷达、激光雷达和超视距雷达相继出现。

5.1.2 射电望远镜技术发展历程

射电望远镜（radio telescope）是指观测和研究来自宇宙天体射电波的基本设备，可以测量天体射电的强度、频谱及偏振等参数。主要由收集射电波的定向天线、放大射电信号的高灵敏度接收机以及信息记录、处理和显示系统等组成。20世纪60年代天文学取得了"四大发现"：脉冲星、类星体、宇宙微波背景辐射、星际有机分子这四项发现都与射电望远镜有关。

光学望远镜的主要工作范围是可见光，而射电望远镜的诞生使望远镜的观测范围扩大到不可见的其他波段的电磁波，可以探索更远的星系。与光学望远镜不同，射电望远镜没有物镜、目镜等光学装置，它的主要组成部分为天线结构和接收装置。巨大的天线结构是射电天文望远镜的明显特征且种类很多，如抛物面天线、球面天线、半波偶极子天线、螺旋天线等，最常用的是抛物面天线及球面天线；天线结构与射电望远镜的关系等同于物镜与光学望远镜的关系，是望远镜的主要观测部分；天线把来自宇宙微弱的无线电信号收集起来传送给接收机和计算机并合成成像。光学望远镜相当于用眼睛去"看"宇宙而射电望远镜则相当于用耳朵去"感知"宇宙。

与雷达探测系统相比，射电望远镜诞生得更晚。1932年，在美国新泽西州的贝尔实验室无线电工程师卡尔·央斯基观测到每隔23h56min04s出现最大值的无线电干扰，并认为这种干扰信号为来自银河系中射电辐射。由此，央斯基开创了用射电波研究天体的新纪元。此后，射电望远镜的历史便是不断提高分辨率和灵敏度的历史。1937年，美国人G. 雷伯研制出全世界首款抛物面形射电望远镜，并根据接收到的无线电波绘制了第一张射电天文图，射电天文学由此诞生。得益于第二次世界大战后大批退役雷达的"军转民用"，射电望远镜迎来快速发展阶段，欧洲的甚长基线干涉测量（VLBI）网、美国的超长基线阵列（VLBA）、日本的空间VLBI相继投入使用，这是新一代射电望远镜的代表，它们在灵敏度、分辨率和观测波段上都大大超过了以往的望远镜。其中，美国的 VLBA 由 10 个抛物天线组成，横跨从夏威夷到圣科洛伊克斯 8000km 的距离，其精度是哈勃太空望远镜的 500 倍，是人眼的 60 万倍。

我国射电望远镜的研究起步较晚，1958 年我国建造了第一批射电望远镜，其直径为 2.5m。1993 年日本东京召开的无线电科学联盟大会上，包括中国在内的 10 国天文学家迫切希望建筑新的射电望远镜，于是中国"天眼"应运而生。2011 年，中国"天眼"工程正式开工建设，2018 年 4 月 28 日，中国"天眼"建设完成正式开启工作。中国"天眼"具有 500m 口径，是世界上最大口径也是最灵敏的射电望远镜，中国在该领域的研究已经发展到世界领先地位[26]。

5.2 电磁波探测基本理论

电磁波探测技术涉及电磁场、天线和信号处理基本原理和基本理论。本节逐一进行简要介绍。

5.2.1 电磁场理论

作为电磁波探测的理论基础，首先需要介绍电磁场与电磁波的相关理论。下面先简单介绍电磁场中的基本名词和概念，在此基础上给出麦克斯韦方程组，并阐明方程组内每个公式的物理意义，最后简单说明电磁场常用的计算方法。

5.2.1.1 电磁场中的相关概念

1) 电场强度

根据库仑定律，可以对一个带电粒子与另一个带电粒子之间作用力进行定量描述。如式（5-1）所示，两个粒子之间的电场力与它们的电荷量的乘积成正比，与它们的距离成反比，力的方向为它们的连接线，同性相斥、异性相吸。

$$\boldsymbol{F}_{12} = K\frac{q_1 q_2}{R_{12}^2}\boldsymbol{a}_{12} \tag{5-1}$$

式中 $\boldsymbol{F}_{12}$ ——q_2 对 q_1 的作用力；

R_{12} ——两个带电粒子的距离；

$\boldsymbol{a}_{12}$ ——q_2 到 q_1 的单位矢量；

K ——比例常数，$K=1/(4\pi\varepsilon_0)$，其中 $\varepsilon_0 = 8.85\times 10^{-12} \approx 10^{-9}/36\pi$（F/m）为自由空间电容率。

根据库仑定律，即使当这些电荷相距很远，两个电荷之间仍会产生相互作用力，会使电荷的位置发生改变，这样电荷上的力也发生改变。因此，提出在电荷周围的空间中存在一个电场或电场强度。电场强度 $\boldsymbol{E}$ 可表达为电场内某一点作用于单位电荷上的力，如式（5-2）所示，单位为牛顿每库仑（N/C），即

$$\boldsymbol{E} = \lim_{q_t \to 0}\frac{\boldsymbol{F}}{q_t} \tag{5-2}$$

若空间 P 点的电场强度为 $\boldsymbol{E}$，则在该点上作用于电荷 q 的力为

$$\boldsymbol{F}_q = q \cdot \boldsymbol{E} \tag{5-3}$$

2）电通密度与电通量

电通密度 D 可以用电场强度 E 定义为

$$D = \varepsilon_0 \cdot E \tag{5-4}$$

将点电荷 q 产生的电场强度 E 代入式（5-4），在半径 r 处的电通密度为

$$D = \frac{q}{4\pi r^2} a_r \tag{5-5}$$

可以通过电通密度来定义电通量 Ψ，即

$$\Psi = \oint_s D \cdot ds \tag{5-6}$$

3）相对电容率（相对介电常数）

电容率又称为介电常数，定义为电位移 D 和电场强度 E 之比，常用符号 ε 表示。相对电容率（相对介电常数），定义为电容器中充满均匀电介质时的电容值 C 与其中为真空时的电容值 C_0 之比，常用符号 ε_r 表示，即

$$\varepsilon_r = \frac{\varepsilon}{\varepsilon_0} \tag{5-7}$$

因为电位移与电场成正比，相对电容率与电极化率 χ_e 有以下关系，即

$$\varepsilon_r = 1 + \chi_e \tag{5-8}$$

所以，电通密度的普通表达式最后变成

$$D = \varepsilon_0 \varepsilon_r E = \varepsilon E \tag{5-9}$$

表 5-1 列出了一些材质的相对电容率。

表 5-1 常见材质的相对电容率

电介质	相对电容率	电介质	相对电容率
空气	1.0	混凝土	4~6
电木	4.5	黄岗岩	5
硬塑胶	2.6	石灰石	7~9
环氧树脂	4	纯水	81
玻璃（硼硅酸）	4.5		

4）电流密度及电导率

金属导体中的电流，称为传导电流。放置在电场中的孤立导体，电荷的运动只能持续很短的时间。要在导体中维持恒定电流，就必须从导体的一端向另一端连续提供移动的电子。如果单位体积内有个 N 电子，电子电荷密度就是

$$\rho_{V-} = -Ne \tag{5-10}$$

式中　e——电子的电量。

因此，导电介质中的传导电流密度为

$$J = \rho_{V-} U_e \tag{5-11}$$

或

$$J = Neu_e E = \sigma E \tag{5-12}$$

式中　U_e——电场 E 作用下导体中电子运动的平均速度；

u_e——电子偏移率，$u_e = e\tau/m_e$（m_e 为电子质量，τ 为电子相邻两次碰撞之间的平均时间）；

σ——介质的电导率，$\sigma = Neu_e$。

式（5-12）表明，导电介质中任意一点的电流密度和电场强度成正比，比例系数为导电介质的电导率。

除了传导电流外，自由空间（真空）中带电粒子的运动形成位移电流。为了描述位移电流，假定有一体电荷密度为 ρ_V 的区域，在电场作用下，电荷以速度 U 运动，则位移电流密度 J（单位时间内通过某一单位面积的电量）可表示为

$$J = \rho_V U \tag{5-13}$$

5）磁通量和磁通密度

载有恒定电流 I 的导线，每一线元 dl 在点 P 所产生的磁通密度为

$$d\boldsymbol{B} = k\frac{Id\boldsymbol{l} \times \boldsymbol{a}_R}{R^2} \tag{5-14}$$

式中 $d\boldsymbol{B}$——磁通密度元，单位为特斯拉（T）；

$d\boldsymbol{l}$——电流方向的导线线元；

$\boldsymbol{a}_R$——由 $d\boldsymbol{l}$ 指向点 P 的单位矢量；

R——从电流元 $d\boldsymbol{l}$ 到点 P 的距离；

k——比例常数。

由式（5-14）积分可得

$$\boldsymbol{B} = \frac{\mu_0}{4\pi}\int_c \frac{Id\boldsymbol{l} \times \boldsymbol{R}}{R^3} \tag{5-15}$$

此处 $\boldsymbol{B}$ 为载有恒定电流 I 的导线在 $P(x,y,z)$ 点所产生的磁通密度。注意，$\boldsymbol{B}$ 的指向垂直于包含 $d\boldsymbol{l}$ 与 $\boldsymbol{R}$ 的平面。

电流元 $Id\boldsymbol{l}$ 用体电流密度 $\boldsymbol{J}_V$ 表示为 $Id\boldsymbol{l} = \boldsymbol{J}_V dV$，则可得出以 $\boldsymbol{J}_V$ 表示 $\boldsymbol{B}$ 的表达式为

$$\boldsymbol{B} = \frac{\mu_0}{4\pi}\int_V \frac{\boldsymbol{J}_V \times \boldsymbol{R}}{R^3} dV \tag{5-16}$$

同理，也可用面电流密度获得类似的表达式，即

$$\boldsymbol{B} = \frac{\mu_0}{4\pi}\int_s \frac{\boldsymbol{J}_s \times \boldsymbol{R}}{R^3} ds \tag{5-17}$$

由于电流只是电荷的流动，因而式（5-17）也可用电荷 q 以平均速度 U 移动来表示。若设 ρ_V 为体电荷密度、A 为导线截面积、dl 为线元长度，则 $dq = \rho_V A dl$ 和 $\boldsymbol{J}_V dV = dq\boldsymbol{U}$。于是，由式（5-16）可得

$$\boldsymbol{B} = \frac{\mu_0}{4\pi}\left[\frac{q\boldsymbol{U} \times \boldsymbol{R}}{R^3}\right] \tag{5-18}$$

式（5-18）给出以平均速度 U 移动的电荷 q 在相隔距离 R 处所产生的磁通密度。

磁通密度 $\boldsymbol{B}$ 在整个表面可以是均匀或不均匀分布。如果将此表面分为 n 个非常小的单元面积，假定通过每一单元的 $\boldsymbol{B}$ 场是均匀的，则通过 Δs_i 面的磁通元为

$$\Delta\Phi_i = \boldsymbol{B}_i \cdot \Delta\boldsymbol{s}_i \tag{5-19}$$

此处 B_i 为通过 Δs_i 面的磁通密度。通过 s 面的总磁通为

$$\Phi = \sum_{i=1}^{n} B_i \cdot \Delta s_i \tag{5-20}$$

当单元面积趋于零时，将式（5-20）换成定积分形式。这样，穿过开表面 s 的磁通为

$$\Phi = \int_s B \cdot ds \tag{5-21}$$

磁通以韦伯（Wb）来计量。磁通线永远是连续的。换句话说，穿过一个封闭面的磁通等于离开该闭面的磁通。因而，对一个封闭面而言，其总磁通为零。

6）磁场强度和磁导率

自由空间的磁场强度 H 为

$$H = \frac{B}{\mu_0} \tag{5-22}$$

或

$$B = \mu_0 H \tag{5-23}$$

式中 μ_0——自由空间（真空）的磁导率，$\mu_0 = 4\pi \times 10^{-7} \text{H/m}$。

而在磁介质中，除了磁场强度 H 外，还有磁化强度 M，通密度 B 与这两者的关系为

$$B = \mu_0 [H + M] \tag{5-24}$$

式（5-24）适用于任何线性的或非线性的介质。对于线性、均匀、各向同性介质，可以将 M 表示为

$$M = \chi_m H \tag{5-25}$$

式中 χ_m——比例常数，称为磁化率。

将式（5-25）代入式（5-24），得

$$B = \mu_0 [1 + \chi_m] H = \mu_0 \mu_r H = \mu H \tag{5-26}$$

$\mu = \mu_0 \mu_r$ 为介质的磁导率，参数 μ_r 为介质的相对磁导率。对于线性、均匀、各向同性的介质而言，χ_m 和 μ_r 都是常数。

5.2.1.2 麦克斯韦方程

麦克斯韦方程组的微分形式与积分形式为

$$\nabla \times E = -\frac{\partial B}{\partial t} \Rightarrow \oint_c E \cdot dl = -\int_s \frac{\partial B}{\partial t} \cdot ds \tag{5-27}$$

$$\nabla \times H = J + \frac{\partial D}{\partial t} \Rightarrow \oint_c H \cdot dl = \int_s J \cdot ds + \int_s \frac{\partial D}{\partial t} \cdot ds \tag{5-28}$$

$$\nabla \cdot D = \rho_V \Rightarrow \oint_s D \cdot ds = \int_V \rho_V dV \tag{5-29}$$

$$\nabla \cdot B = 0 \Rightarrow \oint_s B \cdot ds \tag{5-30}$$

式中 E——电场强度（V/m）；

H——磁场强度（A/m）；

D——电通密度（C/m^2）；

B——磁通密度（Wb/m² (T)）；
ρ_V——自由电荷体密度（C/m³）；
J——体电流密度（A/m²）。

包括传导电流密度 J 与体电荷密度 ρ_V 的积分也可以写成

$$I = \int_s \boldsymbol{J} \cdot \mathrm{d}\boldsymbol{s} \tag{5-31}$$

$$q = \int_V \rho_V \mathrm{d}V \tag{5-32}$$

式中 I——通过面积 s 的电流（A）；
q——体积 V 所包含的自由电荷（C）。

式（5-27）是法拉第电磁感应定律，说明时变磁场产生时变电场，通过改变电场的旋度而产生环形电场，表明闭合回路的感应电动势的大小与穿过回路的磁通量的变化率成正比，这个电动势的方向由楞次定律确定，即产生的感应电流的磁通总是阻碍感应电流的磁通变化。楞次定律实际上体现了能量守恒。这是变压器和感应电动机的工作原理。

式（5-28）是安培-麦克斯韦定律，表示时变磁场不但可以由传导电流产生，而且也可以由位移电流产生。位移电流代表电通密度的变化率，式（5-28）表示时变电场产生时变磁场，它反过来又产生时变电场，即由电场传输能量至磁场，反过来又回到电场。能量连续从一个场传输至另一场，麦克斯韦由此预言电磁能量可在任意介质中传播。电磁场像波一样传播这一认识，有助于麦克斯韦预言这些波的速度和其他特性。这些波在自由空间的速度等于光速，麦克斯韦由此推断出光和电磁波具有同样的性质。1880 年赫兹（Heinrich Rudolf Hertz）用实验证明了电磁波的存在，并证实了这些波的性质正如麦克斯韦所预言的。

式（5-29）是电场的高斯定律，由闭合体积在任意时间发出的总电通等于该体积所包围的电荷。若包围的电荷为零，则电通线是连续的，说明电场的散度是电荷，而散度是"源"，式（5-29）表示电场是有源场，而且电荷能增加电场的散度。

式（5-30）是磁场的高斯定律，证实磁通永远是连续的，由任意闭合面在任意时间发出的净磁通量为零，也表示磁场是无源场。

在线性、均匀、各向同性介质中，表示场量之间关系的结构方程为

$$\begin{cases} D = \varepsilon E \\ J = \sigma D \\ B = \mu H \end{cases} \tag{5-33}$$

式中 ε——电容率（F/m）；
μ——磁导率（H/m）；
σ——电导率（S/m）。

5.2.1.3 电磁场的计算方法

电磁系统设计中需要分析电场和磁场。从理论上来说，麦克斯韦方程组加上边界条件可以确定任何场的传播特性。但是由于大多数实际工程问题都具有不规则性，数学方程的求解面临困难，即解析解通常无法得到。计算机的运用促进了应用数值技术，如有限差分法、有限单元法和矩量法，有效地计算场的分布。

有限差分法基本上是把求解区域划分成某些有限个离散的点，然后用差分方程组替代微分方程，结果不是精确解而是近似解。离散化求解区域网格的大小是衡量解是否准确的一个标志：网格越小，解越准确。逐次超松弛法，对解差分法中的差方程是一个很有用的手段。适当加速因子可使方程求解过程大大加快。

有限元法是数值求解电磁场问题的另一种技术方法。它是一种优化方法，本质上是把由边界条件支配的系统储能极小化。其最重要的一个优点是能轻松处理大多数几何形状复杂的边界情况；另一个优点是它能够较为方便地处理多介质区域内场的分析。

矩量法是用一般的积分方程形式求解。在开放边界的问题中计算电场和磁场，矩量法是较佳选择。但这个方法需要边界上电荷或电流分布的信息，而通常这些信息并不具备。但若边界上的电位给定，就能用数值法预测边界上电荷或电流的分布，这要把边界划分成若干单元，有时称为边界单元，然后就能计算系统中任何地方的场分布。

5.2.2 天线原理

电磁探测通过电磁波实现目标探测。探测设备内部处理的是电信号，是以"路"的形式在内部传输；而在目标和设备之间，电磁波是以"场"的概念在空间中辐射传播。实现这种"路"与"场"的能量转化的部件就是天线。

对于天线的基本概念，可以分别从辐射器、传感器、变换器、换能器的角度进行理解。从发射的角度而言，天线可以视为一种可以把电路信号转化为空间电磁波能量的辐射器；从接收的角度而言，天线可以视为一种可以把空间电磁波能量转化为电路信号的传感器；从阻抗变换的角度而言，天线可以视为一个把传输线阻抗与自由空间阻抗匹配起来的阻抗变换器；综合发射、接收的观点，天线可以视为一个对电路能量与空间电磁波能量进行相互转化的换能器。

5.2.2.1 天线基本参数

1）方向性图和方向性系数

方向图刻画的是天线空间辐射特征，由天线辐射特征与空间坐标之间对应关系的函数图形表示。方向图主要分为主瓣、副瓣等，如图 5-1 所示。

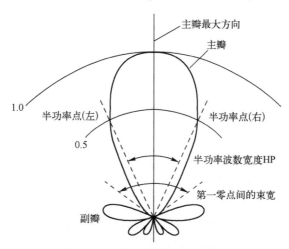

图 5-1 天线二维方向图示意图

方向性系数表征天线对能量辐射和接收强度的空间分布情况。定义为在特定角度内指引的能量与平均能量的比值,即

$$D = \frac{\text{峰值能量}}{\text{平均能量}} = \frac{|P(\theta,\phi)|}{\frac{1}{4\pi}\int |P(\theta,\phi)|d\Omega} = \frac{1}{\frac{1}{4\pi}\iint_{-\pi}^{\pi}|P(\theta,\phi)|\sin\theta d\theta d\phi} \quad (5-34)$$

2) 阻抗和带宽

阻抗匹配是天线最基本的要求。阻抗匹配的优劣程度通常可以通过两个参量来表征,即反射系数 Γ 和 VSWR(电压驻波比),表达式分别为

$$\Gamma = \frac{U^-}{U^+} = \frac{Z_{in} - Z_0}{Z_{in} + Z_0} = S_{11} \quad (5-35)$$

$$\text{VSWR} = \frac{U^+ + U^-}{U^+ - U^-} = \frac{1+|\Gamma|}{1-|\Gamma|} \quad (5-36)$$

VSWR 越大,代表着反射电压、反射电流越大。由于天线结构局限、材料介质非线性以及其他因素,输入阻抗的频率响应是非线性的,天线的阻抗具有频率响应特性,因此存在阻抗带宽的要求,对于宽带天线常用相对带宽来表示天线的带宽,即

$$B = 2\frac{f_H - f_L}{f_H + f_L} \quad (5-37)$$

式中 f_H, f_L——信号的上、下限频率。

3) 辐射效率与增益

辐射效率定义为天线辐射出去的能量占总输入功率的比值,是衡量天线将电信号转化成电磁波的能力,即

$$\eta = \frac{P_{rad}}{P_{rad} + P_{ohmic}} \quad (5-38)$$

对于高频天线来说,很多天线的辐射效率接近100%,但对于低频天线,其辐射效率低是难以攻克的困难之一。

增益 G 是方向性系数与效率的乘积,即

$$G = \eta \cdot D = \frac{P_{rad}}{P_{in}} \cdot D \quad (5-39)$$

通常选取各向同性天线的增益作为基准值,以 dB 为单位,有

$$G_{dB} = 10\log G \quad (5-40)$$

前后比(FBR)也可以用来描述天线的方向性和辐射能力,定义为某时刻最大辐射值与其相反方向辐射值的比值,其对数表示形式为

$$\text{FBR} = 20\log \frac{U_f}{U_b} \quad (5-41)$$

FBR 值越大表示雷达天线的方向性越好。

4) 极化

电磁波的极化是指在空间某位置上,沿电磁波的传播方向看去,其电场矢量在空间的取向随时间变化所描绘出的轨迹。如果这个轨迹是一条直线,则称为线极化;如果是一个圆,则称为圆极化;如果是一个椭圆,则称为椭圆极化。而天线的极化是以电磁波

的极化来确定的，天线的极化定义为：在最大增益方向上，作发射时其辐射电磁波的极化，或作接收时能使天线终端得到最大可用功率的方向入射电磁波的极化。根据极化形式的不同，天线可分为线极化天线、圆极化天线和椭圆极化天线。

天线极化方式主要受两个因素影响：一是其结构设计；二是馈电信号相位。在天线设计过程中，需要对这两个因素综合考虑。线极化天线、圆极化天线都只能接收极化分量与其极化相同的信号。其中，圆极化天线还需要用轴比 AR（axial ratio）的值来表征圆极化的优劣。

5) 有效孔径

有效孔径指天线的有效面积，即天线能接收到入射波的有效面积。天线的有效孔径大致可以通过下式得到，即

$$A = \frac{\lambda^2 G}{4\pi} = \frac{c^2 G}{4\pi f^2} \tag{5-42}$$

5.2.2.2 时频域分析

传统上，工程师们都从频域的观点来研究天线。频域观点就是用没有特定起止时间的正弦波作为激励，分析天线的工作过程，即稳态分析，得到的是天线的时间平均特性，因此，频域分析的出发点是认为天线在辐射功率，这种方法适用于分析点频工作或带宽相对较窄的以及稳态工作的系统。

而在超宽带时域系统中，需要从时域观点去研究天线。时域观点就是用具有特定起止时间、持续时间有限的瞬态信号来激励天线，分析天线的工作过程，即瞬态分析，得到的是天线的时变工作特性。因此，时域分析的出发点认为天线在辐射能量，这种方法适用于分析宽带、超宽带或者其他瞬态工作状态下的系统。

5.2.3 目标参数测量基本原理

利用电磁波，雷达可以测量目标距离、角度、速度信息。与雷达相比，射电望远镜一般主要是接收各类天体辐射的电磁信号，其观测距离一般极远，探测的目标参数相对较少，主要是对角度分辨率要求很高。

5.2.3.1 距离测量

雷达工作时，发射机经天线向空间发射固定重复周期的高频脉冲。如果在电磁波传播的途径上有目标存在，那么雷达就可以接收到由目标反射回来的回波。由于回波信号往返于雷达与目标之间，它将滞后于发射脉冲一个时间 Δt。众所周知，电磁波的能量是以光速传播的，设目标的距离为 R，则传播的距离等于光速乘上时间间隔，即

$$R = \frac{c \cdot \Delta t}{2} \tag{5-43}$$

式中　R——目标到雷达站的单程距离（m）；

　　　Δt——电磁波往返于目标和雷达之间的时间间隔（s）；

　　　c——光速，$c = 3 \times 10^8 \mathrm{m/s}$。

5.2.3.2 角度测量

为了确定目标的空间位置，雷达在大多数应用情况下，不仅要测定目标的距离，而且还要测定目标的方向，即测定目标的角坐标，其中包括目标的方位角和高低角（仰

角)。雷达测角的物理基础是电磁波在均匀介质中传播的直线性和方向性。在雷达技术中测量方位角和俯仰角基本上都是利用天线的方向性来实现。雷达天线将电磁能量汇集在窄波束内,当天线波束轴对准目标时,回波信号最强,如图 5-2 所示。当目标偏离天线波束轴时回波信号减弱,如图上虚线所示。根据接收回波最强时的天线波束指向,就可确定目标的方向,这就是角坐标测量的基本原理。天线波束指向实际上也是辐射波前的方向。

单纯利用天线方向性测量目标角度时,受波束宽度限制,精度指标较差。可以通过增大天线口径或者利用天线阵列提高测角精度。下面用二元干涉仪法对天线阵列测角原理进行讲述。如图 5-3 所示,两个基线长度为 d 的阵元进行探测,远场区域且与法线成 θ 夹角方向的目标,其回波到两个接收天线存在波程差,即

$$\Delta R = d \cdot \sin\theta \tag{5-44}$$

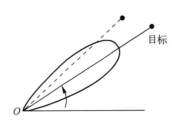

图 5-2 利用天线方向性测量目标角度

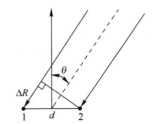

图 5-3 双元阵相位差测角示意

该波程差对应的相位差为

$$\Delta\varphi = 2\pi \frac{\Delta R}{\lambda} = 2\pi \frac{d \cdot \sin\theta}{\lambda} \tag{5-45}$$

式中 λ——载波波长(m)。

可根据天线端检测到的回波相位差求出目标角度,即

$$\theta = \arcsin\left(\frac{\Delta\varphi \cdot \lambda}{2\pi \cdot d}\right) \tag{5-46}$$

5.2.3.3 速度测量

有些雷达除确定目标的位置外,还需测定运动目标的相对速度。目标速度的测量可以通过时域方法也可以通过频域方法,时域方法即通过将两次测量到的目标与雷达之间的距离改变量除以两次测量的时间间隔,得出目标运动速度。这种方法在绪论部分已经介绍了,本节给出频域方法计算目标运动速度。

当目标与雷达站之间存在相对运动时,接收到的回波信号相对于发射信号将产生一个频移,这个频移在物理学上称为多普勒频移,可以表示为

$$\Delta f_d = \frac{2v_r}{\lambda} \tag{5-47}$$

式中 Δf_d——多普勒频移(Hz);

v_r——雷达与目标之间的径向速度(m/s)。

通过信号处理提取到多普勒频移量后,可按下式计算目标速度,即

$$v_r = \frac{\Delta f_d \cdot \lambda}{2} \tag{5-48}$$

当目标向着雷达站运动时，$v_r>0$，回波载频提高；反之 $v_r<0$，回波载频降低。雷达只要能测出回波信号的多普勒频移 Δf_d，就可以确定目标与雷达站之间的相对速度。

5.2.3.4 目标成像

1) SAR 成像

当雷达具有足够高的分辨率时，就可以实现对特定目标或区域成像。当前的成像雷达主要是各种合成孔径雷达（synthetic aperture radar, SAR）和逆合成孔径雷达（inverse SAR, ISAR），这两种雷达区别在于 SAR 是通过自身移动对静止目标成像，而 ISAR 是自身静止对运动目标成像。由于两种雷达工作原理大体相似，这里以 SAR 系统为例简单阐述其成像原理[27-30]。

SAR 一般固定在飞机或卫星等载具上，随着载具运动实现目标成像。这里需要提前引入一个概念：雷达的距离分辨率与带宽成反比；角度分辨率与天线孔径成反比。SAR 系统就是从这两个方面入手来实现二维高分辨率并最终得到目标图像的：通过发射调频信号获得距离向高分辨率，通过雷达运动近似于虚拟合成一个超大孔径获得方位向高分辨率。其处理过程可简单概括为：距离向匹配滤波（脉冲压缩）、距离徙动校正和方位脉冲压缩。

距离多普勒算法是 SAR 成像处理中最直观、最基本的经典方法，目前仍然应用在许多 SAR 系统中。SAR 通过雷达空间移动来获得较大的虚拟孔径。雷达的运动是成像的基础，在成像处理中必须解决距离徙动问题，目前出现的各类 SAR 成像算法其根本区别也在于距离徙动校正方法不同。

随着雷达的运动，对地面某一静止目标而言，其与雷达之间的距离是不断变换的，这表现在雷达回波上，随着雷达的移动同一目标位于不同的距离单元上，如图 5-4（a）所示，完成徙动校正后同一目标的回波将位于同一距离单元，如图 5-4（b）所示，此时再进行方位脉压即可实现目标回波聚焦，得到目标图像。

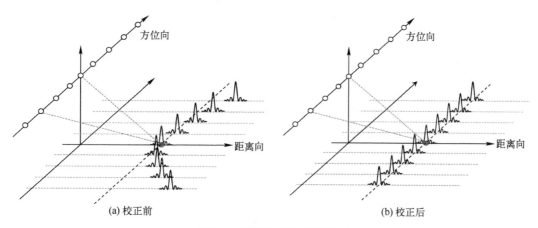

图 5-4 距离徙动校正示意图

对场景中一点目标 P 的回波进行分析，设此点目标到飞行航线的垂直距离（或称最近距离）为 R_B，并以此垂直距离线和航线交点的慢时间时刻 t_m 为零，而在任一时刻 t_m 雷达天线相位中心至 P 的斜距为 $R(t_m;R_B)$。函数里的 R_B 为常数，它对距离徙动有影响。设雷达发射信号为 $s_t(\hat{t})=a_r(\hat{t})\exp(j2\pi f_c\hat{t}+j\pi\gamma\hat{t}^2)$，$\gamma$ 为发射的 LFM 信号的调频率，其接收的上述点目标回波的基频信号在距离快时间-方位慢时间域（$\hat{t}$-t_m 域）可写为

$$s(\hat{t},t_m;R_B)=a_r\left(\hat{t}-\frac{2R(t_m;R_B)}{c}\right)a_a(t_m)\times \exp\left[j\pi\gamma\left(\hat{t}-\frac{2R(t_m;R_B)}{c}\right)^2\right]\exp\left[-j\frac{4\pi}{\lambda}R(t_m;R_B)\right] \quad (5-49)$$

式中 $a_r(\cdot)$，$a_a(\cdot)$——雷达线性调频（LFM）信号的窗函数和方位窗函数，前者在未加权时为矩形窗，后者除滤波加权外，还与天线波束形状有关；

λ——中心频率对应的波长，$\lambda=c/f_c$。

再完成距离向脉冲压缩后回波信号表示为

$$s(\hat{t},t_m;R_B)=A\mathrm{sinc}\left[\Delta f_r\left(\hat{t}-\frac{2R(t_m;R_B)}{c}\right)\right]a_a(t_m)\exp\left[-j\frac{4\pi}{\lambda}R(t_m;R_B)\right] \quad (5-50)$$

式中 A——距离压缩后点目标信号的幅度；

Δf_r——线性调频信号的频带，按照距离徙动量与距离分辨率的量级大小，需要进行不同程度的校正。

此处为了简便，认为虽然存在距离徙动，但徙动量较小，没有超过一个距离单元，因此式（5-50）可表示为

$$s(\hat{t},t_m;R_B)=A\mathrm{sinc}\left[\Delta f\left(\hat{t}-\frac{2R_B}{c}\right)\right]a_a(t_m)\exp\left[-j\frac{4\pi}{\lambda}\left(R_B+\frac{(Ut_m)^2}{2R_B}\right)\right] \quad (5-51)$$

对式（5-51）进行方位向匹配滤波处理，系统匹配函数为

$$s_a(t_m;R_B)=a_r(t_m)\exp[-j\pi\gamma_m(R_B)t_m^2] \quad (5-52)$$

其中，多普勒调频率为

$$\gamma_m(R_B)=-\frac{2U^2}{\lambda R_B} \quad (5-53)$$

方位匹配滤波处理完成后，回波信号可表示为

$$s(\hat{t},t_m;R_B)=C\mathrm{sinc}\left\{\Delta f_r\left[\hat{t}-\frac{2R_B}{c}\right]\right\}\mathrm{sinc}(\Delta f_a t_m) \quad (5-54)$$

式中 Δf_a——多普勒带宽。

最终得到距离向和方位向聚焦的目标图像。理想的点目标二维输出脉冲如图 5-5 所示。

需要说明的是，早期 SAR 是进行距离和方位二维成像的，而随着极化 SAR 和 MIMOSAR 技术发展，雷达已经可以实现距离、方位和高度三维成像，其成像效果和应用价值进一步提升，如图 5-6 和图 5-7 所示。

2）MIMO 雷达成像

除了虚拟孔径 SAR 成像外，真实孔径也可以实现雷达成像。最新的多发多收（MIMO）体制雷达就是实孔径成像技术，其基本的成像算法是后向投影算法。

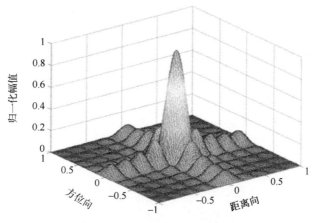

图 5-5　点目标回波二维聚焦图

(a) 0.1m分辨率

(b) 三维成像

图 5-6　PAMIR 系统成像

(a) E-SAR

(b) F-SAR

图 5-7　全极化成像

后向投影（back projection，BP）算法是经典的雷达成像算法，其最早是应用于计算机层析成像领域中。BP 主要原理是：计算多个位置的接收天线回波信号时延，并转化成回波强度相干处理。BP 算法不受限于天线形式，雷达系统硬件影响其成像分辨率，算法的相干处理影响其成像精度。下面对 BP 算法进行简要介绍。

在自由空间下，假设雷达的天线系统为单发多收的线性阵列天线，发射天线在阵列中间，接收天线数为 N，各接收通道的回波信号 $r(\tau,n)(n=1,2,\cdots,N)$ 具有正交性。在实际场景内，根据雷达可探测最大的距离划分一块矩形区域，发射信号 $s(\tau)$ 经点目标 $P(x_p,y_p)$ 反射被接收天线 R_n 接收，则回波信号可表示为

$$r_{R_n}(\tau,n)=s_n(\tau-\tau_{R_n}) \tag{5-55}$$

$$\tau_{R_n}=\frac{TP+PR_n}{c} \tag{5-56}$$

根据雷达系统的分辨率，将矩形区域划分成 $X \cdot Y$ 个网格，遍历接收天线得到所有回波信号后，将包含点目标的回波反向投影到成像区域 I，如图 5-8 所示，则 I 各点像素值的计算公式可表示为

$$I(x_i,y_i)=\sum_{i=1}^{N}s_n(\tau-\tau_{R_n}) \tag{5-57}$$

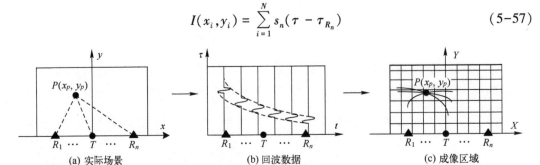

图 5-8　BP 算法原理

通过式（5-57）可知，越接近点目标，对应的像素值 $I(x_i,y_i)$ 越大，遍历整个成像区域 I 后，目标所在位置对应区域内像素值最大的位置。需要注意的是，随着累加次数的增加，非目标区域或接近点目标区域的像素值也在增大，这会造成点目标的扩散，导致目标定位精度下降。

传统的 BP 算法存在计算量与成像精度成反比的问题，现有的 BP 算法大多数是在提高处理速度上进行改进，如何兼顾加速和成像精度仍然是一个值得研究的问题。受MIMO 雷达收发单元数量及实际孔径尺寸限制，MIMO 雷达的成像效果目前仍远弱于SAR 雷达成像效果。

5.2.3.5　测量误差分析

针对雷达测距、测角和测速的方法，下面分别给 3 种测量的误差传递函数，结合误差传递函数可以进行测量误差分析。

测距误差为

$$dR=\frac{c}{2}d\Delta t \tag{5-58}$$

测角误差为

$$d\theta=\frac{\lambda}{2\pi d}\cdot\frac{\Delta\varphi}{\sqrt{1-\left(\frac{\Delta\varphi\cdot\lambda}{2\pi d}\right)^2}} \tag{5-59}$$

测速误差为

$$dv_r=\frac{\lambda}{2}d\Delta f_d \tag{5-60}$$

5.2.3.6 恒虚警检测

雷达目标参数测量之前，还需要对目标进行检测，这就涉及恒虚警检测的概念[31]。

恒虚警率 CFAR 是 constant false-alarm rate 的缩写。在雷达信号检测中，当外界干扰强度变化时，雷达能自动调整其灵敏度，使雷达的虚警概率保持不变，这种特性称为恒虚警率特性。CFAR 检测算法其实是一种准最佳检测器，在给定的虚警率下，具有同时检测多个目标信号的自动检测能力，其检测阈值不受背景杂波噪声变化的影响。CAFR 检测器和检测杂波统计特性是 CFAR 检测中影响最大的两个因素，同一种 CAFR 检测器在不同特性杂波中的检测效果会有很大差别。在不同环境下，如单目标与多目标、背景杂波均匀与不均匀，同一种 CFAR 检测器在不同环境下的检测性能会有很大差异。

常用的 CFAR 检测器有两类，分别为均值类 CFAR 和有序类 CFAR。单元平均恒虚警、最大选择恒虚警、最小选择恒虚警是均值类 CFAR 中最典型的检测器；有序类中以有序统计 CFAR 最为经典[32-33]。

5.2.3.7 天文测量

上面主要结合雷达系统，对目标参数测量进行介绍。射电望远镜对天体目标的参数测量与之大同小异。特殊之处在于以下几点[34]。

（1）射电源的光学证认：测定射电源的位置，找出它的光学对应体。

（2）角径和大小：直接测出射电源的角径，如果知道射电源的距离，即可定出它的直径。对于银河外射电源，通常是根据光学体对应的光谱线红移值，利用哈勃定律计算距离。

（3）强度分布和射电光度：高分辨率射电望远镜可以测出射电源辐射强度的分布，得到源的结构。在已知距离时，由辐射强度可计算出射电功率。

（4）频谱：通常在 10MHz~100GHz 频段内的许多个频率上测量辐射强度，从而得到射电源的辐射频谱。如果利用高分辨率观测，可以得到源中细节的频谱。

（5）偏振：用射电偏振计测定辐射中的偏振成分。

（6）射电谱线测量：搜索原子、分子发出的射电谱线，测定谱线的强度、轮廓、多普勒频移和偏振。

（7）随时间的变化：许多射电源的辐射强度和辐射结构在几天、几个月或几年内发生明显变化，需要长时间的监测。

5.3 电磁波探测系统组成

本节仍然以雷达为主介绍电磁探测系统组成，最后简单介绍射电望远镜的系统组成。

5.3.1 雷达基本组成

对于绝大多数雷达而言，其基本组成如图 5-9 所示，主要分为发射机、接收机、天线系统、信号处理系统、显示与控制终端 5 个模块。雷达发

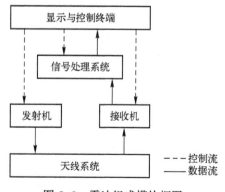

图 5-9 雷达组成模块框图

射机根据体制不同产生相应所需信号,然后馈送至天线进行辐射;天线对电磁波信号进行辐射和接收,当雷达系统天线是收发共用时,还需要使用 T/R 组件进行收发控制;雷达接收机通过对天线接收到的微弱电磁波信号进行处理,包括放大、降噪等,通常采用超外差混频接收来保证接收机的高灵敏度;信号处理系统对回波信号进行处理,主要包括消除杂波干扰、信号补偿、目标检测、定位成像等;显示与控制终端主要对雷达参数进行控制以及对处理后的数据结果进行显示[35]。

5.3.1.1 发射机

雷达发射机可分为频域稳态信号发射机和时域瞬态信号发射机两种,且以前者为主。

1) 频域发射机

常规的雷达发射机主要是发射连续波或脉冲调制的频域稳态信号,包括步进频率、线性调频等信号体制。一般需要由频率合成产生所需频率范围的射频信号,再通过中频对其进行调制,经过放大、滤波后成为发射信号,并利用功分器输出一路射频信号给接收机作为本振信号。其原理框图如图 5-10 所示。

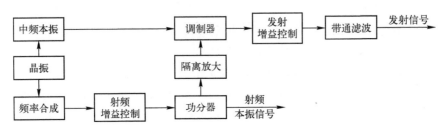

图 5-10 频域雷达发射机组成框图

要合成射频信号,目前常用技术主要有直接数字频率合成(direct digital frequency synthesis,DDS)技术、锁相环频率合成(phase lock loop frequency synthesis,PLL)技术以及混合频率合成技术等。

(1) 直接数字频率合成。直接数字频率合成技术是利用数据处理技术产生可调频率、相位,其原理框图如图 5-11 所示。

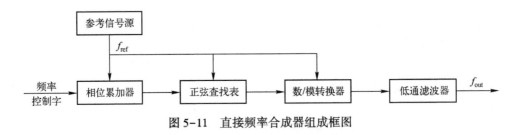

图 5-11 直接频率合成器组成框图

参考源一般采用稳定的石英晶体振荡器,用于同步合成器的各个组成部分,累加器用于将频率设置数据转换为相位样本,可决定给定取样时间时输出波形的幅度。设置这些数据时,正弦查找表(一般用 ROM 实现)将每个相位样本转换为一个正弦波形的数字幅度样本,该样本又被数/模转换器转换为需要的模拟信号。低通滤波器对取样时产生的不必要分量进行衰减,同时也滤除带外杂散输出信号。

在 DDS 技术中，可以通过提高相位累加器的位数，以提高输出信号的相位精确度和最小频率步进，减小量化误差，降低相噪。但实际上，由于量化误差的存在，合成信号的中心频率两边存在杂散边带，且边带与合成信号频率的频差要小于最小频率步进 $f_{ref}/2^N$，因此提高相位累加器的位数 N 会导致杂散边带更加接近合成信号频率，更加难以滤除。单纯利用 DDS 技术合成信号，存在输出带宽窄、谐波电平高、杂散抑制性能较差的不足。

（2）锁相环频率合成。PLL 技术利用相位的负反馈原理产生频率步进。基本的锁相环路由鉴相器（PD）、环路滤波器（LF）和压控振荡器（VCO）组成，如图 5-12 所示。

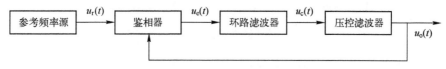

图 5-12　锁相环组成框图

实际使用的锁相环还可能包含有放大器、混频器、分频器、滤波器等部件，但这些部件不影响锁相环的工作原理，可不予考虑。PD 对参考信号 $u_r(t)$ 和 VCO 输出信号 $u_o(t)$ 的相位作比较，产生对应于这两个信号相位差的误差电压 $u_e(t)$，即

$$u_e(t) = f[\theta_e(t)] \tag{5-61}$$

式中　$\theta_e(t)$——$u_r(t)$ 和 $u_o(t)$ 的相位差，$\theta_e(t) = \theta_r(t) - \theta_o(t)$；

　　　$f[\cdot]$——运算关系。

LF 是低通滤波器，作用是滤除误差电压 $u_e(t)$ 中的高频分量及噪声，以保证环路所要求的性能，增加系统的稳定性。其输出信号 $u_c(t)$ 用于控制 VCO 的频率和相位，可表示为

$$u_c(t) = F(p) u_e(t) \tag{5-62}$$

式中　p——微分算子符号；

　　　$F(p)$——LF 传输算子。

VCO 是一个电压-频率变换装置，其输出频率受 LF 输出电压 $u_c(t)$ 的控制，使振荡频率向参考信号的频率靠拢，两者的差拍频率越来越低，直至两者的频率相同而保持一个较小的剩余相差为止。其输出频率可表示为

$$\omega_o(t) = \omega_o + K_o u_c(t) \tag{5-63}$$

对式（5-63）两边积分，得

$$\theta_o(t) = \frac{K_o u_c(t)}{p} \tag{5-64}$$

综合式（5-61）至式（5-64），可以得到锁相环的相位模型，如图 5-13 所示。

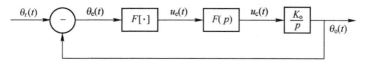

图 5-13　锁相环的相位模型

从上述的 DDS 和 PLL 的工作原理中可以看出，相比 DDS 的开环电路，PLL 的闭环自动相位调节在频率和相位特性上具有优势：输出频带宽、杂散抑制好、频率自动锁定等。但是，由于锁相环的相位锁定需要较长的时间，因此其频率切换时间较长。

2) 时域发射机

常规的雷达发射机主要是发射连续波或脉冲调制的频域稳态信号，而时域冲激体制超宽带雷达发射时域瞬态冲激脉冲信号。它的发射机主要是纳秒及亚纳秒级脉冲源。其原理组成框图如图 5-14 所示。

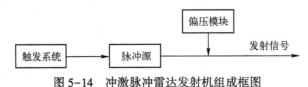

图 5-14 冲激脉冲雷达发射机组成框图

目前，为了产生纳秒级窄脉冲，常用的产生脉冲源的晶体管有雪崩三极管、阶跃恢复二极管、场效应管等。同为晶体管开关源，阶跃恢复二极管、场效应管源在稳定度指标和重频上限指标上优于雪崩三极管。其受峰值功率和占空比限制，冲激脉冲源实际平均功率较小，导致冲激体制类大作用距离较近。为提高冲激脉冲源峰值功率，可以采用电路合成、空间合成等方式提高信号功率。时域雷达发射机目前主要仍局限于民用小微功率雷达系统中使用。纳秒级冲激脉冲源的参数比较见表 5-2。

表 5-2 纳秒级冲激脉冲源的参数比较

指标		脉冲源类型		
		雪崩三极管源	阶跃恢复二极管源	场效应管源
时基稳定度	短时抖动	10^{-1}ns 量级	10^{-2}ns 量级	10^{-2}ns 量级
	长时漂移	每分钟纳秒量级	每分钟 10^{-1}ns 量级	每分钟 10^{-1}ns 量级
波形稳定度	峰值稳定度/%	5	2	1
	脉宽稳定度/%	5	1	2
峰值功率/MW		0.1	0.05	0.05
最高重频/kHz		200	10000	1000

5.3.1.2 接收机

雷达接收机可分为针对频域稳态信号的超外差混频接收机和针对时域瞬态信号的时域高速采样接收机两种，且以前者为主。

1) 超外差混频接收机

频域稳态信号雷达通常采用超外差式接收机，对接收到的回波信号进行低噪声放大后，再与射频本振信号进行下混频，经过带通滤波器和中频增益控制后得到中频信号，最后输出给 ADC 芯片进行采样，转化为数字信号，以便后续处理。其原理组成如图 5-15 所示。

2) 时域高速采样接收机

时域冲激体制超宽带雷达，由于冲激脉冲信号属于时域瞬态信号，无法和频域稳态信号一样进行超外差混频接收，在接收时需要直接进行时域高速采样，时域高速采样又分为高速实时采样和高速等效采样两种。

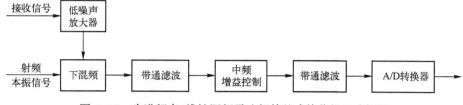

图 5-15 步进频率/线性调频雷达超外差式接收机组成框图

其接收机原理组成如图 5-16 所示。

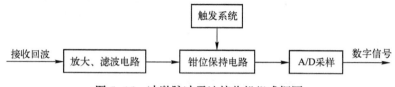

图 5-16 冲激脉冲雷达接收机组成框图

高速等效采样是在每个周期内只采集部分采样点的信息然后通过多个周期来采集所需要的全部信息，最后将这些采集到的信息组合在一起，从而恢复被采样信号。高速等效采样通过牺牲时间来换取高采样率，可以用较低速 A/D 芯片完成高采样率采样。高速等效采样的缺点是需要消耗大量时间。针对某个冲激脉冲信号，实时采样只需一个采样周期，而等效时间采样可能要耗费上百个采样周期，这样大大降低系统的效率。同时，高速等效采样要求被采样信号必须是可重复的周期信号，这也限制了高速等效采样的应用范围。

5.3.1.3 天线系统

雷达的天线主要功能是实现对电磁波信号的辐射和接收。在收发共用天线系统中还需要通过 T/R 组件进行收发切换。雷达天线类型很多，常见的有抛物面天线、喇叭天线、蝶形天线、Vivaldi 天线等。

1) 抛物面天线

抛物面天线主要由馈源和反射面两部分组成，如图 5-17 所示。它是由馈源发出电磁波到反射面上，然后再经反射面反射后获得相应方向的平面波波束，以实现定向发射。

2) 喇叭天线

喇叭天线（图 5-18）是由逐渐张开的波导构成。波导终端开口原则上可构成波导辐射器，但是它存在以下两个缺点：一是由于口径尺寸小，产生的波束过宽；二是波导终端尺寸的突变除产生高次模外，其反射较大，与波导匹配不良。为了改善这些情况，可使波导尺寸逐渐加大，这样既可保证波导与空间的良好匹配，又可以获得较大的口径尺寸，以加强辐射的方向性，使波束变窄。喇叭天线根据口径的形状可分为矩形喇叭天线和圆形喇叭天线等。

图 5-17 抛物面天线

图 5-18　喇叭天线（左）和双脊喇叭天线（右）

3）蝶形振子天线

蝶形振子天线由于其具有优越的性能、成本低、易于加工的结构、时域特性好等诸多优点，在超宽带探地雷达、穿墙雷达等领域应用广泛。蝶形天线的原型是根据双锥天线演变而来，将双锥天线的三维立体结构变成二维平面结构，如图 5-19 所示。

4）Vivaldi 天线

Vivaldi 天线是缝隙天线的一种，通过采用指数形状的缝隙结构来控制电磁波从缝隙的一端向开口端辐射电磁能量的缝隙微带天线，如图 5-20 所示。它的结构是集结构加载、电阻加载及开槽于一身，实现了覆盖频带宽、增益适中、方向图前后比小、体积尺寸小等多种特性。

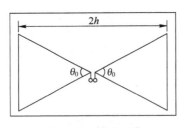 

图 5-19　蝶形天线　　　　　　图 5-20　Vivaldi 天线

5）天线阵列

天线阵列是由许多相同的单个天线按一定规律排列组成的天线系统，也称天线阵。天线阵的独立单元称为阵元或天线单元。如果阵元排列在直线或平面上，则称为直线阵列或平面阵。由前面讲解的天线极化方向可知，单一的天线通常方向性较为确定、单一，为了提高天线的方向性，对相同或不同极化方向的天线进行排列，组成天线阵列，再经过信号处理系统的综合，能够获取各个极化方向的回波信号。

5.3.1.4　信号处理系统

现代雷达中，数据传输到信号处理系统之前，接收机会对回波信号进行采样和预处理，因此传输到信号处理系统的回波信号为数字信号，在信号处理系统中只需要使用相应算法对其进行处理，给出结果判断与显示。具体的信号处理算法见"5.2.3 节目标参数测量基本原理"。

在实际应用中，信号处理系统的载体可以是 ARM 等嵌入式芯片或计算机。在小微功率雷达中，当数据运算量相对较小时，可以使用 ARM 等嵌入式芯片对数据进行处理。

5.3.2 射电天文望远镜基本组成

射电望远镜不主动发射电磁信号,因此与雷达系统相比没有发射机,其主要组成部分为天线或天线阵、接收机、数据采集处理系统和显示控制系统。其中,天线系统是射电望远镜的核心部件,射电望远镜的分辨率与天线的口径直接相关。根据天线的机械结构和驱动方式,射电望远镜可分为 3 类,即全可转型、部分可转型和固定型。

全可转型,天线配合有两个方向维度的旋转支架,通过两维旋转支架可实现天线跟踪目标;部分可转型,天线的支架只可以进行一个维度的转动;固定型,天线反射面完全固定,没有可旋转的支架,一般通过移动馈源或改变馈源相位的方法实现方向性观测。全可转型和部分可转型射电望远镜的天线尺寸较小,因此其分辨率较低。而固定型射电望远镜的天线口径较大,分辨率较高,我国在贵州建立的"天眼"系统即为该类型射电望远镜。

由于固定型射电望远镜的组成相对简单,在此以可转型射电望远镜为例介绍射电望远镜基本组成。天线系统包括主反射面(可能还有副面)、支撑反射面的支架和馈源。天线系统中的主反射面收集从天体来的辐射,支架的作用是随时可指向所要求的观测目标,能随天球转动跟踪监视射电源,支架有标明天线指向天空位置的码盘,确定观测源的位置。馈源有偏振滤波的功能,它把天线收集的某个偏振方向自由电磁辐射集中起来变为电流。图 5-21 中接收机前端、传输线和接收机称为接收机系统。射电望远镜系统为降低噪声,总是把低噪声接收机前端与馈源连在一起放在天线的焦点上,接收信号由传输线送给接收机,接收机对这些信号进行放大和加工。射电望远镜中的数据采集系统按不同的观测要求分为总功率采集和频谱采集两种,对应数据采集系统为辐射计和射电频谱仪。最后通过计算机,显示、记录、加工和存储数据,并控制望远镜各个部分协调工作。

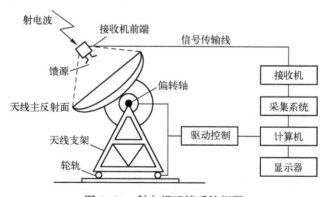

图 5-21 射电望远镜系统框图

5.4 雷达作用距离与雷达方程

5.4.1 雷达方程

基于雷达方程可以估算雷达作用距离。下面推导单基站雷达方程。

设雷达的发射功率为 P_t，发射天线的增益为 G_t，则在自由空间工作时，距雷达天线 R 远目标处的功率密度为

$$S_1 = \frac{P_t G_t}{4\pi R^2} \tag{5-65}$$

目标受到发射电磁波的照射，因其散射特性而将产生散射回波。散射功率的大小显然和目标所在点的发射功率密度 S_1 以及目标的特性有关。用目标的散射截面积 σ（其量纲是面积）来表征其散射特性。假定目标可以将接收到的功率无损耗地辐射出来，则可得到由目标散射的功率（二次散射功率）为

$$P_2 = \sigma S_1 = \frac{\sigma P_t G_t}{4\pi R^2} \tag{5-66}$$

又假设 P_2 均匀地辐射，则在接收天线处收到的回波功率密度为

$$S_2 = \frac{P_2}{4\pi R^2} = \frac{\sigma P_t G_t}{(4\pi R^2)^2} \tag{5-67}$$

如果雷达接收天线的有效接收面积为 A_r，则在雷达接收处接收回波功率为

$$P_r = A_r S_2 = \frac{P_t G_t \sigma A_r}{(4\pi R^2)^2} \tag{5-68}$$

由天线理论可知，天线增益和有效面积之间有以下关系，即

$$G = \frac{4\pi A}{\lambda^2} \tag{5-69}$$

式中 λ——工作波长。

则接收回波功率可写为

$$P_r = \frac{P_t G_t G_r \lambda^2 \sigma}{(4\pi)^3 R^4} \tag{5-70}$$

$$P_r = \frac{P_t A_t A_r \sigma}{4\pi \lambda^2 R^4} \tag{5-71}$$

单基站脉冲雷达通常收发共用天线，即 $G_t = G_r = G$、$A_t = A_r$，将此关系式代入式（5-70）和式（5-71）即可得常用结果。

由上述式子可以看出，接收的回波功率 P_r 反比于目标与雷达站间的距离 R 的 4 次方，这是因为一次雷达中，反射功率经过往返双倍的距离路程，能量衰减很大。接收到的功率 P_r 必须超过最小可检测信号功率 S_{imin}，雷达才能可靠地发现目标。当 P_r 正好等于 S_{imin} 时，就可得到雷达检测该目标的最大作用距离 R_{max}。因为超过这个距离，接收到的信号功率 P_r 进一步缩小，就不能可靠地检测到目标。它们的关系式可以表达为

$$P_r = S_{imin} = \frac{P_t \sigma A_r^2}{4\pi \lambda^2 R_{max}^4} = \frac{P_t G^2 \lambda^2 \sigma}{(4\pi)^3 R_{max}^4} \tag{5-72}$$

或

$$R_{max} = \left[\frac{P_t \sigma A_r^2}{4\pi \lambda^2 S_{imin}}\right]^{\frac{1}{4}} \tag{5-73}$$

$$R_{\max} = \left[\frac{P_t G^2 \lambda^2 \sigma}{(4\pi)^3 S_{i\min}} \right]^{\frac{1}{4}} \quad (5-74)$$

上述两式是雷达距离方程的两种基本形式，它表明了作用距离 $R_{\max}$ 和雷达参数以及目标特性间的关系。

5.4.2 目标的雷达截面积（RCS）

雷达是通过目标的二次散射功率来发现目标的。为了描述目标的后向散射特性，在雷达方程的推导过程中，定义了点目标的雷达截面积 σ，即

$$P_2 = S_1 \sigma \quad (5-75)$$

式中 P_2——目标散射的总功率；
S_1——照射的功率密度。

雷达截面积 σ 又可写为

$$\sigma = \frac{P_2}{S_1} \quad (5-76)$$

由于二次散射，在雷达接收点处单位立体角内的散射功率 P_Δ 为

$$P_\Delta = \frac{P_2}{4\pi} = S_1 \frac{\sigma}{4\pi} \quad (5-77)$$

据此，又可定义雷达截面积 σ 为

$$\sigma = 4\pi \cdot \frac{\text{返回接收机每单位立体角内的回波功率}}{\text{入射功率密度}} \quad (5-78)$$

σ 定义为在远场条件（平面波照射的条件）下，目标处每单位入射功率密度在接收机处每单位立体角内产生的反射功率乘以 4π。为了进一步了解 σ 的定义，按照定义来考虑一个具体良好导电性能的各向同性的球体截面积。设目标处入射功率密度为 S_1，球目标的几何投影面积为 A_1，则目标所截获的功率为 $S_1 A_1$。由于该球导电良好且各向同性，因而它将截获的功率 $S_1 A_1$ 全部均匀地辐射到 4π 立体角内，根据式（5-78），可定义为

$$\sigma = 4\pi \frac{\frac{S_1 A_1}{(4\pi)}}{S_1} = A_1 \quad (5-79)$$

式（5-79）表明，导电性能良好各向同性的球体，它的截面积 σ 等于该球体的几何投影面积。这就是说，任何一个反射体的截面积都可以想象为一个具有各向同性的等效球体的截面积。等效的意思就是指该球体在接收机方向每单位立体角所产生的功率与实际目标散射体所产生的相同，从而将雷达截面积理解为一个等效无耗的各向均匀反射体的截获面积（投影面积）。因为实际目标的外形复杂，它的后向散射特性是各部分散射的矢量合成，因而不同的照射方向有不同的雷达截面积 σ 值。

除了后向散射特性外，有时还需要测量和计算目标在其他方向的散射功率，如双基地雷达工作时的情况。可以按照同样的概念和方法来定义目标的双基地雷达截面积 σ_b。对复杂目标来讲，σ_b 不仅与发射、接收的方向有关，而且还取决于目标材质、电磁波极化方式等参数。

5.5 电磁波探测技术的应用

电磁波探测技术在军事和民用领域应用非常广泛，下面进行简要介绍。

5.5.1 电磁波探测技术在军事上的应用

5.5.1.1 对空天敏感目标探测

在军事上，雷达主要用于空天敏感目标探测。包括：以飞机、导弹为主的军用飞行器；以无人机、浮空器和直升机为主的低空小型慢速目标；还有具有隐身性能的战斗机、轰炸机等。根据系统安装的载体，雷达可分为地基、空基、天基和海基雷达。

针对飞机、导弹类目标，一般采用米波至毫米波雷达。通过在高地或者在地面机动车辆上架设地基对空雷达工作站，可以为军事要地提供空域侦察和预警。空基、天基雷达是指将雷达探测系统安装在飞机或卫星上对隐身目标进行俯视或侧视探测，以获取较大的目标 RCS。其中，天基预警雷达工作在地球大气层之外，以卫星、航天飞机、空间站等为平台，主要对在轨的其他卫星、轨道武器、太空碎片、弹道导弹、巡航导弹、战略轰炸机等空间、空中或地面目标进行长时间的预警探测；空中预警雷达以预警飞机为平台，是空中活动雷达站，具有搜索、探测、识别、跟踪等多种功能，与普通地面雷达相比可提高探测效率。舰载雷达又称海基雷达，通常需要担负对空警戒、飞行引导、气象监测、航空管制、敌我识别等多种任务。

1) 地基雷达

以 MPQ-64 雷达为例，该雷达是美国陆军前沿战区防空系统（FAADS）的地基雷达，由雷声公司电子系统部（原为休斯飞机公司传感器与通信系统分部）研制。MPQ-64 是新一代 3cm 波段三坐标雷达，它用来产生跟踪数据、空中监视及跟踪目标，为 FAADS 武器提供目标位置信息（表 5-3）。该雷达采用了先进相控阵技术来探测、跟踪、分类、识别和报告目标，包括固定翼和旋翼式飞机、巡航导弹和无人驾驶飞机（UAV）。它可以作为一部独立的雷达或作为综合网的一部分来工作，具有机动能力，可用作补盲雷达。

表 5-3 MPQ-64 雷达技术指标

技术指标	性能数据
工作频率	8~12GHz
作用距离	74km；对小型战斗机截获距离为 40km
覆盖范围	360°
探测高度	12km
俯仰搜索范围	22°可选，10°~55°
俯仰跟踪范围	-10°~55° 波束宽度：方位 2°，仰角 1.8°
精度（均方根）	方位角 0.2°，仰角 0.2°，距离 40m
天线转速	30r/min
机动性	撤收：5min；架设：15min

2) 空基雷达

AN/APY-1 是 Westinghouse 公司专门为 E-3ASentryAWACS 设计的预警雷达（图 5-22）。

它安装在 B707-320B 飞机上。AN/APY-1/2 雷达有多种工作方式,且在进行方位扫描时,可把监视空间分成 24 个扇形区,各扇形区根据情况自选工作方式,且可随时更换,因而操作人员可集中监视重要目标。AN/APY-1/2 雷达主要用于探测低空目标,如高速轰炸机、巡航导弹等。它有 3 个突出特点:下视能力良好;探测距离远;抗干扰性能良好(表 5-4)。

图 5-22 AN/APY-1 雷达

表 5-4 AN/APY-1 技术指标

技术指标	性能数据
工作频率	2~4GHz
监视范围	125000m²
探测仰角	±15°、±30°(电扫描)
作用距离	667km
扫描周期	6r/min
天线直径	9m
天线厚度	1.8m
总质量	3400kg
平均无故障工作时间	500h

3)天基雷达

雷达卫星具有很多光学卫星不具备的优越能力,突出表现在无论是云雾还是雨雪等天气,它都能穿透大气稳定成像,保持全天时和全天候的遥感能力。雷达卫星的优势不止于全天候作战,相比光学遥感卫星,雷达卫星的电磁波能穿透土壤和植被,可以探测浅表地下目标。此外,SAR 成像的分辨率取决于合成孔径大小,卫星成像分辨率和轨道高度无关,而光学遥感的分辨率和轨道高度成反比,高度越大分辨率越低。雷达卫星还有不同波束的工作模式,成像更为灵活,提供了更丰富的分辨能力。

4)海基雷达

AN/SPY-1 雷达(图 5-23)是一种工作在 S 波段(3.1~3.5GHz)的固定式多功能相控阵雷达,能自动搜索、跟踪多个目标,也能边搜索边跟踪,并对发射的标准导弹实施制导,是美国海军"宙斯盾"防空反

图 5-23 AN/SPY-1 雷达

导作战系统的核心。它由美国国防工业巨头洛克希德·马丁公司于 1969 年开始研发，并在 1983 年正式装备部队。1989 年 1 月，美国海军接收了首套 AN/SPY-1D 雷达。此后，美国又相继研发了 AN/SPY-1D（V）和 AN/SPY-1E/F 雷达。每个 SPY-1 雷达都有 4 个天线阵面，每个阵面覆盖的方位角都略大于 90°，如表 5-5 所列。

表 5-5 AN/SPY-1 雷达技术指标

技术指标	性能数据
工作频率	3.1～3.5GHz
工作带宽	300MHz
单元数目	4350（2175×2 个）
天线面积	4×12m²
波束宽度	1.3°
平均发射功率	58kW
脉冲宽度	6.4μs、12.7μs、25μs 和 51μs
噪声系数	4.25dB
探测距离	400km

5.5.1.2 对地面敏感目标探测

地面侦察雷达工作环境复杂，目标类型多样，运动特征多变。地面目标主要指武装坦克、装甲车辆、武装单兵和集结部队等。根据目标状态参数和身份识别结果，对目标的威胁度进行评估是地面侦察雷达的关键任务。地面目标和空中目标的运动特征、对抗方式区别很大，地面侦察雷达和防空雷达应用方式也不同。

地面监视雷达的应用比较广泛，包括城镇机动作战、隐蔽侦察监视、反恐作战、边界巡逻、区域保护等。从战场战术实践来讲，这种雷达主要用来对关键地点以及路线予以搜索警戒，对桥梁、路障、狭窄路段等点目标进行观察。此外，地面监视雷达还可对烟雾、强光掩盖下的目标进行辅助观察。地面侦察雷达主要用于对重点区域防护，也可抵进敌方阵地侦察，是现代战场最重要的传感器之一。

1）地基雷达

AN/PPS-15 雷达是美国研制的 X 波段相参连续波多普勒战场侦察雷达，主要用于对战场上的人员、车辆等移动目标进行近距离探测和定位（图 5-24）。AN/PPS-15 在多种气象和地形条件下均可昼夜运转，可供步兵执行侦察任务。

AN/PPS-15 采用相干多普勒、脉冲调制和连续波相关技术，配有警报灯和扬声器，当发现移动目标时，能够自动提供视觉和声音指示，探测距离在 50～1500m 处的人员和 50～3000m 处质量在半吨左右的车辆。该雷达也具有自动扫描和手动扫描两种工作模式，灵活性好。另外，该雷达预置有多频率供操作手选择，并采用低功率输出方式，降低了被敌方侦察的概率。

AN/PPS-15 战场侦察雷达主要特点：体积小，重量轻，使用方便，可手持或设在三脚架上，也可装在车辆

图 5-24 AN/PPS-15 雷达

上；测量精度高、抗干扰性能强，具有全天候工作能力；可使用遥控电缆进行遥控工作；但作用距离稍近。AN/PPS-15雷达技术指标如表5-6所列。

表5-6 AN/PPS-15雷达技术指标

技术指标	性能数据
工作频率	10.3MHz
平均功率	45mW
雷达尺寸	20cm×30cm
质量	12kg
扇扫范围	22°~180°
探测仰角	34°
探测距离	3000m
波束宽度	12°(俯仰)，5.6°(水平)
天线转速	1r/min
遥控距离	35m

2) 空基雷达

AN/APS-94雷达监视设备是X波段侧视机载雷达，装置安装在MOHAWKOV-1D机身下方和右侧（图5-25）。雷达系统同时在飞机驾驶舱的显示器上产生固定（PE）和移动目标（MTI）的信息。PE操作模式会生成地形的雷达图，并显示固定的目标信息，而MTI模式会记录运动的目标信息。

AN/APS-94F是夜间检测车辆交通的主要手段之一。它能检测陆地上以及沿海和内陆水道上的固定目标和移动目标。通过这种监视系统，可以确定移动目标的位置以及关键区域的陆路和水路交通的长期情况。AN/APS-94F雷达技术指标如表5-7所列。

图5-25 AN/APS-94F雷达

表5-7 AN/APS-94F雷达技术指标

技术指标	性能数据
工作频率	9.1~9.4GHz
峰值功率	160kW
脉冲宽度	0.2μs
探测距离	92km
测距精度	30m
探测精度	0.45°

5.5.1.3 对海面敏感目标探测

对海面目标探测主要需要去除海杂波干扰。海杂波属于动态杂波，具有一定规律的统计特性。目标将处于不平静海面产生的强反射杂波背景下，杂波功率远远大于目标回波功率。只有在很平静的海面上，雷达波以较小的角度照射时，海面呈镜面反射，基本不产生后向散射杂波。

1) 空基雷达

AN/APS-134（V）雷达是 Raytheon 公司研发的反潜和海上监视雷达，它既能提供最佳反潜性能又具有优异的海面监视能力（图5-26）。其主要特点是用快速扫描天线和数字信号处理有效抑制海杂波，并用脉冲压缩和扫描间积累来检测海杂波中的小目标。发射波形是带宽为500MHz的线性调频波，它使发射机具有高的平均功率。这一高平均功率

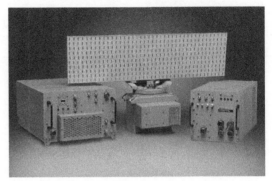

图 5-26 AN/APS-134（V）雷达

与高天线增益相结合，保证了雷达的距离性能。接收机用表声器件实现脉冲压缩。天线以快速扫描使海杂波去相关，再加上进行扫描间处理，又进一步消除了非相关的海杂波。该雷达除装备美国海军的双发亚声速舰载反潜机 S-3A 外，还为其他几个国家生产，其中包括西德的海上巡逻机 Atlantic、皇家新西兰空军的 P-3B。AN/APS-134（V）雷达技术指标如表5-8所列。

表 5-8 AN/APS-134（V）雷达技术指标

技 术 指 标	性 能 数 据
工作频率	9.5~10GHz
平均功率	500W
脉冲宽度	0.5μs/压缩后 2.5ns
波束宽度	1.3°
天线增益	35dB
扫描速率	6r/min、40r/min、150r/min
探测距离	278km
质量	239kg
天线尺寸	0.9m×1m

2) 海基雷达

AN/SPS-73 雷达，由雷声公司（Raytheon Company）研制生产的（图5-27）。该雷达被誉为创建海上导航的新时代。AN/SPS-73 雷达的集成数据提供给操作员一幅完整、丰富的海上环境图画。雷达、处理器和显示器采用了高性能的商用产品和先进技术，为海员提供了一个高级的导航系统。

AN/SPS-73 雷达是一种近程双坐标海面搜索与导航雷达系统，提供接近目标的距离和方

图 5-27 AN/SPS-73 雷达

位信息。海面搜索功能提供了对海面目标和低空飞行目标的近程探测和监视。同时,它的导航功能能够快速、精确地确定我舰与相邻船只的位置,避免发生碰撞。AN/SPS-73 拥有自己的显示器,它不仅能显示 SPS-73 的信息,也能显示来自其他舰船雷达的信息。AN/SPS-73 雷达技术指标如表 5-9 所列。

表 5-9 AN/SPS-73 雷达技术指标

技 术 指 标	性 能 数 据
工作频率	2~4GHz 或 8~12GHz
距离范围	0.375~96n mile
峰值功率	25kW
天线类型	旋转裂缝阵列
扫描速率	20~25r/min
波束俯仰宽度	20°~25°
波束水平宽度	0.75°~1.9°

5.5.2 电磁波探测技术在民用上的应用

5.5.2.1 精准农业

遥感技术可在不同的电磁波谱内周期性地收集地表信息,作为人们研究、识别地球和环境的主要方法。电磁波遥感技术可为精准农业提供快速、准确、动态的空间信息差异参数。电磁波遥感技术为精准农业提供的农田作物空间分布信息包括两类:一类是基础信息,这种信息在作物生育期内基本没有变化或变化较少,主要包括农田基础设施、地块分布及土壤肥力状况等信息;另一类是时空动态变化信息,包括作物产量、土壤墒情、作物养分状况、病虫害发生发展状况、杂草生长状况以及作物物候等信息,这些信息可以指导农田灌溉、施肥、病虫害防治、杂草控制及作物收获,进行农田优化管理。图 5-28 所示为高分 3 号多极化 SAR 对农田精准成像。

5.5.2.2 防灾减灾

雷达具有全天时、全天候对地观测优势,是灾害应急监测和防灾减灾的重要手段。雷达可应用于救援现场的生命探测、山体滑坡检测、森林火灾监测和震后山体滑坡后地形测绘等方面。

1) 雷达生命探测仪

雷达生命探测仪的核心科技是超宽带雷达技术。它通过人体运动或者呼吸对电磁波产生多普勒效应,从而判断有无生命特征。当探测器发射电磁波后,如果遇到静止的物体,如墙壁、碎石块,电磁波返回的信号没有变化;如果遇到生命活动如呼吸或运动,电磁波返回的频率会发生变化。接收机接收到回波信号后,对信号进行积累、

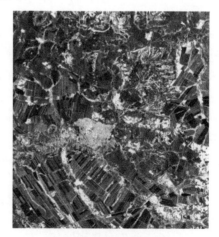

图 5-28 高分 3 号多极化 SAR 对农田精准成像

微分放大过滤等技术处理,就可以检测出生命体的位置信息,达到探测被困人员的目的。

湖南正申科技有限公司的 ZENNZE 系列雷达生命探测仪是专门应用于地震、塌方、雪崩等灾害现场,搜索与探测被废墟掩埋幸存者的高科技救援设备(表5-10)。它采用超宽带雷达技术,基于人体运动在雷达回波上所产生的时域多普勒效应来判断废墟内有无生命体及其位置信息。该设备可实现非接触式生命特征信号提取,可穿透非金属介质,在较远的距离内探测到幸存者的生命信号并给出生命体的距离信息,具有穿透性强、探测效率高、探测灵敏度高、环境适应性好、抗干扰性强等优点。

表 5-10 ZENNZE 系列雷达生命探测仪基本参数

产品型号	ZENNZE 系列
雷达体制	超宽带(UWB)
频率范围	100~2500MHz
穿透材质	混凝土、土壤、木材等非金属物体
多目标探测功能	支持
远程专家服务功能	支持
电池类型	可充电式锂离子电池
操作系统	Linux/Android
安全等级	IP67,适应严酷救援环境

2) 边坡监测雷达

雷达可用于边坡监测,防止滑坡事故发生而造成人员伤亡。

理工雷科的 MIMO 型山体滑坡遥感监测系统可用于对露天矿、地质滑坡灾害场景、水坝等区域的亚毫米级实时地表形变测量和滑坡进行早期预警。具有精度高、功耗低、易于搬运等特点。其技术参数如表5-11所列。

表 5-11 MIMO 型山体滑坡遥感监测系统技术参数

监测目标类型	裸露地表
监测距离	≥3km
形变精度	≤0.1mm
分辨率	0.3m×9mrad
监测方位	≥70
俯仰监测角度	≥40
尺寸(长×宽×高)	140cm×32cm×8.5cm
质量	20kg
供电要求	220V AC/24V DC
功耗	70W
工作温度	−30~50℃
防水等级	IP65

3）地形测绘系统

地形测绘系统主要利用合成孔径雷达（synthetic aperture radar，SAR）对地表进行监测。由于 SAR 可以穿透云雾，具有全天候、全天时工作能力，同时又具备一定的穿透天然植被、人工伪装和地面表层土壤一定深度的能力，与可见光、红外遥感相比，有着独特的优越性，因此在地形测绘领域显示出巨大的应用潜力。

北京富斯德科技的 MiniSAR 是一款适用于无人机载的超轻型 SAR，具有重量轻、功率低和全天时全天候作业的能力。该系统具备高达 0.2m 的成像分辨率和实时图像获取及处理的功能，适用于遥感成像测图以及突发事件的预防与应急救援、监测与预警、灾情评估等。其技术参数如表 5-12 所列。

表 5-12 Mini SAR 超轻型合成孔径雷达技术参数

带宽	100MHz
实时成像分辨率	0.3m
实时数据处理	连续图像，条带式 SAR，海上逆 SAR
最大测距	2.5km
天线尺寸	30cm×5cm
条带扫描宽度	2km
电源	28V DC
功耗	<50W
传感器质量	<3kg
惯导与全球定位系统	3 轴加速传感器，3 轴陀螺仪

5.5.2.3 自动驾驶

1）盲区监测系统

盲区监测（blind spot detection）是自动驾驶领域中十分重要的一部分。因为车辆的设计构造以及人眼视觉范围两方面原因，驾驶员在驾驶过程中会拥有一定的盲区范围，难以准确掌握全部周围环境。盲区监测技术利用传感器对驾乘人员的视野盲区进行探测，当盲区或接近区域内有车辆时，通过发出报警声音或者指示灯闪烁提醒驾乘人员，以减少交通事故的发生。

长沙莫之比公司的 CAR-B70 盲区监测雷达是针对大车右侧盲区内的目标进行预警的一款雷达，配合其独特的穿透烟、雾、灰尘的能力可以实现全天候、全天时应用。其技术参数如表 5-13 所列。

表 5-13 CAR-B70 盲区监测雷达技术参数

工作电压	8~36V
工作温度	−40~85℃
功耗	<2W
防水等级	IP67
频段	77~81GHz

续表

距离分辨	0.5m
测距精度	优于0.18m
探测距离	20m
输出信号	CAN输出/RS232/IO口输出

2) 防撞雷达

防撞雷达系统是由数个感应器与微计算机控制器及蜂鸣器组成。其原理是利用电磁波信号，经由微计算机的指挥与控制，再从传感器的发射与接收信号过程，比对信号折返时间而计算出被测物的距离，然后由报警器发出不同的报警声。

深圳市兆广安科技的SWY-RD-24G车辆防撞雷达可以配置安装在车辆上，在车辆行驶过程中，实现对障碍物的存在、障碍物相对车辆的距离及运动速度的检测，保障车辆行驶安全。其技术参数如表5-14所列。

表5-14 SWY-RD-24G车辆防撞雷达技术参数

工作频率	24.00~24.25GHz
测量距离范围	2~120m
距离测量精度	±0.5m
速度测量范围	1~40m/s
速度测量精度	±0.2m/s
角度测量范围	−20°~20°
角度测量精度	≤1.0°
数据刷新率	20Hz
供电电压	直流12V±3V
对外接口类型	CAN总线

5.5.2.4 智能家居

雷达技术为家庭智能家居带来了广阔的市场前景。最重要的是，雷达传感器给用户提供了完全的隐私保护，不会侵犯到用户的敏感信息。同时，雷达的使用不受环境、温度和照明等条件影响。因此，被广泛应用于智能卫浴、手机、无人机和扫地机器人等方面。

1) 智能卫浴

安普盛科技专为浴室打造了一款感应人体靠近马桶雷达模组，通过发射调频连续波信号测量距离分布变化信息，实现当人靠近马桶时，马桶盖和智能功能自动开启。该模组采用24GHz~ISM波段，具有极强的抗干扰能力，最大达±0.1m精度，采用轻量化设计，可以穿墙体、烟、灰尘，具有体积小、集成化程度高、反应灵敏等特点，可以实现全天候、全天时应用，广泛应用于马桶、浴室等其他领域。其感应人体靠近马桶的雷达技术参数如表5-15所列。

表 5-15 感应人体靠近马桶雷达技术参数

发射频率	124~24.25GHz
发射功率	7dBm
调制方式	FMCW
更新率	50Hz
通信接口	UART
测距范围	0.1~30m
测速范围	-70~70m/s
工作电压	4~6V
质量	4g
尺寸	42mm×20mm×5mm

2) 手机上的雷达

Google 公司推出的 Pixel4 在智能手机上使用了雷达技术，实现了真正意义上的隔空操作。Pixel4 使用了毫米波姿态雷达实现对用户姿势的识别。在雷达不间断工作的状态下，这个传感器会持续向外发出电磁波信号，当用户在信号范围内做出动作时，系统会根据动作反射的毫米波信号来判断操作。由于毫米波雷达能追踪到亚毫米精准度的高速运动，比红外检测效率更高，所以在姿态雷达加入后，Pixel4 的手势识别准确度和反应都得到了飞跃提升，实现了隔空滑屏和切割功能。

5.5.3 电磁波探测技术在天文观测上的应用

5.5.3.1 盘状式射电望远镜

盘状式射电望远镜具有抛物面的盘状结构，可形象地看作一口"大锅"，正是这一个一个的"大锅"得以让射电天文学快速发展，其中可移动的盘状式射电望远镜可以操控瞄准天空的任意方向，可以研究较大区域的天空。

1) 中国 500m 口径球面射电望远镜（FAST）

中国 FAST 坐落于贵州，落成启用于 2016 年 9 月 25 日。FAST 突破了射电望远镜的百米极限，开创了建造巨型射电望远镜的新模式（图 5-29）。FAST 是目前世界最大的单口径球面射电望远镜，与阿雷西博 305m 射电望远镜相比，它的可观测天空范围扩大 4 倍，灵敏度提高 2.3 倍，综合性能提高约 10 倍。

FAST 采用了多项自主创新技术突破了大型射电望远镜的极限。FAST 的索网结构可以随着天体的移动而变化，带动索网上的 4450 个反射单元，在射电源方向形成 300m 口径的瞬时抛物面，极大提升了观测效率。主动反射面让其拥有更广的观测范围，能覆盖 40°的天顶角。FAST 拥有体型大、精度高、视野广 3 个方面的优势，将在未来 20~30 年内保持世界一流设备的地位，被称为国家重器名不虚传。

FAST 能够将中性氢的观测延伸到宇宙初始阶段，为探索宇宙起源和演化、研究宇宙大尺度物理学提供资料；能够在短时间内发现大量脉冲星并建立脉冲星计时系统，研究极端状态下的物质结构与物理规律。截至 2019 年 8 月底，FAST 已发现 134 颗优质的脉冲星候选体，其中有 93 颗已被确认为新发现的脉冲星。

图 5-29　500m 口径球面射电望远镜（FAST）

2）中国天马望远镜

天马望远镜（上海 65m 射电望远镜）坐落于上海松江佘山，是一个国内领先、亚洲最大、国际先进、总体性能在国际上名列前 4 名的 65m 口径全方位可动的大型射电天文望远镜系统，如图 5-30 所示。

图 5-30　天马望远镜

天马望远镜在天文及航天领域有众多基础科学研究及应用，今后一段期将发挥其在国家重大需求和天文研究中的作用，对未来 10 年的射电天文带来新的观测能力。天马望远镜作为国际甚长基线网的主干设备，显著提高了甚长基线网的灵敏度。不仅如此，它还在 1.8GHz 以上频带成为国际天体物理研究名列前茅的射电望远镜，与 FAST 的观测波段互相补充。

3）美国绿岸望远镜（GBT）

罗伯特·C. 伯德绿岸望远镜为目前世界上最大的全向可动射电望远镜，位于美国无线电静默区的核心地带——西弗吉尼亚州绿岸山区，如图 5-31 所示。

图 5-31　绿岸望远镜（GBT）

目前 GBT 是世界最大的陆基可移动结构，高度大约有 43 层楼高，质量为 7700t，其碟形天线大小为 110m×100m，由 2000 多块小型反射板组成。GBT 易于重新配置新的和实验性的硬件，可灵活调度，以使项目需求与合适的天气匹配。

4）美国阿雷西博射电望远镜

阿雷西博射电望远镜由史丹佛国际研究中心、美国国家科学基金会与康奈尔大学管理，是世界上第二大的单口径球面射电望远镜，于 1963 年建成启用，球面天线直径为 305m，位于美国波多黎各的阿雷西博（图 5-32）。它用于三大研究领域，即射电天文学、大气科学和雷达天文学。因年久失修，2020 年坍塌损毁。

5.5.3.2 干涉阵式射电望远镜

干涉阵式射电望远镜，通俗地讲就是射电干涉仪。一般由一组射电天线阵组成，排列方式有"十"字形、圆形、半圆形等。其实就是把一个个天线虚拟地连接在一起，构成一个大型天线阵以提高望远镜的分辨率。

2019 年，人类首张黑洞影像就是利用这一技术完成的。2019 年，EHT 发布了首张位于室女座的超巨椭圆星系 M87 中心的黑洞图像。它揭示了一个明亮的环状结构，其中有一个黑暗的中心区域——黑洞的阴影（图 5-33）。这张照片来之不易，为了得到这张照片，天文学家动用了遍布全球的 8 个毫米/亚毫米波射电望远镜，组成了一个所谓的"事件视界望远镜"（event horizon telescope，EHT）（图 5-34）。这个地球大小的虚拟望远镜利用的是"甚长基线干涉测量"（VLBI）技术。它允许用多个天文望远镜同时观测一个天体，模拟一个大小相当于望远镜之间最大间隔距离的巨型望远镜的观测效果。从 2017 年 4 月 5 日起，这 8 座射电望远镜连续进行了数天的联合观测，随后又经过两年的数据分析才让我们一睹黑洞的真容。这颗黑洞位于代号为 M87 的星系中，距离地球 5500 万光年，质量相当于 65 亿颗太阳。通常都有物质环绕在黑洞周围，组成一个盘状结构，称为"吸积盘"。吸积盘内的物质围绕黑洞高速旋转，相互之间由于摩擦而发出炽热的光芒，包括从无线电波到可见光、到 X 射线波段的连续辐射。吸积盘处于黑洞"视界"的外部，因此发出的辐射可以逃逸到远处被探测到。因此，我们拍摄到的并不是黑洞本身，而是利用其边界上的物质发出的辐射勾勒出来的黑洞轮廓，就像看皮影戏一样。

图 5-32 阿雷西博射电望远镜

图 5-33 人类拍摄到首张黑洞照片

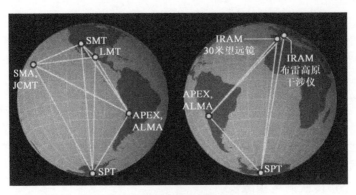

图 5-34　拍摄黑洞所用 EHT 网络

目前，国内外主要有以下干涉阵式射电望远镜装置。

1) 中国 21cm 低频射电阵列（21CMA）

21CMA 位于新疆天山，别称是"宇宙第一缕曙光"探测项目，以期揭示宇宙从黑暗走向光明的历史。在 2006 年探测项目建成后，中国天文学家就可利用布设在新疆乌拉斯台山谷中的一万根天线，收集"黑暗时代"氢元素的特殊辐射信号，看到宇宙中第一批恒星发出的光芒，也就是宇宙的"第一缕曙光"。21CMA 是中国唯一的 SKA 低频探路者设备，也是世界最早建成的用于搜寻宇宙第一缕曙光的大型射电望远镜阵列，如图 5-35 所示。

图 5-35　21cm 低频射电阵列（21CMA）

2) 中国新一代厘米-分米波射电日像仪（CSRH）

2013 年底竣工的新一代厘米-分米波射电日像仪是太阳专用射电望远镜阵列，位于内蒙古锡林郭勒盟正镶白旗明安图镇。它的排列方式呈螺旋形，低频阵和高频阵相互叠加。低频阵天线共有 40 个，直径稍大，单天线直径 4.5m，工作在 0.4~2GHz 波段；高频阵天线共有 60 个，单天线直径 2m，工作在 2~15GHz 波段。CSRH 的科学目标包括观测日冕瞬变现象、高能粒子流、日冕磁场和太阳大气结构，确定耀斑与日冕物质抛射的源区特性，从而了解太阳动态过渡区和日冕的性质，如图 5-36 所示。

图 5-36　新一代厘米-分米波射电日像仪（CSRH）

3）美国央斯基甚大天线阵（VLA）

央斯基甚大天线阵位于美国新墨西哥州的圣阿古斯丁平原上。1980 年 10 月 10 日建设完成，目前是世界上功能最强大的干涉望远镜。VLA 由 27 个 25m 口径的天线组成射电望远镜阵列，每个天线重 230t，架设在铁轨上，可以移动，有 3 种组合模式，最长基线可达 36km，Y 形排列时，每臂长可达到 2.1km，如图 5-37 所示。

图 5-37　央斯基甚大天线阵（VLA）

VLA 有着多种用途，设计用于观测各种天体。1989 年，VLA 曾用来接收"旅行者" 2 号飞过海王星时的无线通信信息。

4）智利阿塔卡玛大型毫米波/亚毫米波阵列（ALMA）

阿塔卡玛大型毫米波/亚毫米波阵列是多个国家的研究机构在智利北部合作建造的大型射电望远镜阵列。ALMA 位于智利北部查南托高原的拉诺德查南托天文台，地处安第斯山脉逾 5000m 海拔的山顶之上，是地球上气候最干燥的地区之一，非常适合毫米波和亚毫米波观测，如图 5-38 所示。

ALMA 由 66 面高分辨率天线组成，包括主阵列上的 50 个 12m 天线，以及另外两阵列上的 4 个 12m 天线和 12 个 7m 天线，最长基线可达 16km，拥有 4mrad/s 的分辨率。ALMA 主要用于探究宇宙起源、了解星系演化、观测恒星与行星形成的机制及探索生命与太阳系的起源。

图 5-38　阿塔卡玛大型毫米波/亚毫米波阵列（ALMA）

5.6　电磁波探测技术的应用前景和未来展望

雷达从20世纪30年代诞生以来获得了巨大发展，在现代战争和民用领域中发挥了巨大作用。特别是在20世纪后半叶，各种雷达探测新体制和新技术突飞猛进，极大提高了电磁波探测技术水平与装备实战能力，使电磁波探测技术成为基于信息化条件下军、民两用高端探测传感器中的核心装备之一。目前电磁波探测技术主要呈现以下发展趋势。

1) 智能化

雷达智能化探测技术将脑科学和人工智能融入雷达系统，赋予了雷达系统感知环境、理解环境、学习推理并判断决策的能力，使雷达系统能够适应日益复杂多变的电磁环境，从而提高雷达系统的性能。

2) 网络化

雷达检测、跟踪、成像、识别、抗干扰技术等则随着海量数据集的完备和超快计算平台的发展而呈现分布式、网络化的发展趋势。

追求更高分辨率和灵敏度始终是射电望远镜的发展方向，其核心也在于不断扩大的天线孔径（单体或天线阵），因此分布式、网络化也将是未来射电望远镜的主要发展趋势。

3) 体系化

通过有机集成和综合利用分布于陆、海、空、天、潜立体空间中的雷达、声呐、光电、电子侦察、技术侦察等各种军用信息获取手段和AIS、ADS等各种民用信息获取手段，构建全方位、全时空、全频段的多层次大纵深的信息获取体系，对地面、空中、海上、水下和外层空间目标进行立体的一体化侦察监视和预警探测，全面获取并综合处理情报信息，最终形成全球信息栅格。

第 6 章 磁探测技术

磁探测技术是捕捉空间中物体自发或被激发磁效应的重要探测手段，其本质是对场的探测。地球本身就是一个巨大的磁体，地磁场如春风一般吹拂在地球表面的各个角落，甚至弥漫到大气层外的高空，阻挡了太空高能射线对生物的毁灭性伤害，为数十亿年来生命的演化保驾护航。由于地磁场较为稳定，一些生物体进化出适应地磁或者利用地磁的功能。例如，蚂蚁、蜜蜂、一些鸟类等对地磁场敏感，并依靠地磁场进行定向和导航。人类本身并不具备感知磁场的能力，但借助磁探测器，已对磁场有了比较深刻的认知。

磁探测技术是一种被动探测，地磁场是磁探测最主要的信号源。在高空，地磁场呈现为南极指向北极的一簇抛物线；而在地面，磁场受磁化物质综合影响会产生异变。借助磁探测器获取测点的磁场强度，可以感知环境中物体引起的弱磁效应，并分析磁数据中隐含的目标信息。例如：通过分析潜艇三轴磁力仪的数值变化来计算其当前的航行姿态；利用磁引信感知环境中敌方金属装备引发的磁异常来确定目标方位；基于矿区分布的大量测量点磁场数据得出局部磁异常特征并反演地质体形态、位置和空间分布情况；还可以通过超导量子干涉仪等超高精度磁探测器实时获取大脑皮层神经元产生的脑磁信号，用于脑机接口、医学疾病诊断等领域的科学研究。

随着新型材料和微型芯片等微电子工业技术的不断突破，磁探测的灵敏度和采样率也进一步提高，有望在未来的战场对抗侦察、自然灾害预警、矿产资源勘探、心脑健康诊断、太阳活动观测等装备发展和科学研究领域发挥重要作用。

6.1 磁探测发展历程

不同于电磁波探测对时变电磁场的感知，磁探测的任务是对静态地磁场的感知。静态场相对稳定，使磁探测器从古老的指南针到现代的地磁测量一直在持续发展，并获得广泛应用。

早在公元前 400 多年，磁现象就开始运用于人们的生活中。中国四大发明之一的指南针是对磁现象应用最早的产物，并对我国和世界航海技术的发展起着至关重要的作用。

对磁现象系统的研究始于 16 世纪。16 世纪末期，西方开始用磁针来研究磁现象和测定地磁场。17 世纪便有了使用磁罗盘来探测磁性铁矿石的记载。18 世纪开始对电磁现象进行定量研究。沃森、富兰克林、库伦提出了早期的电磁学定理，为一个世纪后的电磁理论大发展奠定了历史基础。1819 年奥斯特发现了电流对磁针的导向作用。随后在 1820 年安培发现了磁铁对电流的作用。1831 年法拉第总结出了电磁感应定律。在此基础上，1865 年麦克斯韦建立系统的电磁场理论。自此，人类对电磁作用的研究进入了崭新的阶段。

20世纪以来，磁探测技术的理论和应用已经相当成熟。1930年，磁通门传感器成功研制并被应用于探空火箭中。而随着电子技术和半导体工业的快速发展，许多电磁理论得以应用，又诞生了磁阻传感器、质子磁力仪、超导量子干涉磁力仪等多种磁探测器，广泛应用于材料检测、生物科学、矿产勘测、军事攻防等领域。

目前，磁探测器已经可以探测到人体心脏和脑部所引起的弱磁变化。借助超导现象、量子现象等前沿物理学理论研究，磁探测的诸多难题已逐步攻破。随着高温超导材料、微机电芯片等技术的不断发展，精细化、小型化、集成化已成为当今磁探测研究的发展趋势，并在工业、农业、医学和国防等领域持续发挥重要作用。

6.2 磁场基本理论

6.2.1 磁场与磁感应强度

在国际单位制中，磁场的强度由磁感应强度 B 表示，其单位为特斯拉（符号为T）。$1T = 1N/(A \cdot m)$。空间任一点处的磁场是激励电流所产生的外磁场 B_0 和该点处介质磁化电流所产生的附加磁场 B' 的叠加，即

$$B = B_0 + B' \tag{6-1}$$

为描述磁场的相关性质，引入磁场强度 H，其定义为

$$H = \frac{B_0}{\mu_0} \tag{6-2}$$

式中 μ_0——真空中的磁导率。

在真空中，磁感应强度 B 可以简单表示为

$$B = \mu_0 H \tag{6-3}$$

6.2.2 磁场的性质

1822年，安培在实验基础上提出有关物质磁性本质的假说。他认为一切磁现象的起源是运动电荷。现代物质电结构理论证实了安培的假设。磁铁的磁效应、电流的磁效应都是运动电荷的磁效应，这种磁效应通过磁场表现出来。

在磁场中穿过任一曲面 S 的磁感应线条数，定义为穿过该曲面的磁通量 Φ_m，其单位为韦伯（符号为Wb）。磁通量也可以通过磁感应强度定义，即

$$\Phi_m = \int_S B \cdot dS \tag{6-4}$$

当穿过介质内的任一闭合曲线所包围曲面的磁通量发生变化时，曲面内会产生感应电动势 $\mathscr{E}_i$，即任何变化的磁场在它周围空间都要产生一种非静电性的电场，这就是电磁感应定律，有

$$\mathscr{E}_i = -\frac{d\Phi_m}{dt} \tag{6-5}$$

如果感应电动势引起了感应电流，那么感应电流激发的磁场总是阻碍引起感应电流磁通量的变化，这一规律称为楞次定律。作用于磁探测器的磁场会引起探测器内带电粒

子的运动,通过各种物理手段观察这种运动,并分析其内在的磁场作用原理,就可以得出待测点的磁场强度及其变化规律。

6.2.3 带电粒子在磁场中的运动

在均匀磁场中,运动的带电粒子本身会受到磁场的作用力,磁作用力称为洛伦兹力。大量实验表明,洛伦兹力的大小、方向与带电粒子所带的电荷量 q、运动速度 v 及所处磁场的磁感应强度 B 有关,相互间的关系由下式来描述,即

$$F = qv \times B \tag{6-6}$$

洛伦兹力 F 方向垂直于 v、B 所成的平面,并成右手螺旋关系。

值得一提的是,洛伦兹力总是与粒子运动的方向垂直(图 6-1),所以磁场不对粒子做功。从宏观来看,洛伦兹力可以改变能量的形式,起到传递能量的作用。

图 6-1 带电粒子在磁场中受洛伦兹力

在非均匀磁场中,带电粒子可以看作同时受均匀磁场及变化磁场的作用,均匀磁场令带电粒子做绕磁感应线的螺旋运动,非均匀磁场与粒子的前进方向成一夹角,一般磁场越大处夹角也越大,这导致粒子受到与前进方向相反的洛伦兹力,使整个方向上速度分量的大小逐渐减小到零并反向运动。如果该非均匀磁场中间弱、两端强,那么带电粒子就会在磁场两端来回反射。

如图 6-2 所示,地球可视为一个磁偶极,其磁场是不均匀磁场,从赤道到两极逐渐增强,因而它能大量俘获从外层空间入射的电子和质子,构成在地球附近的近层宇宙空间中包围着的范艾伦辐射带。

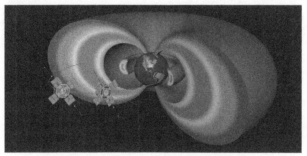

图 6-2 地球附近的范艾伦辐射带

当太阳发生磁暴时,地球磁层受扰动变形,而局限在范艾伦辐射带的高能带电粒子大量泄出,并随磁力线于地球的极区进入大气层,激发空气分子产生美丽的极光。

6.2.4 磁场中的磁介质

空间任一点处的磁场是外磁场 B_0 和该点处介质磁化电流所产生的附加磁场 B' 的叠加。而由于不同的介质内部分子电流和分子磁矩的差异,导致其磁化特性也有所不同。根据产生的附加磁场 B' 方向的不同,可将介质分为顺磁质和抗磁质。铁磁质属于顺磁

质，由于其分子磁矩自由度很高，所引起的附加磁场 $B'\gg B_0$，又称为强磁质。

如图 6-3 所示，当没有施加外磁场时，磁介质内部的分子做无规则的热运动，分子磁矩相互抵消，其矢量和为零。而当外加磁场 B_0 时，分子磁矩克服分子间热运动的干扰指向 B_0 方向，该现象称为取向磁化，在宏观上表现为绕磁感应线的磁化电流。

需要指出的是，在施加磁场时顺磁质和抗磁质中均会产生感生电流。顺磁性和抗磁性正是源于磁化电流和感生电流的强度差异。对于各向同性的磁介质，其磁化强度 B' 与磁场强度 H 之间满足线性关系，即

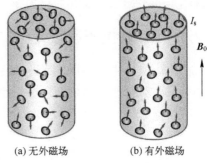

(a) 无外磁场　　(b) 有外磁场

图 6-3　顺磁质的磁化

$$B' = \mu_0 \chi_m H \tag{6-7}$$

式中　χ_m——磁介质的磁化率。

磁化率取值的正负分别对应顺磁质和抗磁质。基于以上分析，可以得出空间中任意点的磁场强度为

$$B = B_0 + B' = \mu_0 H + \mu_0 \chi_m H = \mu H \tag{6-8}$$

式中　μ——介质的磁导率。

铁磁质不同于普通的磁介质，它具有自发磁化和磁畴的特点。铁磁质的分子磁矩在未加磁场时也会自发形成一个个磁化小区域，这种现象称为自发磁化现象，该磁化区域称为磁畴。在一般情况下，不同磁化区域形成的磁矩间互相抵消，宏观上不表现磁性。而当外加磁场时，不同指向的磁畴快速发生转向，能达到很大的磁感应强度。而当移去磁场时，磁畴并不会完全复原，这种剩余磁感应强度又称为剩磁。图 6-4 是铁磁质的磁质回线，可以发现，要消除剩磁，需要在铁磁质上施加反向的磁场。这种能使铁磁质完全退磁的磁场强度称为矫顽力。

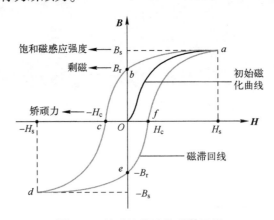

图 6-4　铁磁性物质的磁滞回线

实验表明，铁磁质在反复磁化的过程中会产生热损耗，这种损耗称为磁滞损耗，与磁滞回线所围的面积成正比。

6.3 磁探测基本技术方法

磁探测的主要任务是获取探测点处的磁感应强度，并通过分析磁感应强度来感知环境中感兴趣的物理量。磁场探测过程的本质是一种换能：将测点处磁场的信息通过传感器模块转化为其他的物理量，再经过采样、放大并以人可观测的形式呈现。早期磁探测的主要目的是探测地磁场分布或引起地磁场异常的金属物体或矿物资源，对探测精度要求不高。随着以光泵原子磁强计和超导量子干涉仪为代表的新一代磁强计技术的不断发展，实现了弱磁探测在各个领域的广泛应用。磁探测涉及的技术很多，基于探测过程中应用的物理原理，可将磁探测分为磁力法、电磁感应法、磁饱和法、电磁效应法、磁共振法、超导效应法和磁光效应法等。

6.3.1 磁力法

磁力法指利用被测磁场中的磁化物体或通电流的线圈与被测磁场之间相互作用的机械力来测量磁场的一种经典方法。磁力法的本质是磁场力效应的探测，该方法的灵敏度受物体的磁化强度、物体本身的质量、物体转向的摩擦力等影响。因此，在实际设计中常采用强磁铁为原料，使用轻质小磁针作为指向物体，并通过结构设计确保磁针能自由转动。图 6-5 是常见的磁罗盘，磁针由顶针支撑并浸泡在高密度溶液中。溶液除了提供浮力减小摩擦力以外，在船舶摇摆时还能利用液体的阻尼作用，使罗盘能保持较好的指向稳定性。

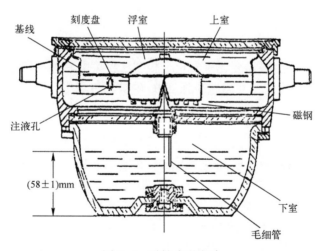

图 6-5 磁针式磁力计

除探测磁场方向外，磁力法还可以用于探测非均匀磁场。对于非均匀磁场，通过在不同位置设置多个磁针，可以得到磁场的梯度信息。一般来说，可以观测不同测点的磁针偏转差异来感知非均匀磁场，并基于该原理设计磁探测装置。

无定向磁强计是利用铁磁体之间的力相互作用原理制成的磁强计。无定向磁强计的结构如图 6-6 所示。它的磁系由两个几何形状相同、磁矩相等、极性相反的磁铁构成。这两个磁铁用轻质铝杆连接，固定在同一垂直面内，铝杆上固定一个小反光镜，并将整个磁系用悬丝悬挂起来。这种磁系在外部均匀磁场中不发生偏转,故称为"无定向磁系"。而当磁针在非均匀磁场的作用下,由于总扭矩不平衡会导致旋转偏移,反光镜反射光的角度发生变化,外置光敏元件捕捉这种变化并采样放大,即可读出磁场值[36]。

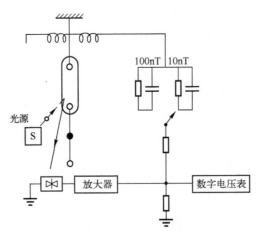

图 6-6 无定向磁强计

磁力法的探测性能依赖于磁针能否精准指向磁场方向,而磁针的运动会受平台精度和稳定性等环境因素影响。一般采用磁力法存在的误差可大致分为 3 类:由于载体加速、减速、转弯倾斜等引起测量误差;由于平台标定误差导致的测量误差;由于周边环境中的剩磁导致的测量误差。

6.3.2 电磁感应法

电磁感应法是指以电磁感应定律为基础测量磁场的一种经典方法,可通过探测线圈的移动、转动和振动产生磁通变化来实现。根据法拉第电磁感应定律可以推导出匝数为 N、截面积为 S 的圆柱线圈,在磁感应强度 B_0 的被测磁场中,磁感应强度的改变量 ΔB_0 满足

$$\Delta \Phi N = \Delta B_0 S N = \int e \mathrm{d} t \tag{6-9}$$

需要注意的是,电磁感应法测量的磁感应强度不是某一点的值,而是探测线圈内磁感应强度的平均值。在工程应用中,为使探测器能测量到非均匀磁场在不同位置的磁场强度值,需要将探测线圈做得尽可能小。同时,小的线圈所能感知的磁通变化也相对微弱,相应地,感应电动势就很小,在给定的电压测量精度下,磁探测的灵敏度会因此下降。

磁通计是典型的电磁感应法磁探测器,可用于测定恒定磁、交变磁场或脉冲磁场磁通。磁通计的结构如图 6-7 所示。磁通计通过测量线圈感知磁场中的磁通量变化,基于电磁感应原理,将感应电流导入指示模块。当测量线圈内磁通变化时,根据指示模块的可动框架偏转程度来确定磁通量变化。常见的磁通计分为磁电式磁

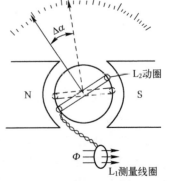

图 6-7 磁通计原理

通计、电子式磁通计和数字积分式磁通计。

除上述测量方式外，还有冲激法、旋转线圈法和振动线圈法等利用磁感应法测量磁场的方法。

6.3.3 磁饱和法

磁饱和法是基于磁调制原理，即利用被测量磁场中磁芯在交变磁场的饱和激励下其磁感应强度与磁场强度非线性关系来测量磁场的方法。这种方法一般用于测量恒定或缓慢变化的磁场。

应用磁饱和法测量磁场的磁强计称为磁饱和磁强计，也称为磁通门磁强计或铁磁探针磁强计。根据激励场和外部磁场方向的不同，磁通门传感器可以分为平行门磁通门传感器（激励磁场与被测磁场平行）、正交门磁通门传感器（激励磁场与被测磁场垂直）和混合型磁通门传感器。同时，利用微电子技术的微型磁通门传感器，根据其基片材料划分可大致分为3类，即基于PCB板、在非半导体材料衬底上、在半导体材料衬底上加工制作的磁通门传感器。目前，较新的磁通门传感器已经能够实现沿 x、y 和 z 轴同时检测三维磁场，其输出总模量的 RMSE 理想情况下可在 3nT 左右。

6.3.4 电磁效应法

电磁效应法指利用金属或半导体中流过的电流和在外磁场同时作用下所产生的电场效应来测量磁场的方法。常见的电磁效应有霍尔效应、磁阻效应和磁致伸缩。

1) 霍尔效应

霍尔元件是一种基于霍尔效应的磁传感器，可以检测磁场及其变化。霍尔元件具有许多优点，它的结构牢固，体积小，重量轻，寿命长，安装方便，功耗小，频率高（可达1MHz），耐震动，不怕灰尘、油污、水汽及盐雾等的污染或腐蚀。

霍尔效应指通电导体或半导体在垂直于电流和磁场的方向上将产生电动势的现象，其示意图如图 6-8 所示。其本质是固体材料中的载流子在外加磁场中运动时，因为受到洛伦兹力的作用而使轨迹发生偏移，并在材料两侧产生电荷积累，形成垂直于电流方向的电场，最终使载流子受到的洛伦兹力与电场斥力相平衡，从而在两侧建立起一个稳定的电势差即霍尔电压。其大小可表示为

$$U_H = R_H \cdot I_C \cdot \frac{B}{d}$$

式中　R_H——霍尔系数；
　　　d——半导体材料厚度；
　　　I_C——电流；
　　　B——磁场强度。

霍尔元件可用多种半导体材料制作，如 Ge、Si、InSb、GaAs、InAs、InAsP 以及多层半导体异质结构量子阱材料等。其中，主要用于霍尔元件的半导体材料包括 InSb、GaAs 和 InAs。其中，InSb 灵敏度最高，GaAs 温度特性最稳定，InAs 灵敏度和温度特性较为均衡。

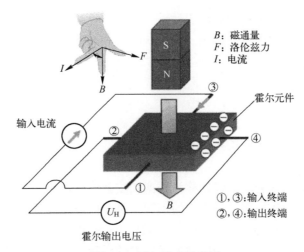

图 6-8 霍尔效应示意图

按照霍尔元件的功能，可将其分为开关器件和线性器件。前者输出数字量，后者输出模拟量。霍尔开关感知到磁场时，其输出电平会改变，根据感知磁场的能力，分为单极性霍尔开关、双极性霍尔开关、全极性霍尔开关。线性霍尔元件是一种模拟信号输出的磁传感器，输出电压随输入的磁力密度线性变化，可以精确跟踪磁通密度的变化。

按被检测对象的性质，可将线性霍尔元件的应用分为直接应用和间接应用。前者是直接检测出受检测对象本身的磁场或磁特性，后者是检测受检对象上人为设置的磁场，用这个磁场来作被检测信息的载体。直接应用的传感器精度即是磁探测精度，而间接应用还需要考虑被检测的信息通过装置转换为磁变化引入的额外误差。

2）磁阻效应

磁阻效应是指某些金属或半导体的电阻值随外加磁场变化而变化的现象。同霍尔效应一样，磁阻效应也是由于载流子在磁场中受到洛伦兹力而产生的。金属或半导体的载流子在磁场中运动时，由于电磁场的变化，载流子将向 D 或 D' 偏转。如图 6-9 所示，这种偏转会使沿外加电场方向运动的载流子数量减少，从而电阻增大，即为磁阻效应。

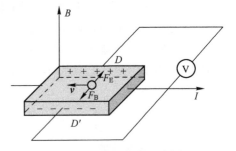

图 6-9 磁阻效应示意图

其中，横向磁阻效应表示外加磁场与外加电场垂直的情况，纵向磁阻效应则指的是外加磁场与外加电场平行的情况。一般地，由于载流子有效质量的弛豫时间与方向无关，则纵向磁感强度不引起载流子偏移，因而无纵向磁阻效应。

磁阻效应的主要类别如下：

（1）常磁阻效应。对所有非磁性金属而言，由于在磁场中受到洛伦兹力的影响，传导电子在行进中会偏折，使路径变成沿曲线前进，如此将使电子行进路径长度增加，使电子碰撞概率增大，进而增大了材料本身的电阻。

(2) 巨磁阻效应。存在于铁磁性（如 Fe、Co、Ni）/非铁磁性（如 Cr、Cu、Ag、Au）的多层膜系统，由于非磁性层的磁交换作用会改变磁性层的传导电子行为，使电子产生程度不同的磁散射而造成较大的电阻，其电阻变化较常磁阻大许多。

(3) 超巨磁阻效应。存在于具有钙钛矿 ABO_3 的陶瓷氧化物中。其磁阻变化随着外加磁场变化而有数个数量级的变化。

(4) 异向磁阻效应。指的是某些材料中磁阻的变化与磁场和电流间夹角有关。此原因是与材料中 s 轨道电子与 d 轨道电子散射的各向异性有关。

(5) 隧穿磁阻效应。指在铁磁-绝缘体薄膜-铁磁材料中，其隧穿电阻大小随两边铁磁材料相对方向变化的效应。

磁阻效应广泛应用于电子产品，尤其是磁储存方面，如 TMR 磁传感器和巨磁阻磁头。其中 TMR 磁传感器是一种利用隧穿磁阻效应的磁传感器，其各项性能指标均远优于其他类型传感器。而巨磁阻磁头利用巨磁阻效应，使存储单字节数据所需的磁性材料尺寸大为减少，从而使磁盘的存储能力得到大幅度提高。

3）磁致伸缩

磁致伸缩是指物体在磁场中磁化时，在磁化方向会发生伸长或缩短。磁致伸缩效应可以通过磁致伸缩系数 γ 来描述，即

$$\gamma = \frac{L_H - L_0}{L_0} \tag{6-10}$$

式中 L_0——材料原有长度；

L_H——材料在外磁场作用下变化后的长度。

一般的铁磁性物质 γ 很小，约为百万分之一。磁致伸缩现象一般有 3 种：①纵向磁致伸缩，指沿磁场方向的伸长和缩短；②横向磁致伸缩，指与磁场垂直方向的伸长和缩短，产生纵向磁致伸缩的同时，常伴随着较小的横向伸缩；③磁致伸缩扭转，指磁致伸缩效应产生扭转振动，其产生方法是使圆柱形材料产生纵向磁致伸缩的同时，再加上围绕圆柱轴线的环形交变磁场。

一般地，当通过线圈的电流变化或者是改变与磁体的距离时能发生磁致伸缩的材料通常被称为磁致伸缩材料，其常见类别如下：磁致伸缩的金属与合金，如镍基合金和铁基合金；电致伸缩材料，如压电陶瓷材料（PZT）；稀土金属间化合物磁致伸缩材料，如 Tb-Dy-Fe 材料等。

6.3.5 磁共振法

磁共振法是利用具有磁矩的微观粒子处于某磁场中对一定频率电磁波的选择性吸收或辐射引起的能量交换进行测量的方法。大多数原子核在进行自旋运动过程中，其自旋角动量 P 和核磁矩 μ 关系可表示为

$$\mu = \gamma P \tag{6-11}$$

式中 γ——旋磁比，$\gamma = g \cdot e/(2m \cdot c)$；

g——朗德因子；

c——光速；

m——核质量；
e——核电荷。

在均匀磁场 B_0 作用下，核磁矩将绕 B_0 做角速度为 ω_0（$\omega_0=\gamma B_0$）的旋进运动。在垂直 B_0 的交变磁场 B_1 共同作用下，当 B_1 频率与核磁矩旋进频率一致时，便会产生共振吸收，当撤去交变磁场 B_1 时则会产生共振发射。

根据引起共振微观粒子不同，磁共振法主要可分为以下几种。

1) 核磁共振法

普遍使用的核磁共振仪有连续波（CN）及脉冲傅里叶（PFT）变换两种形式。连续波核磁共振仪主要由磁铁、射频发射器、检测器和放大器、记录仪等组成。

如图 6-10 所示，磁铁上备有扫描线圈，用它来保证磁铁产生的磁场均匀，并能在一个较窄的范围内连续精确变化。射频振荡器用来产生固定频率的电磁辐射波。检测器和放大器用来检测和放大共振信号。记录仪将共振信号绘制成共振图谱。

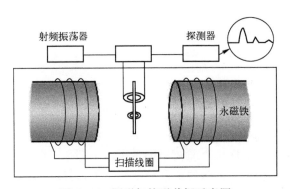

图 6-10 调磁场核磁共振示意图

而脉冲傅里叶变换共振仪则是用一个强的射频，以脉冲方式将样品中的同类核同时激发，在接收器中可以得到一个随时间逐步衰减的自由感应衰减（FID）信号，经过傅里叶变换转换成一般的核磁共振图谱。

2) 电子顺磁共振法

电子顺磁共振法原理是利用低能级的电子在垂直于 H 的方向，加上频率为 ν 的电磁波，在满足 $h\nu=g\beta H$ 条件时，吸收电磁波能量而跃迁到高能级。在上述产生电子顺磁共振的基本条件下，h 为普朗克常数，g 为波谱分裂因子，β 为电子磁矩的自然单位，称为玻尔磁子。

如图 6-11 所示，电子顺磁共振波谱仪由 4 个部件组成，即微波发生与传导系统、谐振腔系统、电磁铁系统、信号处理系统。其中微波发生与传导系统提供所需频率的电磁波，电磁铁系统施加磁场，待激发物质的电子在谐振腔中被激发后产生信号，信号处理系统捕捉信号并处理为电子顺磁共振波谱（EPR）。绝大多数仪器工作于微波区，通常采用固定微波频率 ν，而改变磁场强度 H 来达到共振条件。图 6-12 所示为电子顺磁共振波谱仪实物。

第 6 章 磁探测技术

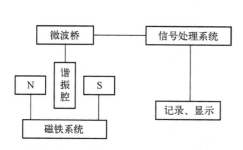

图 6-11 电子顺磁共振波谱仪框图

图 6-12 电子顺磁共振波谱仪实物

6.3.6 超导效应法

超导效应法是利用弱耦合超导体中约瑟夫逊效应而测量磁场的一种方法。约瑟夫逊效应指的是两块超导体被一层绝缘电解质隔开，如图 6-13 所示，当绝缘介质层厚度减少到 3nm 左右，会发生由超导电子对的长程相干效应产生隧道效应。超导效应法的本质是利用超导结临界电流随着外加磁场而周期性起伏变化来测定外磁场，拥有极高的灵敏度和分辨力，在地质勘探和生物磁学等方面有许多应用。

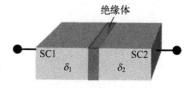

图 6-13 超导结示意图

超导量子干涉器（SQUID）是一种由超导隧道结和超导体组成的闭合环路。超导量子干涉器含有一个超导隧道结的超导环，在超导环中存在超导量子干涉效应。测量时采用射频电流进行偏置使超导结周期性地达到临界状态。其磁场分辨率可达 $10^{-14}\text{T}/\sqrt{\text{Hz}}$。超导量子干涉器只有一个约瑟夫逊结接入超导环内，超导环通过互感 M 与一个 LC 谐振回路耦合。谐振回路由电流 RF 驱动，其频率为几十兆赫到几千兆赫。回路的有效感抗随外磁场而改变，从而改变谐振频率。RF 电压是施加于 SQUID 的磁通的周期函数，周期为 Φ_0，由此测量磁通的变化。

6.3.7 磁光效应法

磁光效应法是利用磁场对光和介质的相互作用而产生磁光效应来测量磁场的一种方法。可用来测量恒定磁场、交变磁场和脉冲磁场。磁光效应法可分为克尔磁光效应和法拉第磁光效应，主要用于低温下的超导强磁场测量。

1) 克尔磁光效应

克尔磁光效应是线偏振光入射到磁化介质表面反射出去时，偏振面发生旋转的现象，可用来测量强磁场。当一束单色线偏振光照射在磁光介质薄膜表面时，反射光线的偏振面与入射光的偏振面相比有一转角，这个转角叫作磁光克尔转角，这种效应叫作克尔磁光效应。对应于磁化强度与光线入射的方向，克尔磁光效应有 3 种情况，如图 6-14 所示，分别为极向克尔效应、纵向克尔效应和横向克尔效应。

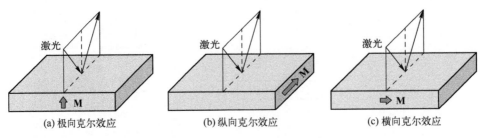

(a) 极向克尔效应　　(b) 纵向克尔效应　　(c) 横向克尔效应

图 6-14　克尔磁光效应示意图

磁光效应的测量系统一般由 5 个部分组成，即光学减震平台、光路系统、励磁电源主机和可程控电磁铁、前级放大器和直流电源组合装置、信号检测主机。其中光路系统包括输入光路与接收光路。激光器一般使用普通半导体激光器，起偏和检偏棱镜都可使用格兰-汤普逊棱镜，光电检测装置由孔状可调光阑、干涉滤色片和硅光电池组成。励磁电源主机可选择磁场自动和手动扫描。前级放大器可将光电检测装置接收到的克尔信号与霍尔传感器探测到的磁场强度信号作前级放大，送入信号检测装置中。而信号检测主机则是将前级放大器传来的克尔信号及磁场强度信号进行二级放大后转送计算机处理，同时用数字电压表显示克尔信号及磁场强度信号的大小。

2) 法拉第磁光效应

除克尔磁光效应外，还有法拉第效应，可用来测量 0.1~10T 范围内的磁场，测量误差在 10^{-2} 以内。法拉第磁光效应是指通过磁光材料时，其的偏振面将发生旋转，旋转角 θ 正比于磁场沿着偏振光通过材料路径的线积分 $\theta = V \cdot l$，其中 V 表示材料的维尔德常数。

6.4　磁探测技术的应用

磁探测技术是感知空间磁场波动的主要手段。依照学科分类，目前磁探测技术主要应用于地磁导航、战场目标探测、地质物矿勘探、生物科学研究等领域。为满足不同应用领域所需的探测精度和环境适应性指标，各个磁探测器所采用的探测原理和技术也有所差异。

6.4.1　地磁导航

导航的方法有许多种，导航方式各有不同。地磁导航是通过磁传感器测量当地的地磁场信息，通过地磁场矢量的指向得到运载体的航向角，再通过时间等匹配的信息推算运载体所在位置。

地磁导航的起源非常早，中国古代四大发明中的指南针就是最早的利用地磁场进行导航的装置。早在两千多年前，我国的《鬼谷子》一书中就记载有"郑子取玉，必载司南，方其不惑也"，这是目前有记载的人类对地磁场应用的最早案例。在《韩非子·有度篇》也载有"先王立司南以端朝夕"。至东汉末年，王充在《论衡·是应篇》更详细地说道："司南之杓，投之于地，其柢指南"。磁探测最早被应用于军事和航海中。由于地磁导航的自主性，误差不随时间积累，有较强抗干扰能力和隐蔽性，能完成全天时、全天候、全地域导航,即开即用、精度适中、成本较低,广泛应用于舰船、飞机、车辆、潜艇等载体的自主导航中。

进入21世纪,随着地磁场理论的不断完善以及磁场探测技术的进步、微处理器的发展、MEMS技术的成熟、导航算法的优化,地磁导航技术有了很大进步。现代的磁罗经(图6-15)和以前的司南已经有了较大区别。司南只能给出方位信息,现代磁罗经在测量磁场的功能上,还通过与惯性器件的结合多出了测量姿态的功能。目前,许多国家都研制出了精度比较高的磁罗经。美国KVH公司生产的C-100数字罗盘,它的工作原理是磁通门技术,它的航向测量的分辨率能够达到0.1°,航向测量精度能够达到0.5°。PNI公司推出的产品主要应用于汽车导航领域,如TCM2的航向测量精度能够达到0.5°、分辨率为0.1°。美国Honeywell公司主要将磁罗经应用于航空航天领域,最典型的数字电子罗盘HMR3000,分辨率在0.1°,航向测量精度优于0.5°。中国船舶重工集团710研究所,是国内比较有代表性的磁导航研究所,生产出的MCS301数字型磁罗盘精度可以达到1°,分辨率可达0.01°,测量地磁场强度的精度可以达到30nT[37]。

(a) 司南复原图　　　　(b) 普通磁罗经　　　　(c) 电子磁罗经图

图6-15　常见磁罗经外观

6.4.2　战场目标探测

从第二次世界大战开始,磁探测技术(MAD)就开始应用在军事领域。利用磁探仪探测潜艇,是一种常用的有效反潜技术手段。在运用磁探仪进行探潜的反潜作战中,尽管由于潜艇磁场空间衰减快,该技术手段存在作用距离短的缺点,但磁探仪对潜艇产生的磁异常信号有着识别能力强、定位精度高、反应迅速、隐蔽性好等优点,在辅助声呐探测、狭窄海域等小范围精确定位方面应用广泛。磁探潜技术包括航空磁探、水面磁探、水中磁探技术等。

1) 航空磁探

航空磁探主要是由反潜飞机(包括固定翼反潜飞机、反潜直升机或反潜无人机)搭载磁探仪,通过飞机的运动检测水上磁异常信号,达到探测识别水中潜艇的目的。

最初是利用磁通门磁力仪来测量地磁场,并将它安装在反潜巡逻机上进行目标搜寻。第一代磁探仪(MK-IVB-2型)的噪声水平只有0.25nT左右,其作用距离大约120m。20世纪50年代后,水下目标磁探测技术获得迅猛发展,先后出现了质子磁探仪、光泵磁探仪等。在实际探测应用中,磁探仪通常分为固定式和拖曳式,固定式通常搭载在固定翼反潜巡逻机上,而拖曳式一般用在反潜直升机上。目前,世界上大多数国家都配备了各种各样的磁探仪系统用于水下反潜作战,图6-16所示为国内外装备各种先进磁探仪的反潜巡逻机,其中图6-16(a)是加拿大CP-140反潜巡逻机及其磁探杆,图6-16(b)是美国P-3C反潜巡逻机及其磁探杆,图6-16(c)是美国SH-60B反潜直升机及其磁探系统吊舱,图6-16(d)是我军最新列装的中型岸基反潜巡逻机"高新6号"及其磁探杆[38]。

图6-16 国内外装备各种先进磁探仪的反潜巡逻机

2) 水面磁探

水面磁探的运用方式主要是拖曳式探测和浮标式探测。拖曳式探测采用舰船在海上拖曳海洋磁力仪的方式完成,通过测量海洋地磁场、分析测量到的地磁异常达到探测水中潜艇的目的(图6-17)。海洋磁力仪一般是光泵磁力仪或质子磁力仪,常见的仪器有美国的G882型海洋磁力仪,以及中国的GB-5A型海洋磁力仪、GB-6型海洋磁力仪、GB-6A型海洋磁力仪,其中,GB-6A型海洋磁力仪已与美国的G882型海洋磁力仪功能及性能相当。

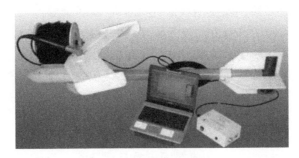

图6-17 拖曳式磁探测仪

3) 水中磁探[39]

水中磁探运用方式主要是依托水中航行器搭载磁探仪探测潜艇。该种探测方式中,磁探仪一般采用磁通门传感器。磁通门传感器结构小巧、功耗低、体积小,可以搭载在潜航器、船只等各种载具上,对潜艇等水下磁性目标进行探测。图6-18所示为美国WoodsHole海洋研究所的ABE无人潜航器搭载的一只三轴磁通门传感器,用于水下磁性目标探测。

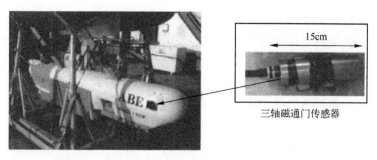

图 6-18　ABE 无人潜航器搭载的三轴磁通门传感器

布置基站是水中磁探的另一种运用方式。基站主要在重要港口和水道进行布置，通过设置磁传感器阵列来监测潜艇等水下目标的入侵。例如，DADS 未来海军滨海防雷反潜作战系统由美国海军研究办公室（ONR）和空间与海战系统司令部（SPAWAR）联合研发，该系统利用磁通门传感器节点探测，可对滨海水下反入侵起到很好效果，如图 6-19 所示。

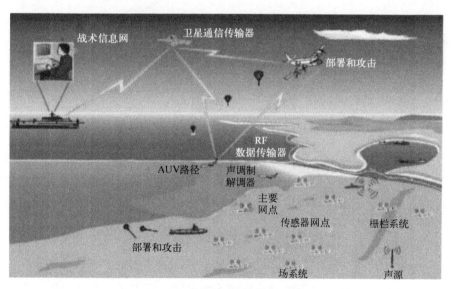

图 6-19　DADS 滨海防雷反潜作战系统

6.4.3　地质物矿勘探

在地质勘探和矿产开采工作中，磁法勘探是发展最早、应用最广泛的一种物理勘探方法。1640 年，瑞典人首次尝试使用罗盘寻找磁铁矿，开辟了利用磁场变化来寻找矿产的新途径。1870 年，瑞典人泰朗（Thalen）和铁贝尔（Tiberg）制造了磁力仪后，磁法勘探技术正式形成。随着现代科技的发展，磁法勘探技术不断发展，日趋成熟，精度越来越高。

磁性岩体及矿体产生的磁场叠加在地球磁场之上，引起地磁场的畸变，这种畸变称为地磁异常。而磁法勘探的基本原理就是通过观测及分析由岩石、矿石或者其他探测对象磁性差异所引起的磁异常，进而对地质的构造及地质中所存在的各种矿产资源地下布置情况进行准确勘探，寻找出矿物体及其地下分布、形态、构成等情况。这种技术主要依赖于磁力仪，利用磁力仪反映出磁异常，根据反馈信息编制等值线图，分析矿物在岩石物质中存在的具体空间位置。随着现代科技的进步，用于地质物矿勘探的磁力仪也在不断发展，由简单的机械式磁力仪——磁秤，发展到现在的电子式，包括磁通门磁力仪、质子磁力仪、光泵磁力仪、超导磁力仪等。图6-20所示为磁力仪探测磁异常等高线图。

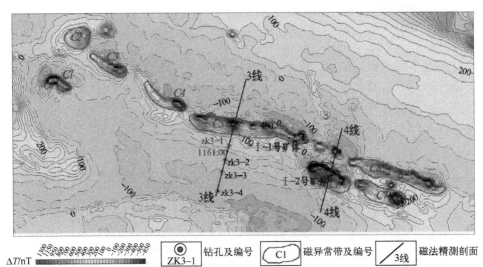

图6-20 磁力仪探测磁异常等高线图

目前，磁法勘探主要包括地面磁测、航空磁测、海洋磁测、井中磁测和卫星磁测。磁法勘探技术广泛应用于寻找含磁性矿物的各种金属以及非金属矿床、地质填图、勘查区域地质构造、含油气构造及煤田构造等，在地质勘查和矿产资源的开采应用方面发挥着重要作用。

6.4.4 生物医学研究

公元前200年，我国就有用磁石治疗疾病的记载，可以说磁学的发展一直和医学的发展密不可分。随着磁学的发展，磁探测技术已经在现代生物医学中获得了广泛的应用和发展。其中最具有代表性也是时下应用最广泛的技术就是核磁共振成像技术和人体磁图技术。

1）核磁共振

核磁共振成像技术（nuclear magnetic resonance imaging，NMRI）是利用原子核在磁场内共振所产生信号经重建成像的一种成像技术。人体内氢的含量是比较高的，有70%的是水和碳氢化合物，而对于核磁共振成像技术中氢核的灵敏度是比较高的，所以在人体的检查中将氢核作为核磁共振现象的成像元素，在临床医学的检查中，主要是根据人体内水分的差异和水分子的移动来得到信息，因为人体内很多的疾病都会通过组织内的水分变化体现出来，所以，核磁共振成像技术就以此为基础，形成核磁共振图像，反映人体内组织器官的形态学信息以及相关部位病理信息的生理学信息。

核磁共振仪系统结构如图 6-21 所示，由于核磁共振技术是一种非介入探测技术，相对于 X 射线透视技术和放射造影技术，核磁共振对人体没有辐射影响，而相对于超声探测，核磁共振技术可以获得人体分辨率很高的图像，能够对人体各部位多层次成像，能更客观、更具体地显示人体内解剖组织的相邻关系，更精确地定位病灶，在医学治疗中对人体疾病的诊断，尤其是全身性系统疾病如肿瘤等的诊断有很大的应用价值。

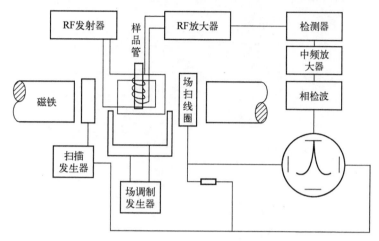

图 6-21 核磁共振仪系统结构框图

目前，核磁共振成像主要应用在 5 个方面，即磁共振水成像、磁共振血管成像、磁共振功能成像、磁共振波谱和磁共振造影介入技术，已经成为现代影像医学的重要组成部分。

2) 人体磁场成像

生物体细胞分裂和周期活动均包含有带电粒子的定向或非定向运动，而依据电流的磁效应理论可知，这些带电粒子的定向移动形成电流，继而产生磁场，即为生物磁场或人体磁场，比如心脏活动（心跳）会产生心磁场，脑部活动会产生脑磁场。而人体磁图就是一种测量人体心脏、大脑等电生理活动所产生微弱磁场的技术。人体磁图与人体电图相比具有明显的优点：分辨率更高；非接触的三维空间无损测量；测量信息量大；测量限制较少，不易受干扰等。

但由于人体磁场强度很微弱，如心磁场和脑磁场分别仅为地磁场的约百万分之一和约十亿分之一，同时需要避免地球磁场和环境磁场的干扰，测量极为困难，因此需要灵敏度极高、信号噪声小且同时能够屏蔽地磁场的测量仪器。随着当代磁学、生物磁学和相关科学技术的发展，测量和研究人体磁场和磁图的技术仪器和设备已获得应用。例如，高灵敏度的超导量子干涉仪（SQUID）式磁强计和原子（OPM）磁强计，使人体磁图的测量研究和应用有了显著发展。

SQUID 磁力仪是目前最普遍的脑磁测量工具，它的理论基于约瑟夫所发现的超导状态下的量子隧穿效应，主要器件是约瑟夫结。虽然 SQUID 磁力仪的灵敏度已经达到了脑磁测量的要求，但是在实际应用中仍存在一些缺点。一方面，因为磁场的强度与离磁源距离的平方成反比，头皮和传感器之间的距离增加 1 倍，测量的脑磁场信号幅度将衰弱到 1/4，所以传感器要尽可能接近被测脑区的头皮表面，而 SQUID 磁力仪必须工作在液氦冷却的条件下，这就限制了头皮表面和传感器之间的最小距离为 3~6cm；另一方面，由于 SQUID 磁力仪的低温工作条件导致的液氦消耗，使 SQUID 脑磁系统（图 6-22）的运行成本每年会超过数十万美元，如此高的运行成本限制了 MEG 的研究与发展。

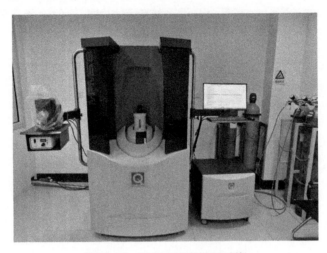

图 6-22　SQUID 脑磁探测系统

原子磁强计是利用光与原子的相互作用来探测磁场的技术，其基本原理是以玻璃气室中的钾、铷和铯等碱金属原子蒸气作为探头，利用外界磁场条件下光与原子的相互作用将磁场信息转变成光的信息，进而通过光学探测手段实现磁场测量（图 6-23）。由于原子磁强计可以在室温下工作，不需要液态氦作制冷剂，基于该技术的新型脑磁图装置不再受庞大的杜瓦装置制约而变得灵活高效、成本降低且灵敏度高。兼具小型化与高灵敏度的原子磁强计及相关技术目前正处于迅速发展时期。

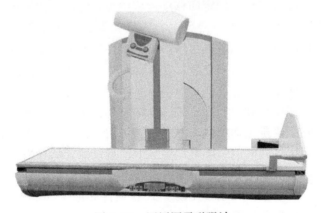

图 6-23　医用原子磁强计

尽管目前磁图受研究进展、价格偏高等因素限制，尚未在医院大规模推广应用。但随着科技不断进步，由于磁图自身的一些先天性优点，在不久的将来会成为医院内医学检验的一个重要手段。

第 7 章 重力探测技术

重力探测技术能够感知天体内部物质构成和分布特性，是分析天体结构、了解天体演化规律的重要探测手段。重力探测的本质是测量天体对探测器施加的吸引力，进而获取局部空间的重力场参数，并反演出被测目标的内部物质构成。地球不是均匀的并具有同心层状结构的理想球体，其内部构造与物质成分分布不均，因此地球表面上不同位置的引力值有所差异。同时，地球时刻保持高速转动，引力提供了地表物体克服离心力作用的分力，越靠近赤道需要的分力越大。实际上，物体所受的重力不只是来源于地球对其施加的力，还包括月球、太阳甚至遥远星系的天体，在对地球重力异常的探测中需要将这些误差项逐个排除。

重力探测与磁探测类似，是对物质引起的场进行探测，属于被动式探测。需要明确的是，在现代力学的定义下，重力指的是物体所受各万有引力与各惯性力的合力，而重力的探测一般指对该合力对应的重力加速度的探测。大多数重力探测器无法直接探测引力，只能获取传感器探测到的重力对应的重力加速度，常称之为重力探测器。由于地球重力场的异常较为微弱，人类从发现重力加速度以来，很长一段时间里都不能探测到局部地质异常所引起的重力差异。直到基于落体重力加速度检测的弹簧式重力仪等高精度传感器的出现，重力探测在矿藏勘探、油田开采和地构分析等领域的研究才逐渐深入开展。上述方法要求探测物体自由落体运动，对环境要求较高，且无法应用于太空探测。随着现代电子技术、计算机技术、超导量子干涉、低温微波空腔谐振等技术的发展及应用，出现了能应用于太空引力探测的重力梯度探测器，已广泛应用于基础地质调查、地质研究、资源勘察等领域。

7.1 重力探测技术发展历程

古希腊，亚里士多德认为运动物体的下落时间与其质量成比例。

1590 年，意大利物理学家伽利略在比萨斜塔实验，发现物体坠落的路径与它经历的时间的平方成正比，而与物体自身的重量无关。他进而开始研究和测定重力加速度，并粗略地求出地球重力加速度的数值为 $9.8 m/s^2$。荷兰物理学家惠更斯提出了数学摆和物理摆的理论，并研制出第一架摆钟，终于可以比较准确地测定重力加速度。此后的 200 多年间，测定重力的唯一工具就是摆钟。

1672 年，法国天文学家里歇在利用摆钟从巴黎到南美进行天文观测时发现，重力加速度在各地并非恒值。牛顿和惠更斯指出，这种现象与他们认为地球是旋转的扁球体的推论相符，在理论上阐明了地球重力场变化的基本规律。

1687 年，牛顿根据开普勒行星运动定律推导出万有引力定律，这一定律是重力学最重要的基本定律。由于万有引力和离心运动的发现，牛顿认为地球形状是一个旋转的椭球体，指出了地球呈两极扁平的特征和重力是由赤道向两极增大的规律，从而解释了里歇的观测事实。

1735—1745 年，法国科学院布格（P. Bouguer）在 Lapland 和 Peru 考察中，建立了许多基本的引力关系，包括重力随高度和纬度的变化规律，并计算出水平引力及地球的密度等。

19 世纪末叶，匈牙利物理学家厄缶（L. Von）研制出适用于野外作业的扭秤，在匈牙利进行了持续的扭秤观测，结果表明扭秤可以反映地下区域的密度变化，使重力测量应用于地质勘探成为可能。

1934 年，拉科斯特研制出高精度的金属弹簧重力仪，沃登研制了石英弹簧重力仪，这类仪器的测量精度达 0.05~0.2mGal；一个测点的平均观测时间已缩短到 10~30min，到 1939 年，这类重力仪完全取代了扭秤。

在 20 世纪 30 年代，由于重力仪的研制成功，重力探测获得了广泛应用，并且发展了海洋、航空和井中重力测量。1971 年，美国空军首次提出精度为 1E 的移动级重力梯度仪，得到了世界科学家的重视，并取得了迅速的发展。从 20 世纪 70 年代至今，世界上出现的重力梯度仪的设计原理有基于扭矩、差分加速度计法、激光操控原子技术的测量模式。其中基于扭矩的测量模式由于其体积和稳定性的问题，进步缓慢。基于差分加速度计的重力梯度仪由于其自身的高稳定性和高精度，得到了迅速的发展和应用。随着激光技术和原子干涉技术的发展，激光干涉绝对重力梯度仪和原子干涉绝对重力梯度仪取得快速发展。另外，超导重力梯度仪也是具有发展前景的一类重要的重力梯度仪[40]。

随着重力探测仪器精度的不断提高以及航空重力探测和卫星重力探测技术的不断发展，重力探测技术已经在城市工程勘探、石油矿产资源开发、地球深部构造研究、无源导航等多个领域发挥着越来越重要的作用。

7.2 重力场理论基础

7.2.1 重力及重力加速度

在地球表面及附近空间的一切物体都有重量，这是物体受重力作用的结果。物体的质量是表示物质运动惯性及存在引力的属性。重量与质量既互有关系又有区别。物体所受的重力是除该物体之外的地球质量及其他天体质量对物体产生的引力和该物体随着地球自转而引起的惯性离心力的合力。

设地球表面有一物体 A（图 7-1），地球质量对它产生的引力为 F，方向大致指向地心。太阳、月亮等天体质量对它产生的引力很微小，暂可忽略不计。若物体 A 随地球自转而引起的惯性离心力为 C，它的方向与地球自转轴 NS 垂直而向外，则引力与惯性离心力的合力 G 就是重力，它的方向随着

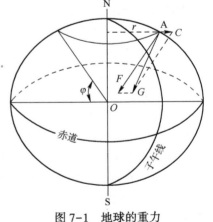

图 7-1 地球的重力

地表位置的不同而发生变化，但大致都指向地心。在地面上物体 A 受重力作用的方向，即为该处的（铅）垂线方向。上述几个力用公式表示为

$$G = F + C \tag{7-1}$$

物体受到重力作用的大小还与其本身的质量大小有关。单位质量的物体在重力场域中（重力场将在下面定义）所受的重力称为重力场强度。当物体只受到重力的作用而不受其他力作用时，就会自由下落；物体自由下落的加速度就称为重力加速度。它与重力之间的关系为

$$G = mg \tag{7-2}$$

式中　m——物体的质量；

　　　g——重力加速度。

以 m 除式（7-2）两端，则得

$$\frac{G}{m} = g \tag{7-3}$$

由此可知，重力加速度在数值上等于单位质量所受的重力，其方向也与重力相同。由于重力 G 与探测质量 m 有关，不易反映客观重力的变化，所以在重力测量学及重力探测中，总是研究重力场强度或重力加速度 g。因此，以后不特别注明时，凡提到重力都是指重力加速度或重力场强度。

在法定计量单位制中，重力的单位为 N，重力加速度的单位为 m/s²。规定 10^{-6} m/s² 为国际通用重力单位（gravityunit），简写成"g. u."，即

$$1\text{m/s}^2 = 10^6 \text{g. u.} \tag{7-4}$$

为了纪念第一位测定重力加速度的物理学家伽利略，重力加速度的 CGS 单位（克、厘米、秒单位制）称为"伽"（Gal），即

$$1\text{cm/s}^2 = 1\text{Gal}(\text{伽}) \text{ 或 } 1\text{mGal}(\text{毫伽}) = 10^{-3} \text{Gal}$$

7.2.2　重力的数学表达式

如图 7-2 所示，取直角坐标系，原点选在地心，z 轴与地球的自转轴重合，x、y 轴在赤道面内产生的引力 $\boldsymbol{F}$ 为

$$\boldsymbol{F} = G \int_M \frac{\mathrm{d}m}{\rho^2} \frac{\boldsymbol{\rho}}{\rho} \tag{7-5}$$

$$\rho^2 = (\xi - x)^2 + (\eta - y)^2 + (\zeta - z)^2 \tag{7-6}$$

式中　G——万有引力常量，根据实验测定其值为 $6.672 \times 10^{-11} \text{m}^3/(\text{kg} \cdot \text{s}^2)$；

　　　$\mathrm{d}m$——地球内部的质量元，其坐标为 (ξ, η, ζ)；

　　　ρ——A 点到 $\mathrm{d}m$ 的距离；

　　　$\boldsymbol{\rho}/\rho$——A 点到 $\mathrm{d}m$ 方向的单位矢量。

式（7-5）的积分应遍及地球的所有质量 M。

万有引力常量 G 通过实验计算得出。1797—1798 年，英国卡文迪什（Cavendish）应用米切尔（JohnMitchell）设计的仪器测量了引力常量，数值

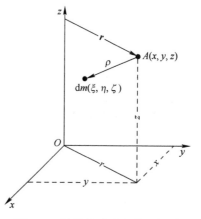

图 7-2　计算地球重力的坐标系

是 $6.754×10^{-8}$ 单位。后来，卡文迪什利用扭秤以不同的方法做了大量的实验，得到了许多不同的引力常量值。目前，普遍采用的 G 值是 $6.667×10^{-11} \mathrm{m}^3/(\mathrm{kg} \cdot \mathrm{s}^2)$；1973 年，科学协会国际委员会（ICSU）推荐的 G 值是 $6.720×10^{-11} \mathrm{m}^3/(\mathrm{kg} \cdot \mathrm{s}^2)$。

随地球自转而引起单位质量的惯性离心力为

$$C = \omega^2 r \tag{7-7}$$

式中　ω——地球自转角速度；
　　　r——自转轴到 A 点的矢径，其距离大小为 $r=(x^2+y^2)^{1/2}$，向由自转轴过 A 点向外。

为便于计算，需把引力及惯性离心力改写为沿 x、y、z 3 个坐标轴方向的分量。从图 7-2 可以看出，引力 F 与 x、y、z 3 个坐标轴夹角的方向余弦分别为

$$\cos(F,X) = \frac{\xi - x}{\rho} \tag{7-8}$$

$$\cos(F,Y) = \frac{\eta - y}{\rho} \tag{7-9}$$

$$\cos(F,Z) = \frac{\zeta - z}{\rho} \tag{7-10}$$

同理，可得惯性离心力 C 的方向余弦为

$$\cos(C,X) = \frac{x}{r} \tag{7-11}$$

$$\cos(C,Y) = \frac{y}{r} \tag{7-12}$$

$$\cos(C,Z) = 0 \tag{7-13}$$

故引力和惯性离心力在 x、y、z 3 个坐标轴方向的分量为

$$F_x = F \cdot \cos(F,X) = G \int_M \frac{\xi - x}{\rho^3} \mathrm{d}m \tag{7-14}$$

$$F_y = F \cdot \cos(F,Y) = G \int_M \frac{\eta - y}{\rho^3} \mathrm{d}m \tag{7-15}$$

$$F_z = F \cdot \cos(F,Z) = G \int_M \frac{\zeta - z}{\rho^3} \mathrm{d}m \tag{7-16}$$

$$C_x = C \cdot \cos(C,X) = \omega^2 x \tag{7-17}$$

$$C_y = C \cdot \cos(C,Y) = \omega^2 y \tag{7-18}$$

$$C_z = C \cdot \cos(C,Z) = 0 \tag{7-19}$$

因此，重力在 x、y、z 3 个坐标轴方向的分量为

$$\begin{cases} g_x = G \int_M \dfrac{\xi - x}{\rho^3} \mathrm{d}m + \omega^2 x \\[4pt] g_y = G \int_M \dfrac{\eta - y}{\rho^3} \mathrm{d}m + \omega^2 y \\[4pt] g_z = G \int_M \dfrac{\zeta - z}{\rho^3} \mathrm{d}m + \omega^2 z \end{cases} \tag{7-20}$$

因此，重力 g 的大小为 $(g_x^2+g_y^2+g_z^2)^{1/2}$，其方向与过该点的水平面内法线方向一致，即一般所说的铅垂线方向。

若将地球当成质量 $M=5.976\times10^{24}$ kg、半径 $R=6371$ km 的正球体，可以估算其重力加速度为 9.8m/s^2。在赤道上惯性离心力最大，约为 0.0339m/s^2，故惯性离心力约为引力的 1/300。所以，地球质量的引力是重力的主要部分。

7.2.3 重力场与重力位

地球的重力场是地球周围空间任何一点存在的一种重力作用或重力效应，是地球表面或其附近一点处单位质量所受到的重力。重力场是空间中的一种力或力场，分布于地球表面及其邻近的空间；空间中任一质点都受到重力的作用。重力场是引力场和惯性离心力场的合成场。在重力场中，单位质量质点所具有的能量称为此点的重力位。

7.2.4 重力探测与重力异常

地下物质密度分布不均匀会引起重力随空间位置而变化。在重力探测中，由于地下岩石、矿物密度分布不均匀或地质体与围岩密度的差异引起的重力变化，称为重力异常。实际上，观测的重力值中，包含了重力正常值及重力异常值两个部分。将实测重力值减去该点的正常值，可得到重力异常。因此，某点的重力异常也可以定义为该点的实测重力值与由正常重力公式计算出的正常重力值之差，即

$$\Delta g = g - \gamma \tag{7-21}$$

式中 g——测点上的实测重力值；
γ——该点上的正常重力值。

由于测点不一定在正常椭球面上，因此不一定正好是前文所说的正常重力值。常见的重力异常的改正分为以下 4 类：局部地形改正、中间层改正、自由空间改正和正常场改正。

对重力观测值进行不同的改正计算将会得到不同的重力异常。在对重力观测值进行各项改正之后，由于局部地球质量进行了不同方式的调整，因此不同的重力异常具有相应的地球物理含义。

（1）自由空气重力异常。对观测值仅作自由空间改正和正常场改正得到的重力异常为自由空间重力异常。

（2）法耶异常。自由空间重力异常中包含了地形的影响作用，对自由空间重力异常进行局部地形改正之后得到的重力异常就是法耶异常。

（3）布格重力异常。对观测值进行布格改正（自由空间改正与中间层改正）和正常场改正后得到的重力异常称为布格异常。

7.3 重力探测技术及方法

重力测量仪器包括直接测量重力加速度的重力仪和测量重力位 2 阶微分的重力梯度仪，两者分别敏感于长波重力场（远距离物体产生的空间缓变重力场）和短波重力场（近距离物体产生的空间快变重力场）。从功能上讲，两者又各自可分为测量绝对重力

值的绝对重力仪和测量重力变化量的相对重力仪，以及测量绝对重力梯度值的绝对重力梯度仪和测量其变化量的相对重力梯度仪。绝对仪器具有更高的长期稳定性，可校准相对仪器的长期漂移，而相对仪器一般来说具有更好的适用性，可满足航空、航海等恶劣条件下的使用需求。

重力仪是测量重力加速度的仪器。重力加速度随着时间和空间而不断变化，重力加速度测量按照测量结果分为绝对重力测量和相对重力测量，绝对重力测量通常为相对重力测量提供参考标准，是保证所有重力加速度测量结果具有溯源性和准确性的必要手段。绝对重力仪是直接测量出重力加速度值的仪器，其原理方法主要有摆式法、自由落体法和原子干涉法。相对重力仪是测量出重力差值的仪器，其原理方法主要有平衡零长弹簧形变法和平衡悬浮超导球移动法。

表 7-1 所列为目前世界上技术较为成熟、应用最为广泛的高精度重力仪，其中倾斜金属零长弹簧原理与石英弹簧原理本质上都是质量-弹簧原理。采用表 7-1 中测量原理的重力仪其测量精度均能稳定保持在 μGal 量级，涵盖了绝大多数正在使用的重力仪，其测量原理具有很强的代表性[41]。

表 7-1 典型的高精度重力仪

类型	种类	测量原理	代表型号	精度（量级）/μGal	产量/台	产地
绝对重力仪	自由落体重力仪	自由落体	FG-5，JILA-g	1	150	美国
	原子干涉重力仪	原子干涉	暂无	0.1	较少	美国
相对重力仪	弹簧重力仪	倾斜金属零长弹簧 石英弹簧	LCR	10	2000	美国
			CG-3，CG-5	1	250	加拿大
	超导重力仪	超导磁悬浮	GWR	0.001	30	美国

7.3.1 绝对重力仪

绝对重力仪测量原理主要包括自由落体运动、上抛法、上抛下落对称运动、冷原子干涉和测单摆周期法等。

7.3.1.1 摆式重力仪

摆式重力仪测量是一种绝对式的重力仪。为了进行基于摆的重力观测，必须知道摆的振荡时间和长度。然后利用这个振荡时间 t 计算重力加速度 g[42]。图 7-3 所示为长度为 L 和质量为 m 的摆模型。早期的摆式重力仪为世界绝对重力测量的发展起了很大的推动作用，先后建立起的维也纳基准和波茨坦基准，是地球上一切相对重力测定的基础。单摆式绝对重力仪因为测量精度较低，且测量原理是非线性化，从原理上难以提高测量精度，测量过程中较为耗时（单点测量时间为 1~6h），测量精度受温度影响较大等原因已经渐渐退出历史舞台。

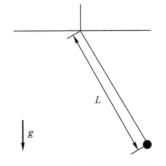

图 7-3 摆式重力仪的模型

7.3.1.2 自由落体绝对重力仪

近50年来,自由落体式绝对重力仪发展迅速,主要技术日益成熟,测量精度不断提高。2004年,国际计量局宣布弹道自由落体测量重力加速度方法是官方采用的重力计量的主要方法。

物体只在重力作用下从静止开始下落的运动,叫作自由落体运动。因此,做自由落体运动的物体运动状态,如速度、位移等参数,与当地重力加速度值直接相关,在理想状态下,物体运动状态只取决于重力加速度和下落运动的时间。反之,当测量出物体在下落运动某一时刻或某段时间内的运动状态时,也可以据此解算出物体运动中的重力加速度值,其数学描述如下。

在一个均匀的重力场中,自由下落物体的下落方程表述为

$$m\frac{d^2z}{dt^2} = m\ddot{z} = mg \tag{7-22}$$

不难发现,高精度自由落体式绝对重力仪的技术难点在于精确测量物体的下落时间和位移。目前世界上应用广泛的高精度绝对重力仪采用的均是激光干涉测位移-原子钟定时组合测量系统。

7.3.1.3 原子干涉型绝对重力仪

原子和中子等粒子既有粒子性也有波动性,利用原子、中子的波动性也可制成干涉仪,人们称之为原子干涉仪或物质波干涉仪。物质波干涉与光学干涉类似,需要相应的工具实现分束与合束,在原子干涉仪中,这个工具就是双光子拉曼脉冲。通过3束拉曼脉冲可以实现原子波包的分束、偏转和合束,最终实现原子波的干涉。两条干涉路径的相位差包含了重力加速度的信息,通过提取干涉相位就可以得到重力加速度的精确值[43]。

通过选择不同的干涉构型可以将原子干涉原理应用于重力仪或陀螺仪。当拉曼脉冲光束形成垂直驻波时,原子干涉仪可以测量重力加速度。在原子干涉重力仪中,垂直方向运动的原子通过激光冷却的原子云喷泉产生。通过激光冷却技术,原子云的温度可以低至1μK量级,使原子拥有很低的运动速度(1cm/s量级),这样可以尽可能增大时间间隔,提高重力仪的测量分辨率。

7.3.2 相对重力仪

目前广泛使用的高精度相对重力仪所采用的原理主要有3种,即倾斜零长弹簧原理、石英弹簧原理及超导磁悬浮原理。这3种原理覆盖了目前绝大多数相对重力仪。

7.3.2.1 弹簧型相对重力仪

相对重力仪所采用的众多测量原理中应用历史最悠久、最经典的莫过于质量-弹簧平衡测重原理。它的原理是将重力的变化转变为弹簧长度的变化。图7-4所示为最简单的一种质量-弹簧结构,弹簧垂直悬挂着质量已知的质量块,由胡克定律可知,当系统处于平衡状态时满足方程

$$mg = k(l - l_0) \tag{7-23}$$

式中 m——重块的质量;

g——当地的重力加速度;

l——悬挂重块时弹簧的长度；
l_0——未悬挂重块时弹簧的长度。

因此，当地重力加速度值的变化与弹簧的伸长量成正比，即

$$\Delta g = \frac{k}{m}\Delta l \qquad (7-24)$$

式中 k——弹簧常数。

在高精度重力测量中，校准因子 k/m 可通过与绝对重力测量点数据比对获得。

应用垂直悬挂结构的相对重力仪，其重力测量精度受到弹簧变化长度测量分辨率的限制。例如，要达到 $10\mu Gal$ 的测量分辨率，需要测量弹簧长度变化的位移传感器分辨率至少要达到 $10^{-9}m$，这是很难稳定实现的。为了改善弹簧重力仪精度受位移测量精度限制的问题，诞生了一种全新的弹簧测重原理——倾斜零长弹簧原理。

图 7-4 所示为最简单的弹簧杠杆结构。

当重力与弹簧弹力产生的力矩相平衡时，有

$$mga\sin(\alpha+\delta) = k(l-l_0)b\frac{d}{l}\sin\alpha \qquad (7-25)$$

式（7-25）表明，重力加速度 g 和角 α 之间的关系是非线性的。当满足 $l_0=0$（"零长弹簧"），$\alpha+\delta=90°$ 时，式（7-25）可以化简为

$$mg\alpha = kbd\sin\alpha \qquad (7-26)$$

设置角度为 $\alpha\rightarrow 90°$、$\delta\rightarrow 0°$。这样设置能够很大程度上增加这个结构的机械灵敏度，即"助动性"。在倾斜零长弹簧测重力系统中，达到优于 $10\mu Gal$ 的测量分辨率对位移传感器的分辨率要求仅为几百纳米，比垂直弹簧系统降低了几个数量级。

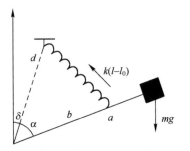

图 7-4 弹簧杠杆平衡结构

7.3.2.2 超导重力仪

超导重力仪本质上讲也是一款弹簧型重力仪，所不同的是其中机械弹簧被替换为了超导磁悬浮结构，即"虚拟弹簧"设计，它利用超导体中电流极高的稳定性这一特点创造出了一个非常稳定的弹簧-重块系统。超导重力仪具有极高的稳定性，这得益于其核心设计——超导磁悬浮结构。这一结构由超导低温产生装置、超导球、电容器和一对持续通电的线圈构成，如图 7-5 所示，这也是超导重力仪诞生之初时的设计。

由超导材料制成的超导球被悬浮在由一对超导线圈形成的梯度磁场中，其受到的悬浮力由线圈产生的非均匀磁场和超导球表面感应电流的相互作用产生。由于超导体独特的零电阻特性和迈斯纳效应，超导线圈长时间工作时电流损耗几乎为 0。线圈上装有控制持续电流的装置，当线圈中形成稳定的电流后，线圈被超导分流器短路，只要低温超导结构持续提供低于临界温度的低温环境，电流就可以被永久"困"在线圈中，这种产生持续闭合电流的方法也是超导技术中使用的标准方法。这一系列的设计为悬浮超导球提供了非常稳定的磁场环境，进而保证了其所受悬浮力非常稳定，这套悬浮装置对小球所起到的支撑作用也可以等效为一个无限长的弹簧。

第 7 章 重力探测技术

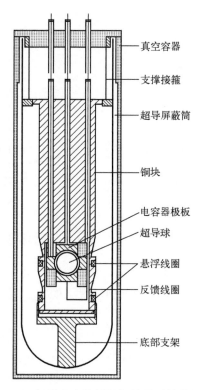

图 7-5 超导重力仪低温超导悬浮结构原理

7.3.3 重力梯度仪

重力梯度仪的设计原理有基于扭矩、差分加速度计法、绝对重力梯度仪等方法[41]。

7.3.3.1 基于扭矩的相对重力梯度仪

如图 7-6 所示，扭秤式重力梯度仪由两个质量相同高度不同的质量块（称为检验质量）组成，这两个质量块由细丝悬挂在水平横梁上。如果作用在质量块上的重力不相同，两个质量块感受到的重力差会在横梁上施加扭矩，从而引起横梁发生偏转，然后通过单独的刻度尺和望远镜进行读数，可以高精度测量重力梯度[44]。

由于扭称测量结构的测量时间长、稳定性差、测量受到地形起伏的影响严重，不适合于野外观测使用。

7.3.3.2 旋转加速度计式重力梯度仪

根据爱因斯坦广义相对论，对于一个封闭系统内的观测者，万有引力效应与该封闭系统加速度造成的"重量感"完全相同。因此，在一个密闭的系统内，同一个方向上安装两台加速度计，这两台加速度计将感受该方向上相同的系统加速度。所以，将 4 台加速度计两两配对，精确放置在一个圆周上，敏感轴与圆周相切。如图 7-7 所示，处于圆的同一直径上的两台加速度计为一对，感受方向相反、大小相同的转盘加速度，从而将转盘的加速度效应抵消[45]。

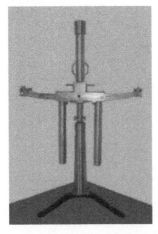

图 7-6 扭秤式重力梯度仪实物

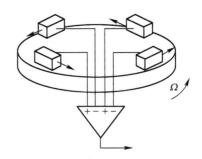

图 7-7 重力梯度仪 GGI 的结构示意

设转盘的角速度为 Ω，装置半径为 ρ，时间序列为 t，$G_{ij}=\partial g_i/\partial j$ 是重力矢量的 i 分量对 j 方向的偏导数，则该重力梯度仪理想情况下的 $\rho_{输出}$ 为

$$\rho_{输出}=4\rho\left[\sin(2\Omega t)G_{xy}+\frac{1}{2}\cos(2\Omega t)(G_{xy}-G_{yy})\right] \quad (7-27)$$

由式（7-27）可以看出，GGI 只能测量 G_{xy} 和 $G_{xy}-G_{yy}$，因此被称为部分分量重力梯度仪。

7.3.3.3 基于 MEMS 的重力梯度仪

基于 MEMS 的重力梯度仪采用的原理与 GGI 相似，也是采用基于差分加速度计的测量模式。不过这种重力梯度仪用一个单独的晶片构成，在这个晶片上集成了两个加速度计，每个加速度计有两个梳状电容结构。由于加速度计是基于 MEMS 集成在一个单独的晶片上，因此与传统的加速度计相比具有更小的质量和体积。这种重力梯度仪以微小的体积和质量（小于 1kg），成为未来卫星重力梯度测量仪器的一个发展方向。其基本结构如图 7-8 所示。

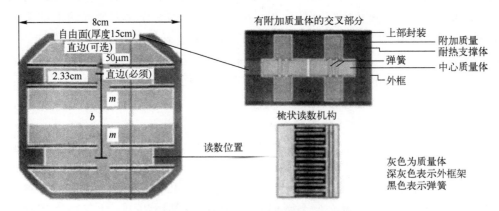

图 7-8 基于 MEMS 的重力梯度仪的测量机构

从图 7-8 可以看出，其测量结构是两个质量为 $m(0.02\text{kg})$ 的检验质量，两者质心间的距离是 $b(5\text{cm})$。检验质量与框架之间用弹簧相连，选择弹性系数为 1N/m 的轻质

弹簧，以实现在敏感方向上弹性系数非常低，在重力作用方向又足够坚硬以支撑检验质量。该梯度仪的噪声水平可以用功率谱的形式表达为

$$S_T(f) = \Gamma_n^2 = \left(\frac{8}{mb}\right)^2 \left(\frac{2\pi k_B f T}{Q(f)} + \frac{(2\pi f_0)^2 \varepsilon_A(f)}{2\beta_N}\right) \quad (7-28)$$

式中 f_0——差分模式机械谐振频率；
$\quad Q(f)$——谐振品质因数；
$\quad \varepsilon_A(f)$——传感器噪声能量；
$\quad f$——工作频率；
$\quad k_B$——万有引力常数。

式（7-28）中第一项是机械噪声，第二项是读数系统噪声，两项均正比于温度 T。堆积在电容极板上的寄生电荷会提供一个附加力的作用，限制梯度仪的精度。但是随着温度的降低，这些寄生电荷的活动性将大大减弱，一般情况下选择航天器上容易实现的温度 77K 作为基于 MEMS 的重力梯度仪的工作温度。这样既不会额外增加冷却系统，又能保证测量精度。

7.3.3.4 静电悬浮加速度计重力梯度仪

静电悬浮加速度计重力梯度仪是将基于静电悬浮原理制成的加速度计放置在不同的矢量方向，通过差分原理测量该矢量方向上重力梯度张量。由于静电悬浮加速度计利用静电力平衡检验质量受到的重力作用，将检验质量悬浮在超高真空腔内，其质心和型心的稳定性非常高，采用差分电容方式输出敏感质量的位移，最终获得极高的测量精度。由于其工作时承受的加速度较小，故其量程很小，更适合太空微重力环境的梯度测量[46]。

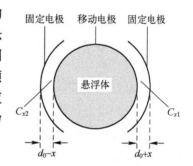

图 7-9 差分电容静电悬浮加速度计

图 7-9 是静电悬浮加速度计的示意。由于悬浮体的位置信息是悬浮控制系统的闭环反馈信号，因此，对悬浮体沿 3 个正交轴的位置信息必须精确检测。图中利用差分电容法对此进行检测：悬浮体可检测的位移变化频率为 0~20kHz；最小可检测位移变化为 $0.01\mu F$，对应电容的变化为 $\Delta C_{min} = 20pF$；最大可检测位移变化为 $\pm 2\mu F$，对应电容的变化为 $\Delta C_{max} = 20pF$。

7.3.3.5 超导重力梯度仪

超导重力梯度仪同样是基于差分加速度计的原理设计而成。如图 7-10 所示，轴向分量重力梯度仪是通过两个线性加速度计的敏感轴沿分离方向成同一直线实现，而交叉分量重力梯度仪则是通过 4 个检验质量信号组合实现，或者通过两个同轴的旋转臂互相正交的角加速度计的信号差分实现。一个全张量梯度仪可以通过 3 个轴向分量重力梯度仪和 3 个交叉分量重力梯度仪的组合实现。

图 7-11 是超导加速度计的实现原理示意图。加速度计由弱弹簧、超导检测质量、超导感应线圈和带有输入输出线圈的超导量子干涉仪（SQUID）放大器组成。在感应线圈和 SQUID 回路中保存有持续电流。当平台经过加速或者施加等效的重力信号时，检测质量相对于感应线圈将产生位移，并通过迈斯纳效应（完全抗磁性）调制其感应系

数,这将引起线圈中量子磁通量发生变化,从而产生一个随时间变化的电流。SQUID 则将感应电流转换为电压信号输出。

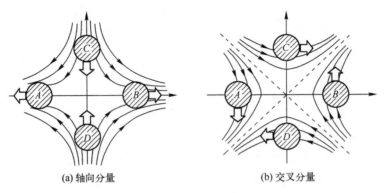

图 7-10　超导重力梯度仪的实现

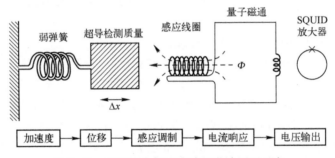

图 7-11　超导重力加速度计的设计原理示意

将 6 个完全相同的超导加速度计安装在正六面体的 6 个面上,每相对面上的两个超导加速度计就形成一个梯度仪,其敏感轴正交于正六面体的表面。从而构成三轴超导重力梯度仪(三轴 SGG),如图 7-12 所示。

7.3.3.6 原子干涉绝对重力梯度仪

原子干涉重力梯度仪是在相同的惯性参考坐标系下测量两相隔一定距离的使用拉曼激光脉冲参与作用的原子绝对重力仪构成[47],其基本原理如图 7-13 所示[48]。利用多普勒冷却效应,将 3 对相互垂直的激光束再加上磁场方向相反的线圈产生磁场梯度构成磁光阱(MOT),将原子束约束在一个很小的范围内。利用激光操控原子,使原子波包发生分裂、偏转和重新汇合,从而实现类似于光学干涉仪的分光镜和反光镜作用,最终形成原子干涉图样。

7.3.3.7 激光干涉绝对重力梯度仪

激光干涉绝对重力梯度仪是在原来激光干涉绝对重力仪的基础上利用差分算法发展起来的。激光干涉绝对重力梯度仪的特点是:大动态范围;无超长弹簧隔振系统;地面倾斜与地面震动属于共模误差,对动态测量非常有利,对近地面的孔洞敏感。

图 7-14 是其光路图。激光器发射的激光经过分束器得到两束激光,这两束激光除能量是原始激光的一半外,其他性质完全相同。其中的一束通过光纤传到上干涉系统,另一束传至下干涉系统。这两束激光在上、下两个干涉系统中分别形成测量光束和参考

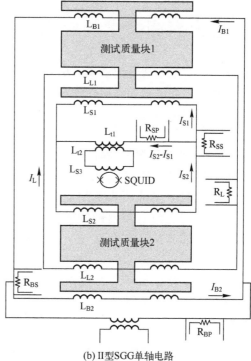

(a) 三轴Ⅱ型SGG　　　　　　(b) Ⅱ型SGG单轴电路

图 7-12　三轴Ⅱ型 SGG

光束，最终各自形成干涉条纹，被探测器记录。计算出上、下两个角锥棱镜（corner-cube）的绝对重力值后再差分就可以得到垂直向重力加速度之差。由于两个角锥棱镜的测量状态，测量时的激光性质，采用的时钟以及所处的自然环境完全相同，可以认为是由两个角锥棱镜所处位置的地面重力垂直梯度造成，因此经过与两角锥棱镜的距离比后就可以得到测点环境的重力垂直梯度。

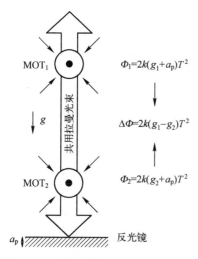
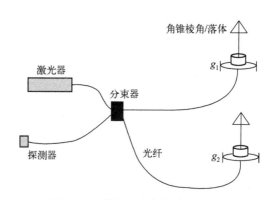

图 7-13　双磁光阱（MOT1 和 MOT2）构成重力梯度仪原理　　　图 7-14　激光干涉重力梯度仪光路

7.4 重力探测技术的应用与发展趋势

重力场是地球的基本物理场,重力场及其变化观测资料在基础测绘、工程建设、资源勘探、地震灾害监测等方面有重要应用。

7.4.1 地质结构研究

7.4.1.1 地球深部构造研究

重力学方法是一种古老的地球物理方法。用重力探测方法研究地壳内部结构的基本思想是地壳内不同部位由于地质演化历史不同,具有不同的成分和构造,而成分和构造差异又转变为地壳内部的密度变化。重力探测可以用于研究从沉积盖层到上地幔的结构和构造特征,全面分析重力和航磁资料,再结合地质与其他地球物理资料,可以获得研究区内岩浆活动、结晶基底深度和性质、地壳和上地幔内构造分层及物性的横向变化,莫霍面深度起伏和地壳的均衡状态等多方面的有用信息,为大地构造分区、地壳构造演化及变形、地震成因等研究提供地球物理依据。图7-15是卫星探测的地球重力场。

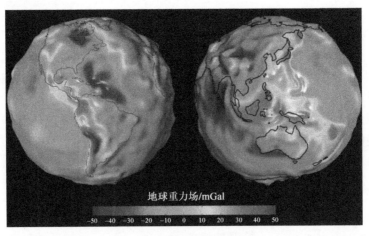

图 7-15 地球重力异常图

7.4.1.2 地震灾害预警

在地震研究中,利用重力变化监测地震是一种常用的方法。强震或大地震受区域应力场及主要活动断裂带的控制,通常孕育并发生在活动断裂带应力高度积累部位,这些部位及其附近在孕震阶段的显著差异构造运动,通常伴有显著的重力场变化。相反地,地球重力场的精细结构及其时空变换反映着地球内部物质的变化和变形过程,它与地壳深处孕育发生的地震密切联系在一起。因此,可以定期进行地面重力重复观测,并对其重力场的动态变化进行深入分析和研究,有利于及时捕捉到某些强震前的重力前兆信息,从而深入探索地震发生机理和开展地震危险性预测[49]。

7.4.2 矿产资源勘探

7.4.2.1 石油天然气勘探

利用重力资料研究区域地质构造、圈定沉积盆地范围、确定基底起伏、划分次一级构造单元、指出含油气远景区，是石油与天然气早期勘探工作的必需过程。通过重力探测可以精确评价储集层孔隙度、裂隙孔隙度、储集层封闭条件、漏过或越过的油气层。图7-16是某矿场的地质测绘结果。

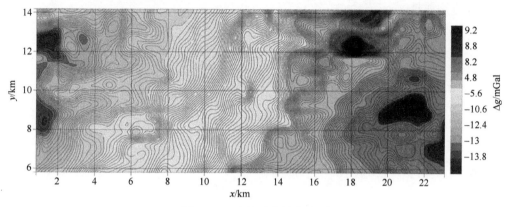

图7-16 矿场重力等高线图

7.4.2.2 煤矿地热勘探

重力探测法可应用于圈定含煤盆地的边界，确定含煤盆地的基底深度。而通过研究含煤层系的构造断裂便可以确定含煤层的厚度。煤系地层的密度值往往比围岩要低，煤及煤系地层的密度值在 1.5~2.29g/cm³ 之间，由于密度的差异造成煤层与围岩明显的密度界面，煤系地层大部分情况下为层状，这为重力探测的应用提供了很好的客观地质条件。此外，重力勘探可以对岩溶现象、煤矿的采空区以及陷落柱进行较准确辨别。因此，在我国煤矿普查中，重力探测得到了广泛应用，也取得了较好的效果。

重力在地热勘探中也有不可忽视的作用。首先其能根据沉积盆地地基岩与地温之间的关系，通过重力来确定基岩隆起和埋深，从而间接寻找到地热田。此外，还能根据重力与地壳内熔融岩浆的关系圈定热源位置，通过地热与局部异常的对应关系，确定岩体形态和埋深，并能进行相关的地热远景评价。

7.4.2.3 其他矿产资源勘探

重力探测方法还可与其他物探方法相结合应用于地质和找矿。例如，在寻找磁铁矿体、铬铁矿、硫化矿床等中，由于这些矿床主要与岩体有关，利用重力探测方法对隐伏、半隐伏岩体进行有效圈定是一种行之有效的方法。重力探测还可以应用于划分断裂构造、圈定盆地、进行基岩地质、构造填图等。

随着方法技术的发展和不断完善、仪器精度的提高、计算机技术的引进等，重力探测在石油与煤田的普查、固体矿产资源开发、水文等多方面发挥着越来越重要的作用。

7.4.3 无源重力导航

重力导航是从重力测量及重力异常和垂线偏差的测量和补偿的基础上发展起来的一

种利用重力敏感仪表测量实现的图形跟踪导航技术。地球重力场是地球固有的物理特性之一，稳定性和抗干扰性强，其分布不均匀，存在一个变化的拓扑。因此，可以通过有足够精度的重力梯度测量来进行导航定位，特别是潜艇导航中。利用重力仪获取潜艇位置处的重力信息时，对外无能量发射、无须浮出水面或接收外部信号，具有很好的隐蔽性。

随着科技的发展，目前的重力传感器水平和海洋重力场分辨率不断得以提高，惯导/重力组合导航系统在潜艇水下远程/长时的高精度无源自主导航定位方面具有重要的科学意义和应用前景。

第8章 高能射线探测技术

随着科学技术水平的不断发展，无线电波、红外线、可见光及激光等探测技术手段逐渐成熟，并且不断向着更高波段的电磁波（高能射线）迈进。高能射线也是一种电磁波，其本质上与无线电波、红外线、可见光等相同，在真空中的传播速度也是光速 $c = 3\times10^8 \text{m/s}$，其波长 λ、频率 f 及传播速度 c 同样满足以下规律：$c=\lambda f$，在电磁波谱上，高能射线位于可见光的右侧，由于其频率远大于无线电波、可见光的频率，高能射线的波长远小于无线电波、可见光的波长，低于 $1\times10^{-11}\text{m}$，这意味着其具有更强的粒子特性和穿透能力，在无损检测、医学诊断及介质识别方面有着广阔应用前景。

8.1 高能射线探测技术发展历程

1836年，英国科学家迈克尔·法拉第发现在稀薄气体中放电时会产生一种绚丽的辉光。后来，物理学家把这种辉光称为"阴极射线"，因为它是由阴极发出的。1895年10月，德国实验物理学家伦琴发现干板底片"跑光"现象，伦琴意识到这可能是某种特殊的从来没有观察到的射线，它具有特别强的穿透力。伦琴用这种射线拍摄了他夫人手的照片，显示出手的骨骼结构。1895年12月28日，伦琴向德国维尔兹堡物理和医学递交了第一篇研究通信———种新射线初步报告。伦琴在他的通信中把这一新射线称为X射线。1913年考林杰发明了能够调节影像质量的真空X射线管。1914年随着钨酸镉荧光屏的诞生，开始了X射线透视的应用。1923年诞生了双焦点X射线管，功率可达几千瓦，矩形焦点的边长仅为几毫米，X射线影像质量大大提高。20世纪70年代，美国军方发射用于探测"核闪光"的Vela人造卫星，首次探测到γ射线的存在。2002年，美国北卡罗来纳大学华裔科学家卢健平用碳纳米管制成"场发射阴极射线管"，来发射高能电子产生X射线。

根据产生方式及特性不同，目前已探明并加以利用的高能射线分为以下几类。

1) X射线

X射线频率范围在 30PHz～300EHz，对应波长为 0.01～10nm，能量为 124eV～1.24MeV。由于其波长极短，具有极强的穿透性，常用于医学诊断和工业上的无损检测等方面。目前产生X射线的最简单方法是用加速后的电子撞击金属靶。撞击过程中，电子突然减速，其损失的动能会以光子形式放出，形成X光光谱的连续部分，称为轫致辐射。通过加大、加速电压，电子携带的能量增大，则有可能将金属原子的内层电子撞出。于是内层形成空穴，外层电子跃迁回内层填补空穴，同时放出波长在0.1nm左右的光子（相当于3EHz的频率和12.4keV的能量）。由于外层电子跃迁放出的能量是量子化的，所以放出的光子波长也集中在某些部分，形成了X光谱中的特征线，此称为特性辐射。

2) γ射线

γ射线又称为γ粒子流，是原子核能级跃迁退激时释放出的高能射线，其频率高于30EHz，对应的波长小于 10^{-10} m，能量高于124KeV。地球上γ射线的天然来源包括放射性同位素（如40钾）引起的γ射线衰变，以及作为各种大气与宇宙射线粒子相互作用的次级辐射。γ射线的人工来源包括裂变（如发生在核反应堆中）以及高能物理实验（如中性介子的衰变和核聚变）。

3) α射线

α射线，也称"甲种射线"，是放射性物质所放出的α粒子流。它可由多种放射性物质（如镭）发射出来。α粒子的动能可达 4~9MeV。α射线由欧内斯特·卢瑟福于1898年首次发现，α粒子即氦核，由两个质子及两个中子组成，并不带任何电子。通常，原子量较大且具有放射性的化学元素，会通过α衰变放射出α粒子，从而变成较轻的元素，直至该元素稳定为止。由于α粒子的体积比较大，又带两个正电荷，可以很容易电离其他物质。因此，它的能量散失较快，穿透能力在众多电离辐射中是最弱的，人类的皮肤或一张纸就能隔阻α粒子。

4) β射线

β射线是一种从核素放射性衰变中释放出的高速运行的带电β粒子流。贯穿能力很强，电离作用弱，β粒子是放射性物质发生β衰变所释出的高能电子，其速度可达光速的99%。在β衰变过程中，放射性原子核通过发射电子和中微子转变为另一种核的过程中产生的高能电子就是β粒子。在"正β衰变"中，原子核内一个质子转变为一个中子，同时释放一个正电子；在"负β衰变"中，原子核内一个中子转变为一个质子，同时释放一个电子，即β粒子。β射线相较于α射线具备更强的穿透能力，但穿过同样距离，引起的损伤更小，能被体外衣物削减、阻挡或者被一张几毫米厚的铝箔完全阻挡。

5) 中子射线

中子射线是不带电的粒子流，辐射源为放射性同位素、核反应堆、加速器或者中子发生器，在原子核受到外来粒子的轰击或者自身产生核反应时，中子会从原子核中释放出来。中子的状态可以分为热中子、冷中子、超冷中子、快中子、聚变中子、中能中子以及高能中子。中子电离密度大，常常会引起大的突变。中子射线相较于X射线、α射线、β射线和γ射线而言，具有更强的穿透能力，因此在产生和使用中子射线时应当更加注意防护。

8.2 高能射线探测基本原理

由8.1节可知，射线的种类很多，其中穿透性较强的有X射线、γ射线及中子射线3种，现有的高能射线探测系统绝大部分依靠这3种射线为载体实现对目标的探测，其中X射线与γ射线广泛应用于医学领域及工业领域，如X光机、CT以及工业上的介质识别和工业探伤，而中子射线目前仅用于一些特殊场合，如核反应堆的监测。

本节以X射线为例，分别介绍射线的产生、穿透原理及成像方法。

8.2.1 高能射线产生

X 射线的产生机制主要有以下几种。

(1) 逆康普顿辐射 (inverse compton radiation, ICR)。当高能带电粒子与背景辐射光子相互作用时，高能粒子将其能量的一部分交给低能光子，使其频率升高、波长变短而形成 X 光子，由这种机制产生的辐射称为逆康普顿辐射。

(2) 二次电子的轫致辐射 (secondary electron bremss-trahlung, SEB)。在高能重离子碰撞中，重离子核外电子常被抛出，核电子与其他电子或靶原子发生碰撞而发出轫致辐射。

(3) 过渡层辐射 (transition radiation, TR)。在宇宙 X 射线产生机制的研究中发现，当高能电子穿过折射率不同的两种介质面时，由于该介质面存在势能梯度，会发生高能电子与介质面碰撞而产生的 X 射线。

(4) 双电子单光子的原子跃迁 (two-electron-one-photonatomic transition)。当重离子碰撞时，若某个离子的 K 壳层损失两个电子，则该离子通常是经过连续两次辐射 X 射线而退激发。第一次辐射是由于超伴线跃迁 (K_α^h 或 K_β^h)。第二次辐射是由于正常的伴线跃迁，但若高壳层上的两个电子同时跃迁到空的 K 壳层而辐射一个单光子，则称之为双电子单光子的跃迁。

(5) 沟道效应 X 辐射 (channeling X-radiation)。在固体物理的研究中发现，对沿着原子面的周期库仑势前进的沟道化的粒子而言，当该粒子本身产生的场与晶体场相互耦合，造成粒子在晶面横截面势阱内所存在的分立能级之间跃迁时，将产生准单色 X 光子。实验时，该谱总是叠加在未沟道化的粒子所生成的连续背景之上，故称为沟道 X 辐射。

(6) 核核轫致辐射 X 射线 (nucleus-nucleus bremss-trahlung, NNB)。入射粒子与靶核相互作用而产生的 X 射线，它通常发生在不对称的体系中。实验证明，在被测量的强度中，偶极和电四极相互作用占据重要地位，在非对称碰撞体系的高频率光子区，NNB 能构成大的背景源。

(7) 辐射性电子俘获 (radiative electron capture, REC)。在重离子撞击靶的过程中，束缚较弱的靶电子被内壳层具有空位的撞击离子俘获，从而发出 X 射线，该过程叫作辐射性电子俘获。

如图 8-1 所示，以 REC 技术为基础制造的 X 射线管工作原理：X 射线玻璃管内为抽成真空状态的玻璃管，向外引申出了两极，包括阴极和阳极。阴极由灯丝构成，该灯丝在通有灯丝电流的情况下产生了用于击中金属靶的电子，在两端高压的加速下，对阳极金属靶面进行撞击，然后从阳极靶面便辐射出 X 射线，灯丝电流的强弱和高压电压值的大小以及阳极金属靶面这几个因素将共同影响辐射出 X 射线的强弱。

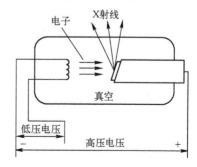

图 8-1 X 射线管示意图

8.2.2 高能射线的透射

当射线穿透物体时，其衰减情况为

$$I = I_0 \cdot e^{-\int_l \mu(x,y)\mathrm{d}l} \tag{8-1}$$

式中 I——射线透过物体衰减后的射线强度；

I_0——入射射线的初始强度；

μ——单位厚度介质的衰减系数，与介质材质有关；

l——物体厚度。

以高能射线透射物体为例，如图 8-2 所示，当物体中存在缺陷（为了简化计算，假设缺陷为空气且空气对高能射线的衰减为 0）时，入射高能射线透过物体以后强度会不均匀，假设 I_1 为高能射线透过物体无缺陷部分衰减以后的射线强度，根据式（8-1）则有

$$I_1 = I_0 \cdot e^{\mu l} \tag{8-2}$$

假设 I_2 为高能射线透过物体有缺陷部分衰减以后的射线强度，设物体的缺陷部分沿射线传播方向的厚度为 x，根据式（8-1），则有

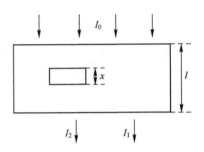

图 8-2　高能射线透射物体原理

$$I_2 = I_0 \cdot e^{\mu(l-x)} \tag{8-3}$$

根据式（8-2）和式（8-3）可以得到高能射线透过物体有无缺陷部分衰减以后的射线强度对比为

$$\mathrm{CON} = \frac{I_2}{I_1} = e^{\mu x} \tag{8-4}$$

可见物体的缺陷沿射线传播方向厚度 x 越大或被透物质线衰减系数 μ 越大，则透过有缺陷部位和无缺陷部位的射线强度差越大，胶片上缺陷与基体的黑度差越大，缺陷越容易被发现。同理，在医学诊断中，骨骼、肌肉组织、脏器以及发生病变的组织等对高能射线的衰减作用不相同，通过专业设备所成的像也会有所不同，从而实现对病变组织的检测。

8.2.3 高能射线成像

自 X 射线被发现以来，X 射线成像技术经历了胶片成像、影像增强器成像、数字化 X 射线成像的发展历程。

8.2.3.1 胶片成像技术

胶片成像技术原理非常简单，它是利用胶片接收穿透物体后的 X 射线，胶片上通常涂有荧光增强剂，X 射线穿过物体后，会得到不同程度的衰减。不同强度的 X 射线照射到胶片上，就会在胶片上显示具有一定对比度的灰度图像。直接使用胶片去接收 X 射线，X 射线吸收率较低。因此，如果要使图像清晰，必须增大射线剂量，这就导致辐射增大，对检测人员有伤害。后来发现了增感屏，随着增感屏技术的不断发展，胶片成像技术由原本的单一胶片成像到胶片-增感屏式成像。图 8-3 给出了胶片-增感屏式成

像的示意,其中前增感屏和后增感屏紧贴胶片,X射线透过物体后经增感屏转换成可见光,胶片再从增感屏进行感光,从而形成影像,这种使用方式比直接使用胶片成像射线剂量要大大减少。但增感屏的使用,比直接用胶片分辨率要低。

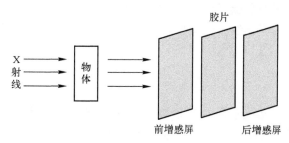

图 8-3　胶片成像示意图

8.2.3.2　影像增强器成像技术

影像增强器属于一种电真空器件,其主要包含以下几个部分,即输入屏、输出屏、阴极、阳极。X射线穿过物体后将被增强器的输入屏接收,输入屏通常会涂有某种荧光材料,荧光材料在X射线的照射下会发出荧光,影像增强器的阴极在荧光的作用下发生光电效应,从而激发电子,电子会被增强器内部的高压电场加速撞向输出屏。输出屏通常也涂有荧光材料,在电子的撞击下使输出屏的荧光材料发光,形成X射线影像。在增强器的后面利用摄像机就可以实时采集到射线图像,再将摄像机采集到的电视信号在显示器上显示即可。其结构如图8-4所示。

图 8-4　影像增强器成像技术框图

8.2.3.3　数字化X射线成像

数字化成像技术(digital radiography,DR)获得的是图像的数字信号,可根据需要对获得的数字信号做各种处理,有利于检测人员的分析和保存。DR系统的主要组成如图8-5所示,主要包括X射线源、X射线探测器、图像数字化系统、数字图像处理系统几个部分。

图 8-5　DR成像系统

目前数字化X射线成像技术又分为直接转化型和间接转化型两种,直接数字化成像技术主要包括计算机X射线成像技术、薄膜晶体管(TFT)平板探测器,间接数字化技术主要是电荷耦合器件探测器(CCD)。

8.3 典型高能射线探测系统组成

现有的高能射线探测系统大致组成结构基本相同，主要由人工射线源产生高能射线穿透物体，根据射线的感光性，使用特定的成像设备与技术进行成像，从而达到目标探测的目的。

8.3.1 X光机

如图8-6所示，X光机主要由X射线源、探测器、SCP板、X射线控制器、PC及键盘等配套设备组成。在射线源部分，为满足不同身体部位要求，系统采用可调节电压的射线源及X射线控制系统，产生不同强度的高能射线束，使系统穿透力更具有针对性。在信号采集及图像处理部分，探测器信号的初级处理电路及系统控制电路组合为一块电路板SCP，即系统控制及信号处理板，该板具有系列X射线的信号处理及系统控制功能。PC完成信号的进一步处理、显示，同时还经过PC实现与操作键盘（包括计算机键盘、鼠标器、专用键盘）的联机通信，从而实现人机交互工作。

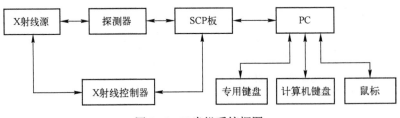

图 8-6 X光机系统框图

8.3.2 CT机

X线电子计算机断层摄影术（computed tomography，CT），CT检查是X线与电子计算机技术的结合。CT机的基本结构如图8-6所示，工作流程分为以下3个阶段，即数据采集、图像重建和图像显示。

1) 数据采集

数据采集部分包括X线球管、探测器、准直器、滤过器、放大器、模/数转换器等。CT机使用的X线球管与一般普通X线机所用的X线球管相同，都是高度真空的二极管，也分为固定阳极和旋转阳极两种，固定阳极X线球管限于扫描速度慢、需要电流小的第一、二代CT机；旋转阳极X线球管适用于扫描速度快、需要电流人的CT机。

探测器分为气体探测器和固体探测器两类，气体探测器采用气体电离的原理，探测器内充有惰性气体（如氙气或氪气），X线射入后使氙气产生成对的光电子，由收集电极集中进行光/电转换后，产生与X线强度成比例的电流；而固体探测器常采用碘化钠（或碘化铯、钨酸镉、锗酸铋）作为荧光体，当它们受到X线照射后发出与之成比例的荧光，再经过光/电转换和信号放大为电信号。气体探测器灵敏度差些，但利用率高，受温度影响小些，性能比较稳定。固体探测器灵敏度高，容易受温度、湿度影响，使用一段时间后其性能指标会有些变化，由于其余辉时间长，故利用率低。

准直器位于探测器之前，结构上与探测器成为一体，置于被扫描物体后方。主要作用是除去 X 射线通过被照物体后所产生的散射线，结构比较简单。

模/数转换器的作用是将探测器所探测到的光电模拟信号转换成数字信号，并输送到阵列处理机，主要实现 A/D 转换的目的。

2) 图像重建

图像重建主要包括阵列处理机和主计算机，其作用是处理数据、传输数据、完成图像的重建和控制以及检测整个 CT 系统。

3) 图像显示阶段

图像显示主要包括图像显示器、数码相机。整个系统由中央系统控制器来操纵，再加上检查床，便构成一台完整的 CT 系统，如图 8-7 所示。

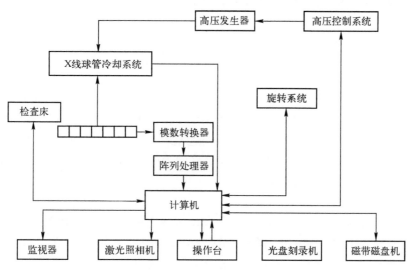

图 8-7 CT 机的基本结构

8.3.3 工业探伤系统

X 射线探伤系统是近些年发展起来的一种新型射线无损检测技术。X 射线透过检测对象后，射线探测器将 X 射线检测信号转换为数字信号为计算机所接收，形成数字图像。通过观察检测图像，根据工作经验和相关标准进行缺陷评定，达到缺陷状态评价的目的。

图 8-8 所示为高能射线工业探伤系统示意图。由图可知，高能射线探测系统主要有射线源、增感屏、胶片、像质计、暗盒及观片灯等其他设备组成。射线源负责产生高能射线，用于穿透物体进行探测；胶片与普通胶片的作用相同，但是结构上有所差异，射线胶片的感光乳剂成分不同，且感光乳剂层厚度远大于普通胶片的感光乳剂层厚度，这主要是为了能更多地吸收射线的能量。

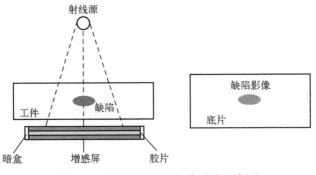

图 8-8　高能射线工业探伤系统示意图

8.4　高能射线探测技术的应用与发展趋势

8.4.1　医学应用

1）X 光机

计算机 X 射线摄影系统（CR）技术方法，最早由 Kodak 于 1975 年提出。1980 年日本富士公司注册了影像板技术专利。1983 年富士展示了第一台 CR 影像阅读器。1992 年柯达公司安装出第一个 CR 系统。1994 年爱克发公司推出了 ADC70 型 CR 系统。1998 年以设计和生产激光 X 射线照片数字化仪著称的美国 Lumisys 公司推出了 ACR-2000 型 CR 系统。图 8-9 所示为医用 X 光机。

2）CT 机

1972 年英国工程师 G.N.Hounsfield 研制出世界上第一台用于颅脑的 CT 设备。1974 年美国 GeorgeTown 医学中心的工程师莱德雷（RobertLedley）首次设计出全身 CT 扫描机。1975 年美国凯斯西储大学的 RalphAlfidi 教授率先开展了腹部 CT 成像方面的研究工作。1989 年随着滑环技术的应用，一种不同于断层扫描模式的新 CT 扫描技术——螺旋扫描模式诞生。2016 年全球首台基于双层探测器的光谱 CT 诞生，通过空间上对等的上、下两层探测器分别接收高、低能量的 X 射线光子，实现探测器端的能量解析和彩色光谱成像。2021 年该技术进一步发展到 100kV 光谱成像及 80cm 大孔径和新型球面宽体光谱探测器。图 8-10 所示为螺旋 CT 机。

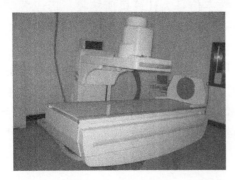

图 8-9　医用 X 光机

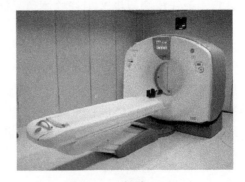

图 8-10　螺旋 CT 机

8.4.2 安检应用

1990—1999 年,美国的 Invision 公司和 L-3Comm 研究并证明可以将 X 射线原理应用到安检机违禁品的检测方面。在 2002 年,X 射线原理开始被应用在安检上。英国 Sens-Tech 公司 X 射线安检机产品 XDAS-V3,是一种模块化的电路板系统,用于 X 射线扫描、多视图和 CT 系统中的数据采集。图 8-11 所示为 X 光机在安检中的应用。

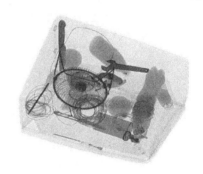

图 8-11　X 光机安检

8.4.3 宇宙探测应用

X 射线脉冲星导航技术是一种具有发展潜力的新型自主导航技术。美国 NASA、欧空局、日本 JAXA 等航天强国科研机构均将其列为重点发展对象,采用"自然界最精准的天文时钟"的脉冲星作为导航信标,可以大大提升航天器战时自主导航生存能力。

20 世纪 70 年代,美国天文观测卫星 Ariel-5 探测到 X 射线脉冲点光源 HerX-1,正式开启了人类探索宇宙空间 X 射线脉冲星导航探测的新纪元。此后大致经历了 4 个阶段,即萌芽、辉煌、理论完备及在轨测试阶段。在萌芽阶段,美国通信系统所的 Chester 和 Butman 等提出了脉冲星 X 射线导航的初步构想,美国发射的 HEAO-1 以及德国发射的 ROSAT 卫星采集的大量观测数据也验证了轨道的合理性;在辉煌阶段,美国的 ARGOS 卫星、罗希 X 射线计时探测器以及 Chandra 卫星等发挥了重要的作用,图 8-12 所示为 AR-GOS 卫星;理论完备阶段,以美国 NASA 和欧空局为典型代表的科研机构对脉冲星导航

图 8-12　ARGOS 卫星上的非常规恒星特征(USA)实验

可行性进行论证,进一步丰富和完善了脉冲星导航理论,朝着工程化的方向迈进。期间,美国启动了"基于 X 射线源的自主导航定位(XNAV)"研究计划,欧空局也启动了"ESA 深空探测器脉冲星导航"计划;从 2010 年开始至今都处于 X 射线脉冲星导航探测在轨实验阶段。该阶段中国、日本和印度等国纷纷发力,加入到这一研究当中,中国发射了实验卫星 XPNAV-1,日本联合美国研制了 Astro-H 望远镜,印度则发射了 Astrasat 科学探测卫星。图 8-13 所示为实验卫星 XPNAV-1。

图 8-13　中国脉冲星导航专用实验卫星 XPNAV-1

8.4.4　发展趋势

迄今为止,人类对高能射线的发现、研究及应用已有百余年历史,期间诞生了众多推动人类社会和科技水平进步的技术和设备。随着研究的一步步推进,对高能射线的认识越来越深入,高能射线探测技术呈现以下发展趋势。

(1) 使用更高频段的高能射线。现有高能射线探测系统所使用的频段大部分位于 X 射线波段,在电磁波谱中其存在于高能射线频段的最左侧,其穿透能力相较于 γ 射线等来说较弱,在探测系统中对于特定结构的识别能力有限,今后的高能射线探测系统中所使用的探测波段将会提高。

(2) 更低的照射剂量。高能射线具有较强的穿透性,能够很好地穿透物体,但是其电离辐射作用也不容小觑,尤其是在医学检测中,过剂量的高能射线照射可能会引起人体部分组织的病变,因此,对于医学高能射线检测设备,今后的探测照射剂量会更低。

(3) 更高的成像质量。高能探测设备,成像都是至关重要的一环,成像质量的好坏会直接影响到探测系统的性能指标,目前成像分辨率只能达到亚毫米级,分辨率和成像质量仍有待提高。

(4) 更快的系统响应速度。系统响应速度是评判探测系统的重要指标,尤其在医学检测领域,快速的系统响应速度能够加快对某些突发疾病的诊断速度,缩短病患等待时间,及时挽救病人生命。

参 考 文 献

[1] 田坦. 声呐技术 [M]. 哈尔滨：哈尔滨工程大学出版社, 2010.
[2] 张河. 探测与识别技术 [M]. 北京：北京理工大学出版社, 2005.
[3] 杜功焕, 朱哲民. 声学基础 [M]. 2版. 南京：南京大学出版社, 2001.
[4] 张海澜. 理论声学 [M]. 北京：高等教育出版社, 2007.
[5] 王浩全. 超声成像检测方法的研究与实现 [M]. 北京：国防工业出版社, 2011.
[6] 张青萍. B型超声诊断学 [D]. 武汉：华中科技大学同济医学院附属同济医院, 1992.
[7] 陈欢. 直线阵潜艇噪声源高分辨定位识别方法研究 [D]. 哈尔滨：哈尔滨工程大学, 2011.
[8] 李启虎. 不忘初心, 再创辉煌：声呐技术助推海洋强国梦 [J]. 中国科学院院刊, 2019, 34 (03)：253-263.
[9] 王宇. 枪声定位系统的设计与实现 [D]. 哈尔滨：哈尔滨工程大学, 2012.
[10] 方舸, 吴强, 巫琦, 等. 超声波在医学中的应用 [J]. 医疗装备, 2012, 25 (07)：13-16.
[11] 宋军, 卢漫, 岳林先, 等. 超声在地震伤员急救中的地位与作用 [J]. 西部医学, 2009, 21 (12)：2065-2066, 2068.
[12] 邓旦, 谭艳, 廖明松, 等. 便携式超声在汶川地震伤员救治中的应用价值 [J]. 四川医学, 2009, 30 (05)：740-741.
[13] 于四海. 超声探伤技术在无损检测中的应用 [J]. 中华民居 (下旬刊), 2013 (04)：297-298.
[14] 刘清廷. 探秘神奇的磁场 [M]. 北京：现代出版社, 2012.
[15] 卢晓东, 周军, 赵斌, 等. 导弹制导系统原理 [M]. 北京：国防工业出版社, 2015.
[16] 孙鑫. 可见光多通道目标探测技术研究 [D]. 北京：中国科学院研究生院 (西安光学精密机械研究所), 2011.
[17] 高倩. 基于数码相机的光谱灵敏度估计问题研究 [D]. 沈阳：沈阳建筑大学, 2021.
[18] 李盛阳, 刘志文, 刘康, 等. 航天高光谱遥感应用研究进展 (特邀) [J]. 红外与激光工程, 2019, 48 (03)：9-23.
[19] 王大海, 梁宏光, 邱娜, 等. 红外探测技术的应用与分析 [J]. 红外与激光工程, 2007 (S2)：107-112.
[20] 赵慧洁, 谷建荣, 籍征, 等. 红外多光谱技术在昼夜交替时段探测的应用 [J]. 红外与激光工程, 2018, 47 (02)：84-90.
[21] 宋菲君, 张莉. 激光50华诞 [J]. 物理, 2010, 39 (07)：445-461.
[22] 杨凯强. 窄脉冲激光探测与测距技术研究 [D]. 西安：西安工业大学, 2014.
[23] 胡俊雄, 张艳. 激光引信抗干扰技术综述 [J]. 制导与引信, 2009, 30 (04)：6-13, 18.
[24] 王俊, 保铮, 张守宏. 无源探测与跟踪雷达系统技术及其发展 [J]. 雷达科学与技术, 2004 (03)：129-135.
[25] 郭建明, 谭怀英. 雷达技术发展综述及第5代雷达初探 [J]. 现代雷达, 2012, 34 (02)：1-3, 7.
[26] 薛艳杰, 薛随建, 朱明, 等. 天文望远镜技术发展现状及对我国未来发展的思考 [J]. 中国科学院院刊, 2014, 29 (03)：368-375.
[27] 邢孟道. 基于实测数据的雷达成像方法研究 [D]. 西安：西安电子科技大学, 2002.
[28] 安道祥. 高分辨率SAR成像处理技术研究 [D]. 长沙：国防科学技术大学, 2011.
[29] 金胜, 朱天林. ISAR高分辨率成像方法综述 [J]. 雷达科学与技术, 2016, 14 (03)：251-260, 266.
[30] 李春升, 于泽, 陈杰. 高分辨率星载SAR成像与图像质量提升方法综述 [J]. 雷达学报, 2019, 8 (06)：

717-731.

[31] 邹成晓，张海霞，程玉堃．雷达恒虚警率检测算法综述［J］．雷达与对抗，2021，41（02）：29-35.

[32] 樊小倩．自适应恒虚警算法研究［D］．西安：西安电子科技大学，2014.

[33] 赵利凯．雷达目标恒虚警率检测算法研究［D］．北京：北京理工大学，2016.

[34] 王锦清．射电望远镜实时跟踪方法及实现［D］．北京：中国科学院研究生院（上海天文台），2006.

[35] 梁步阁，杨德贵，袁雪林，等．超宽带冲激雷达技术与应用［M］．北京：国防工业出版社，2019.

[36] 丁鸿佳，李洪才，刘长仁，等．WWS-1小型数字双无定向磁力仪［J］．物探与化探，1993（04）：279-287.

[37] 王秉阳．高精度磁罗经设计与实现［D］．哈尔滨：哈尔滨工程大学，2018.

[38] 刘中艳．用于水下运动目标探测的新型磁源理论与仿真研究［D］．长沙：国防科技大学，2019.

[39] 陈正想，胡光兰，吕冰，等．磁通门传感器研究现状及其在海洋领域的应用［J］．数字海洋与水下攻防，2021，4（01）：37-45.

[40] 吴琼，滕云田，张兵，等．世界重力梯度仪的研究现状［J］．物探与化探，2013，37（05）：761-768.

[41] 房丰洲，顾春阳．高精度重力仪的测量原理与发展现状［J］．仪器仪表学报，2017，38（08）：1830-1840.

[42] 倪亚贤．单摆加速度变化的数值分析［J］．物理教师，2005（12）：42-43.

[43] 吴彬．高精度冷原子重力仪噪声与系统误差研究［D］．杭州：浙江大学，2014.

[44] 杨公鼎，翁堪兴，吴彬，等．量子重力梯度仪研究进展［J］．导航定位与授时，2021，8（02）：18-29.

[45] 刘凤鸣，赵琳，王建敏．基于加速度计重力梯度仪分析与设计［J］．地球物理学进展，2009，24（06）：2058-2062.

[46] 唐富荣，薛大同．静电悬浮式三轴加速度传感器的初步设计［J］．传感器技术，2001（07）：30-32.

[47] 翟振和，吴富梅．基于原子干涉测量技术的卫星重力梯度测量［J］．测绘通报，2007（02）：5-6，36.

[48] 秦永元，游金川，赵长山．利用原子干涉仪实现高精度惯性测量［J］．中国惯性技术学报，2008（02）：244-248.

[49] 祝意青，张勇，杨雄，等．时变重力在地震研究方面的进展与展望［J］．地球与行星物理论评，2022，53（03）：278-291.

后　　记

　　从事探控专业教学科研十几年时间，一直想把自身对现代探测技术的理解和体会系统地告诉给我们的学生，所以发动系里的老师编成此书。行文至末尾，仍然觉得意犹未尽，还有一些话希望和我们的学生沟通交流。于是写了这篇结束语，希望它可以做大家学习成长道路上的一束微弱的光。

　　现代社会，通信产业蓬勃发展，探测技术日新月异，电子信息相关专业的学生培养规模和就业人数越来越大，我自己就是其中一员。回头来看，专业学习中的一些基本概念，其实已经在自己的脑子里牢牢扎根，甚至都影响到日常的思维习惯。频率周期：事物的发展都要遵循一定的发展规律，有起有伏、有涨有跌。无论高潮低谷，都总会过去。AD 采样：对任何事物的观察学习，都是一个离散采样的过程，而且采样频率需要适当。太低，反映不出事物的变化规律；太高，数据量太大，处理压力大。最低采样频率不能低于事物变化频率的两倍，也就是一个变化周期内至少要采两个点，一个波峰、一个波谷，才能呈现出一个变化的周期。

　　其实，我们在建立以上科学专业思维的基础上，还需要树立基本的哲学思想，建立更宏观的专业认知，来指导我们的学习、研究。爱因斯坦曾经说过类似的话，并告诫我们不要沉湎在公式里，而忘记了对物理本质的深刻思考。而且，对科学中很多深奥玄妙的理论思考得越深刻，越可以深入浅出地进行表述。

　　相对论：我们完全可以把狭义相对论时间伸缩的推导、雷达多普勒频移测速的推导、荀子《劝学》"顺风而呼，声非加疾也，而闻者彰"的朴素感悟，统一在一起，原来它们说的都是同样近似的物理现象和规律：物体相对观察者相向运动，观察者所观测接收到的回波距离越来越近，因此速度变快、频率变高；物体相对观察者背向运动，观察者所观测接收到的回波距离越来越远，因此速度变慢、频率变低！

　　波粒二象性：爱因斯坦获得诺贝尔奖正是基于他提出了光的波粒二象性假设。科学发展史上持续几百年的关于光的微粒说和波动说之争就这样被他和稀泥一般给摆平了。可是我们到底该怎样理解光既是粒子又是波？其实我们可以用一个四字成语来类比解释，就豁然开朗了。"人山人海"，微观上看是一个个人，宏观上看则是一片汪洋大海，波涛汹涌；光不也就是如此？微观上是一个个光子，宏观上则呈现波动特性！

　　量子测不准：量子层面的测量居然测不准？而且是被很多科学家用理论和实验证实了的！那岂不是说科学研究所追求的精确量化客观世界万事万物的终极目标要轰然倒塌了?！估计很多人学习《量子力学》，当学到这里时，内心会无比抓狂和不安！事实上只要仔细思考，一切都顺理成章，合情合理。我们观察事物的精细程度取决于我们所借助的声光电波的频率波长。当我们用光来观察宏观世界时，光的波长远远小于宏观物体，我们的观察测量在宏观意义上当然是足够精细，是确定的！可是当我们仍然用光子来观察微观世界时，光子的波长本身就等于或接近于微观粒子的粒度，我们的观察测量在微观意义上怎么可能做得到精细准确？那么误差是多少？依照四舍五入原则，当然就是半个光子所携带的能量，$E=h\nu/2$。

  把简单问题复杂化，是科学思维；把复杂问题简单化，是哲学智慧。我们需要谨记系统把握事物的本质属性及其发展规律是我们学习研究的根本目的；在专业学习、工作的过程中，建立完整的哲学思维和系统的逻辑架构，才能不致迷失方向。这也是我们系统总结编写此书的初心。

梁步阁
2023 年 1 月于中南大学